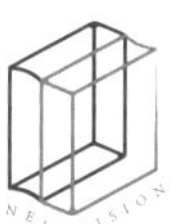

新 视 界

始 于 未 知　　去 往 浩 瀚

雄辩的逻辑

赵传栋 著

上海远东出版社

图书在版编目(CIP)数据

雄辩的逻辑 / 赵传栋著. —上海：上海远东出版社，2023
(语言与逻辑丛书)
ISBN 978-7-5476-1899-8

Ⅰ.①雄… Ⅱ.①赵… Ⅲ.①辩证逻辑 Ⅳ.①B811.01 ②B516.35

中国国家版本馆 CIP 数据核字(2023)第 045203 号

责任编辑 季苏云
封面设计 徐羽心

语言与逻辑丛书
雄辩的逻辑

赵传栋 著

出 版 上海远东出版社
(201101 上海市闵行区号景路 159 弄 C 座)
发 行 上海人民出版社发行中心
印 刷 上海信老印刷厂
开 本 890×1240 1/32
印 张 15
插 页 1
字 数 336,000
版 次 2023 年 7 月第 1 版
印 次 2023 年 7 月第 1 次印刷
ISBN 978-7-5476-1899-8/B·29
定 价 68.00 元

前　言

论辩，又称为辩论，是指代表不同思想观点的各方，彼此间利用一定的理由来说明自己的观点是正确的，揭露对方的观点是错误的这样一种语言交锋的过程。简而言之，论辩就是不同思想观点之间的语言交锋。

人类生活需要面对辩论，甚至语言交锋。在制服杠精的斗智斗勇中，在街间巷间人们的日常生活里，在庄严肃穆的法庭上，在唇枪舌剑的论辩赛场上，在言辞激烈的谈判桌前，语言的交锋都广泛而普遍地存在着。如果您想在舌战的语言交锋中力克群雄、稳操胜券，那么就需要有雄辩的技巧。

雄辩就是强有力的论辩。雄辩所维护的是真理，其论据是确凿无疑的，其论证是严密无隙的，因而是任何人也无法驳倒的，是强有力的论辩。

论辩与逻辑有着不解之缘。

“逻辑”这一词语可以指客观事物的规律性，比如“研究中国革命的逻辑”；又可以指某种理论、观点、行为方式，比如“揭露霸权主义的强盗逻辑”；还可以指思维形式和规则，即逻辑学这门学科。

从“逻辑学”这门学科来说，逻辑学是研究思维形式及其规律的科学。任何科学都离不开思维，因而任何科学都离不开逻辑学。康德早就把逻辑学划分为纯粹的逻辑和应用的逻辑两种类型(《纯粹

理性批判》)。黑格尔说应用逻辑是“一种从事于具体认识的逻辑”(《逻辑学》)。列宁则指出:

“任何科学都是应用逻辑。”①

由此可知,任何科学都离不开逻辑学。逻辑学应用于不同的学科,与不同学科交叉,便有了门类众多的应用逻辑,比如科学逻辑、法律逻辑、刑侦逻辑、金融逻辑、投资逻辑、企业逻辑、商业逻辑、医学逻辑、文学逻辑、量子逻辑、优选逻辑、时态逻辑、空间逻辑、线路分析逻辑……我们将逻辑学与论辩学交叉,便有了《雄辩的逻辑》。

《雄辩的逻辑》研究了逻辑科学在论辩中的具体应用,同时,又揭示了雄辩的方式、方法和一般的规律。

论辩与逻辑学有着天然的紧密联系。论辩是逻辑产生的基础,逻辑最初的幼芽就是萌发于论辩的沃土。古代中国的墨家逻辑、古希腊的亚里士多德逻辑、古印度的因明逻辑,并称为形式逻辑三大源流,这三大逻辑源流都起源于论辩。反过来,逻辑又是论辩的命脉,一个人的论辩要充满魅力,就必须逻辑严谨,具有令人倾倒的逻辑力量。

同时,逻辑科学、论辩又与语言密不可分。马克思说:“语言是思想的直接现实。”②斯大林说,思维“只有在语言材料的基础上,在语言的词和句的基础上才能产生和存在”“没有语言材料、没有语言的‘自然物质’的赤裸裸的思想,是不存在的”③。因而,逻辑与论辩又必然离不开语言,一个人如果想在论辩中辞锋犀利、所向披靡,那么就需要有高超的语言运用能力。

---

① 列宁:《列宁全集》,北京:人民出版社 1990 年版,第 55 卷第 171 页。

② 马克思,恩格斯:《马克思恩格斯全集》,北京:人民出版社 1960 年版,第 3 卷第 525 页。

③ 斯大林:《马克思主义和语言学问题》,北京:人民出版社 1972 年版,第 30 页。

论辩还需要奇谋妙计，奇谋妙计是人类思维的智慧结晶。当您面临强大论敌时，怎样神机妙算、以弱胜强？当您面对骄横对手时，怎样诱敌入彀，给他一个下马威？当您陷于困境时，怎样巧施锦囊妙计，转危为安？这一切就特别需要智谋，智谋能令您于谈笑之间力挫劲敌，使您在轻松潇洒之中摘取胜利的桂冠。

雄辩就是严谨的逻辑、精妙的语言、杰出的智谋的和谐统一体。

本书以当代逻辑学、语言学、谋略学为结构框架，汇集了古今中外 452 则精妙神奇的雄辩故事，介绍了 245 种克敌制胜的雄辩技法。每一则都介绍一种独立的雄辩技巧，珠圆玉润，令人赏心悦目，有利于碎片化阅读；汇集起来又是一个系统、崭新的知识体系，在轻松愉悦中引领您进入现代逻辑学恢宏壮丽的殿堂，直接跨入当代逻辑科学的最前沿。在您茶余饭后的闲暇消遣中，阅读本书可以增强您的语言运用能力，思维的灵巧机智，逻辑的无懈可击，舌战的取胜谋略，定能全方位地提升您的能力素养。

美国人曾把“舌头、美元、原子弹”称作 20 世纪赖以生存和竞争的三大战略武器，后来美国人又将其改为“舌头、美元、电脑”。但是不管怎么改，美国人始终坚定不移地把论辩与口才当成一种超越金钱、科技及暴力之上的生存和竞争的终极武器！

您想在力挫杠精的交锋中无往不胜吗？您想在论辩场上的唇枪舌剑中稳操胜券吗？您想在谈判桌前藏机露锋的角逐中力克群雄吗？您想在当今社会竞争激烈的大潮中叱咤风云吗？那么，请您选择《雄辩的逻辑》。

一本《雄辩的逻辑》，定能助您在雄辩的疆场所向披靡！

赵传栋

2023 年 3 月

目　录

第一章 雄辩与逻辑思维

本章我们讨论的“逻辑”，是指狭义的逻辑，也即逻辑学。逻辑学是研究思维的形式结构及其规律的科学，逻辑学从形式结构方面对人类思维进行精细的研究，探索了一系列的判定思维的形式结构方面正确与谬误的原则、规则与方法，这些原则、规则与方法对指导我们捍卫真理、批驳谬误的辩论实践具有重要的意义。

第一节　命题逻辑妙法

命题逻辑是以命题为基本单位的逻辑演算系统。恰当地运用命题逻辑知识，能带来奇特的论辩效果。

1　巧设条件

“我保证能一口把大海喝干！”

客观事物之间总是存在着一定的条件联系，比如，鱼的生存必须以水为条件，离开一定的条件，客观事物就无法存在和发展。**巧设条件术就是通过巧妙地设定某种条件，然后对事物情况作出断定进行论辩的方法**。

请看《波斯趣闻》中的一则故事：

有一次，国王问身边的大臣：“王宫前面的水池里共有几杯水？”

大臣回禀：“这种问题，只要问一个小学生就能得到正确的答复。”

于是一个小学生被召来了。

“王宫前面的水池里共有几杯水?”国王问他。

“要看是怎样的杯子”,小学生不假思索,应声而答,“如果杯子和水池一般大,那就是一杯;如果杯子只有水池的一半大,那就是两杯;如果杯子只有水池的三分之一大,那就是三杯;如果……”

“行了,完全对。”国王说着,奖赏了小学生。

这个国王突然心血来潮,要人猜测偌大一个水池中有几杯水,这实在是一个荒唐透顶的难题。面对这一难题,这个小学生不是直接作答,而是巧妙地设定“杯子和水池一般大”等条件,便对这一难题作出了圆满的、无懈可击的答辩,实在令人拍案叫绝。

在论辩中,面对一些令人尴尬的问题,简单的肯定或否定都会使我们陷入进退两难的困境,这时只要巧妙地设定某种条件,便可化害为利、转危为安。

再请看古希腊伊索的一次论辩。

有一次,伊索的主人酒醉狂言,发誓要一口把海水喝干,并以他的全部财产和管辖的奴隶做赌注。次日醒来,主人发觉失言,极为懊悔。但全城的人早已得知此事,纷纷来到海边等候,想要亲眼看看他怎样喝干大海。主人这时束手无策,只好求助聪明的伊索。伊索以主人要给他自由为条件,才能为主人出主意。主人答应给他自由,伊索给主人出了条锦囊妙计。主人惊喜若狂,急忙奔赴海边,面对观看的人群高喊:

“不错,我是要喝干整个大海,可我要喝的是海水而不是河水,你们看现在河水不停地流进大海,这就不好办了。如果谁能把河水与海水分开,我保证能一口把大海喝干!”

可是谁能把河水与海水分开呢? 于是这场打赌便不了了之。

伊索在主人即将倾家荡产之际，巧妙地通过设定一定的条件："如果谁能把河水与海水分开，我保证能一口把海水喝干。"结果使主人绝处逢生，化险为夷。

然而，事后主人还是没给伊索自由，且一再为难伊索，伊索便对主人大喊："你去把大海喝干吧！"

巧设条件术是一种强有力的论辩方法，我们要想灵活自如地运用它，就必须善于把握事物之间的必然条件联系，并且根据这种条件联系，巧妙地设定某种条件。

巧设条件术实际上是条件命题在论辩中的运用。比如：

如果谁能把河水与海水分开，我保证能一口把海水喝干。

条件命题在现代逻辑中叫"蕴涵命题"，在传统形式逻辑中叫做"充分条件假言判断"。为了便于理解，我们称之为"条件命题"。其中表示条件的部分称为前件，比如"能把河水与海水分开"；表示依据某种条件所产生的结果部分称为后件，比如"我保证能一口把海水喝干"。条件命题可用公式表示为：

如果 p，则 q。

其中 p 为前件，q 为后件。

正确的论辩形式要求所使用的条件命题必须是真的，即：

条件满足，结果就一定出现，即有前件就一定有后件；

如果条件满足结果却不出现，该条件命题就是虚假的。

比如："如果喜鹊叫，就有喜事到。"由于生活中存在"喜鹊叫"却没有"喜事到"的情况，因而该条件命题为假。在论辩中，我们要反驳一个虚假的条件命题，只要指出其前件真而后件假的情况存在，就可将其驳倒。

2 条件分离

纪晓岚要去跳河自杀

条件分离术就是通过肯定一个条件命题的前件，进而得出肯定其后件的结论的论辩方法。

清朝时期，有一天，乾隆皇帝问纪晓岚："纪卿，'忠孝'二字作何解释？"

纪晓岚答道："君要臣死，臣不得不死，为忠；父要子亡，子不得不亡，为孝。"

乾隆皇帝立刻说："那好，朕要你现在就去死！"

"臣领旨！"

"那你打算怎么个死法？"乾隆皇帝问。

"跳河。"

乾隆皇帝当然知道纪晓岚不会去死，于是就静观其应变办法。不一会儿，纪晓岚回到乾隆跟前，乾隆笑道："纪卿何以未死？"纪晓岚答道：

"我走到河边，正要往下跳时，屈原从水里向我走来。他说：'晓岚，你此举大错矣！想当年楚王昏庸，我才不得不死。你在跳河之前应该先回去问问皇上是不是昏君，如果皇上不是昏君，你就不该投河而死；如果说皇上跟当年楚王一样昏庸，你再死也不迟啊！"

乾隆听后放声大笑，连连称赞道："好一个如簧之舌，真不愧是雄辩之才，这下朕算是服了！”

纪晓岚之所以能免去一死，是因为使用了条件分离术。比如：

> 如果不是侍奉昏君，则不能投河而死；
>
> 乾隆不是昏君；
>
> 所以我不能投河而死。

纪晓岚是以条件命题为前提，通过肯定该条件命题的前件而得出肯定其后件的结论的。其形式是：

> 如果 p，则 q；
>
> p；
>
> 所以 q。

一个真实的条件命题有前件就必定有后件，断定其前件存在，自然也就可以得出肯定其后件存在的结论。因而，条件分离术有着无可反驳的雄辩力量。

使用条件分离术必须注意：

(1) 前提中的条件命题必须真实。

(2) 只能使用由肯定前件到肯定后件的形式，不能使用由肯定后件到肯定前件的形式。如果使用由肯定后件到肯定前件的形式，往往导致谬误甚至诡辩，这种诡辩叫肯定后件式诡辩。

3 条件拒取

县官巧破命案

条件拒取术就是通过否定一个条件命题的后件进而得出否定其前件的结论的论辩方式。

明代祝允明在《枝山前闻》里记载过一个案例：

当时，浙江湖州的赵三与周生，相约第二天早上一起乘坐同村张潮的船到外面做生意。到了第二天，赵三早早地就起床来到河边。船夫张潮已在河边船上等候。张潮在赵三上船的时候，发现赵三身上带着好多银两，就心生毒计，杀死了赵三。抢劫银两后，立即摇船到水深处，把赵三绑上重物扔到了水里。这一切弄妥当之后，张潮又把船撑到了岸边，若无其事地等人。

这时周生过来了，询问赵三来了没有，张潮说还没有，于是两人就一起等候赵三。等了一会儿见赵三还没来，周生就让张潮去赵三家叫一下。张潮来到赵三家门口，就喊：

"三娘子开门，我和赵三哥约好一早出发，怎么他还没来？"

赵三媳妇孙氏说赵三早走了。这一下，周生急了，到处找赵三也没找到，于是就报了官。负责审案的知县大人一听案子，就说：

"杀人犯就是船夫张潮，叩门就喊三娘子，说明他已经知道赵三不在家。"

一审问，张潮就承认了自己杀死赵三夺他银两的罪行。

知县大人断案时使用了这样一则推理：

如果张潮与赵三失踪无关，就应叫赵三开门；
张潮不是叫赵三开门（叫的三娘子开门）；
所以，张潮与赵三失踪不是无关。

这就是条件拒取术。其形式是：

如果 p，则 q；
非 q；
所以，非 p。

条件拒取术是一种有力的雄辩方式，这是因为，一个真实的条件命题有前件就必有后件，没有后件就必定没有前件；现在断定其后件不存在，自然也就可以得出否定其前件的结论。知县大人使用条件拒取术，根据一句“三娘子开门”，就瞬间破了一宗杀人大案，足见条件拒取术的神奇威力。又如：

据刘向《说苑》载：古代魏文侯派舍人毋择给齐侯送去一只天鹅，半路上不小心让天鹅飞掉了，毋择只得给齐侯献上一只空空的鸟笼，并为此发表了一篇精彩的陈辞：

“我们国君派我给大王送天鹅，路上我见天鹅干渴得很，就放它出来喝水，哪知它一飞冲天，就再也没有回来。我本想，世上的天鹅很多，买一只相似的送给大王，但一想，这样岂不是欺骗大王？我也曾想，干脆拔剑自杀好了，但这样岂不是会让人认为国君把鸟兽看得比人还重要吗？我也想，干脆逃跑好了，但这样岂不因为我而影响两国的友好往来？没法子，只好给大王送上一只空鸟笼，请大王赐罪！”

毋择几句话把齐侯说得心花怒放，齐侯说：“我得到你这三句话远远地胜过一只天鹅。”并给了毋择优厚的赏赐，毋择没有接受，连忙告辞。

毋择凭着如簧之舌，不但没有因丢失天鹅而受罚，反而受到重赏，就是因为使用了条件拒取术。比如：

如果换一只天鹅，就是欺骗大王；

我不能欺骗大王；

所以我不能换一只天鹅。

这是通过否定后件得出否定前件的结论的。

使用条件拒取术必须注意：

(1) 前提中条件命题必须真实。

(2) 只能使用由否定后件到否定前件的形式，不能使用由否定前件到否定后件的形式。如果使用由否定前件到否定后件的形式，就往往导致谬误甚至诡辩，这种诡辩叫否定前件式诡辩。

4 条件连环

箕子见象箸而知天下之祸

客观事物之间往往存在着一环扣一环的复杂的条件联系。反映这种复杂的条件联系命题，就叫连环条件命题。**利用一系列的环环相扣的条件命题来论辩取胜的方法，就是条件连环术**。在论辩中，利用条件连环术，可以步步深入地揭示事物之间的必然联系，把前后论辩过程密切地串联在一起，使我们的论辩语言具有严密的逻辑性和雄辩的说服力量。

据《韩非子·喻老》载：有一次，商纣王要人给他制一双象牙筷子。箕子见后，感到忧愁恐惧。他说：

“如果有象牙筷子，就不会再用土陶器，而用犀玉之杯；象牙筷子、犀玉之杯不会用来盛豆叶蔬菜，而必定是旄象豹胎；旄象豹胎这样的食物，必定不会穿着粗布短衣进食于茅屋之下，而必定会锦衣九重，广室高台；要供给这些东西，尽天下之力也难以办到！这种后果不能不令人恐惧啊！”

过了五年，商纣王果然设置酒池肉林、炮烙之刑，于是商朝便灭亡了。

由于箕子正确地把握了事物之间环环相扣的条件联系，作出了一个准确的连环条件命题，所以能高瞻远瞩、见微知著，见象箸而知天下之祸。因而，在日常生活中运用条件连环术，往往能极大地表现一个人的聪明才智。

又如，达尔文在论述生物进化的观点时，曾提到一项著名而有趣的发现，他在研究生物时观察到，在养猫愈多的地方，羊也养得愈多。猫和羊有何相干呢？原来羊吃一种三叶草，这种草是靠丸花蜂授粉的，而田鼠为吃这种蜂蜜又往往会破坏蜂窝，所以，田鼠多了，蜂就少了，从而三叶草传粉的机会也就变少。所以，达尔文得出结论：

> 如果养猫愈多，田鼠就愈少；田鼠愈少，丸花蜂也就愈多；丸花蜂愈多，三叶草传粉机会多了，就能获得好收成；三叶草愈多，牧草充足，喂的羊也自然就愈多了。

因此“猫—田鼠—丸花蜂—三叶草—羊”之间就形成了一条相互联系的生物食物链。达尔文所发现的“食物链”揭示了生物界相互联系、相互依存和相互制约的规律。它表明有许多事物看起来似乎风马牛不相及，实际上却存在着千丝万缕的联系。

5 连环分离

御赐白鹤被狗咬死案

连环分离术就是以一系列环环相扣的条件命题为前提，通过肯定第一个条件命题的前件而得出肯定最后一个条件命题后件的论辩方法。

明朝时，南昌宁王朱宸濠自恃是皇族后裔，一天到晚只知吃喝玩乐。皇上赐了一只丹顶白鹤给他，鹤的脖子上挂有一块“御赐”的金牌，他便经常牵着这只白鹤在街上闲逛。有一天，这只白鹤独自跑到街上，被狗咬死了。朱宸濠气得暴跳如雷：

“我这白鹤是皇上赐的，脖子上挂有‘御赐’金牌，谁家野狗竟敢欺君犯上，这还了得！”

当即命令家奴把狗的主人捆了起来，送交南昌知府治罪，给白鹤抵命。

当时的南昌知府名叫祝瀚，早已对宁王府的胡作非为很是不满，这次听说宁王府的管家前来要以欺君犯上的罪名让老百姓为宁王的白鹤抵命，更是感到又可气又可笑，就对管家说：

“既然此案交我处理，那么公事公办，请写个诉状来。”

管家耐着性子，写了诉状，递了上去。祝瀚接过诉状，立即命令衙役捉拿凶手到案。管家忙说：“人已抓到，就在堂下！”

祝瀚故作惊讶地说：“状纸上明明写着凶犯乃是一条狗，本府今日是审狗，你抓人来干什么？”

管家气急败坏地说："那狗不通人言，岂能大堂审问？"

祝瀚笑道："贵管家不必生气，我想只要把诉状放在它面前，它看后低头认罪，也就可以定案了。"

管家跳了起来："你这个昏官，走遍天下可有哪一条狗是识字的吗？"

这时，祝瀚严肃地反驳管家说：

"既然狗不识字，那金牌上的'御赐'二字它岂能认得？既然狗不认识鹤脖上的'御赐'金牌，这欺君犯上的罪名又从何说起呢？既然狗不是欺君犯上，又怎么能说狗的主人是欺君犯上？狗本是个不通情理的兽类，咬死了白鹤乃是禽兽之争，凭什么要处置无辜的老百姓？"

祝瀚对管家的反驳使用了连环分离术。他构造了一组条件连环命题，由肯定第一个条件命题的前件"狗不识字"从而得出了肯定最后一个条件命题后件"狗的主人不是欺君犯上"的结论。其形式是：

如果 p，则 q；

如果 q，则 r；

如果 r，则 s；

p；

所以，s。

祝瀚的推论逻辑严密，无懈可击，驳得管家理屈词穷，无言以对，只好甩着袖子气呼呼地跑了。

使用连环分离术必须注意：

作为前提的各个条件命题必须是真实的；只能由肯定第一个条件命题的前件而得出肯定最后一个条件命题后件的结论，不能由肯定最后一个条件命题的后件，而得出肯定第一个条件命题的前件的结论。

6 连环拒取

你们抢孩子，谁抢着了归谁

连环拒取术就是以一系列环环相扣的条件命题为前提，通过否定最后一个条件命题后件而得出否定第一个条件命题前件的论辩方法。

西汉时，黄霸为颍川郡的郡守，他刚到任就有两个妇人为了争夺一个小男孩吵着到官府告状。黄霸派人把孩子放在坪院中间，对两个妇人说：

“你们抢吧，谁抢着了归谁。”

那两个妇人都没命地扑向孩子，一个抱着孩子的腰，一个抱着孩子的腿，果真抢了起来。那孩子哪受得了呢？于是就哇哇大哭起来，孩子一哭，一个妇人就松了手，也哭了起来。黄霸指着夺得了孩子的妇女说：

“这孩子不是你的，你怎么赖人家的孩子？”

那妇女却分辩道：“你明明说谁抢到了孩子，孩子就是谁的，我抢到了孩子，怎么又说不是我的呢？”

黄霸厉声喝道：

“如果这孩子真是你的，你是孩子的母亲，你就会心疼孩子；如果你心疼孩子，你就会怕孩子受伤；如果你怕孩子受伤，你就不会咬牙切齿地抢孩子而不松手。现在你死命地抢拖孩子，可见这孩子不是你的！”

黄霸在与这一妇女的论辩中，使用了连环拒取术，通过否定最后一个条件命题的后件“你死命地抢拖孩子”，得出否定第一个条件命题的前件的结论：“这孩子不是你的。”黄霸的论辩有着不容置疑的雄辩说服力。其形式是：

如果 p，则 q；

如果 q，则 r；

如果 r，则 s；

非 s；

所以，非 p。

这就是连环拒取术。

使用连环拒取术必须注意：

(1) 作为前提的各个条件命题必须是真实的。

(2) 只能由否定最后一个条件命题的后件，而得出否定第一个条件命题的前件的结论；不能由否定第一个条件命题的前件，得出否定最后一个条件命题的后件的结论。

7　必要条件

条件不满足，结果就不出现

必要条件的含义是：条件不满足，结果就不出现。相反，如果存在条件不满足结果却出现的情况，这个必要条件命题就是虚假的。

在论辩的某些场合，我们需要正确地把握必要条件命题的逻辑联系，才能取得论辩的胜利，这就是必要条件术。比如：

首届国际华语大专辩论会有则辩题是“温饱是谈道德的必要条件”，它实际上就是一个条件命题。它的含义是：

“人们只有达到温饱的程度，才能谈道德。”

反之，复旦大学代表队要反驳这一命题，就必须指出不温饱也能谈道德的情况存在。复旦一辩阐述道：

“古往今来，没有解决衣食之困的社会比比皆是，都不谈道德了吗？今天，在衣不蔽体、食不果腹的索马里就不要谈道德了吗？……从个人看，有衣食之困但仍坚持其品德修养的例子，实在是不胜枚举。孔老夫子的好学生颜回，他只有一箪食，一瓢饮，不仍然‘言忠信、行笃敬’吗？杜甫的茅屋为秋风所破的时候，他不还是想着‘安得广厦千万间，大庇天下寒士俱欢颜’吗？说到政府，新加坡也曾经筚路蓝缕。李光耀先生就告诫国人：我们一无所有，除了我们自己。他强调道德是使竞争力胜人一筹的重要因素……”

在列举大量事实进行反驳的基础上，还对这一辩题的逻辑含义进行了精辟的分析：

“所谓必要条件，从逻辑上看，也就是‘有之不必然，无之必不然’的意思。因此，对于今天的辩题，我方只需论证没有温饱也能谈道德。而对方要论证的是，没有温饱，就绝对不能谈道德。而这一点对方一辩恰恰没有自圆其说。”

反方的答辩有理有据，逻辑严密，无懈可击，博得了观众长时间的掌声。反方复旦大学队之所以能夺得这场论辩的胜利，其中能够准确把握这一辩题的逻辑联系是极其重要的一个因素。

不过，在逻辑学中，必要条件命题与条件命题之间是可以互相转换的，且真假值不变。必要条件命题的逻辑形式是：只有 p，才 q。转换规律为：

“只有 p，才 q”可转换为：“如果非 p，则非 q。”

“只有 p，才 q”也可转换为：“如果 q，则 p。”

比如：“只有有空气，人才能生存。”可转换为条件命题：

“如果没有空气，人就不能生存。”

“如果人能生存，就说明有空气。”

转换后逻辑真假值不变。因而，在现代逻辑演绎系统中，不会出现必要条件命题形式，否则，会使逻辑演绎系统大为复杂。在本书的知识体系中，也一律将必要条件命题转换为条件命题处理，此后不再出现必要条件命题的逻辑形式，这样可使逻辑系统大为简化。

8 等值推论

敌人会这么近距离朝你开枪吗？

我们在影视剧中可能看过这样的情节：

有的人为了逃避责任，举起手枪朝自己开一枪，伪造被敌人枪击受伤的情景。但这逃不过有经验的军人的眼睛，一看伤口，便说：

“你这是自己开枪伤的自己，如果是敌人，会这么近距离朝你开枪吗？”

之所以能这样作出推断，是因为根据这样一则命题：

“如果枪弹是近距离（一米以内）发射，则弹孔周围必有烟垢痕迹；如果枪弹不是近距离发射，则弹孔周围没有烟垢痕迹。”

这种命题叫等值命题。等值命题的形式是：

p 当且仅当 q；

如果 p，则 q；并且如果非 p，则非 q。

等值命题的逻辑意义是：

p 真，则 q 真；并且 p 假，则 q 假。

生活中的等值命题不少。比如：

“人不犯我，我不犯人；人若犯我，我必犯人。”

这就是等值命题。**利用等值命题的逻辑意义进行推理，叫等值推理；利用等值推理来论辩取胜的方法，我们称之为等值推论术**。

有一次，人们在河边散步。忽然看见远处有具漂浮的成人尸体。其中有个人是法医，他说：

“这是一具女人尸体。”

“这么远，你怎么知道是女人尸体？”众人问。

“因为河中浮尸，如果呈仰卧位的姿势，脸朝上，那么是女尸；如果不是呈仰卧位的姿势，脸朝下，那么不是女尸，而是男尸。这跟男女体型差异有密切的关系。”法医解释说。

尸体打捞上来后，果然是具女尸。法医就是根据等值推理作出推断的。其形式是：

p 当且仅当 q；

p；

所以 q。

等值推理的规则：可以由肯定前件得出肯定后件的结论，也可以由肯定后件得出肯定前件的结论；可以由否定前件得出否定后件的结论，也可以由否定后件得出否定前件的结论。

据《大唐新语》一书记载：唐朝有个叫裴玄本的人，任户部郎中，特别喜爱开玩笑。在左仆射房玄龄病重时，省署内的郎中们准备去探病，裴玄本戏谑地说：

"房仆射如果病得不太重，有必要去探问；既然病得很重了，为什么还要去探问？问问他病得很重吗？"

裴玄本的这句话就是个等值命题。有人将裴玄本的这句话传给了房玄龄。等到裴玄本跟从大家一块儿去探望房玄龄时，房玄龄笑着说：

"裴郎中来看我了，我看来不会死了。"

房玄龄使用的也是等值推论方法：

我病不重，则裴郎中来看我；我病重，则裴郎中不来看我；

裴郎中来看我；

所以，我病不重。

房玄龄的回答，充满机智与豁达气度。

9 逼敌抉择

亚当有肚脐吗?

清人赵吉士在《寄园寄所寄》一书中记载了这样一件案例:

有一个女子没有出嫁,有个少年想要娶她,她的父亲不答应,少年诬告说他已娶了这个女子为妻,而她的父亲逼她再嫁人。县官王临亨把女子叫到跟前,跟她谈话,而后突然问少年:

"你既然是这个女子的丈夫,那么你说说,你妻子手上有一个疤痕,是在左手还是在右手?"

少年目瞪口呆答不上来。

该县令列举了两种可能情况要少年选择:

"这个女子或者左手有疤痕,或者右手有疤痕。"

像这样,列举几种可能情况,要求从中作出选择的命题,就叫析取命题。县令巧用一个析取命题,便一针见血地揭穿了这一恶少企图强占他人女子为妻的阴谋。因为如果真是他的妻子,那么他就应知道妻子手上疤痕的情况;现在这一少年不知道这一情况,自然就可证明这个女子不是他的妻子。

析取命题的逻辑形式是:

p 或 q。

析取命题的逻辑含义是:当所有析取支为假时,该命题为假;其余皆真。

逼敌抉择术就是在论辩中运用析取命题，列举几种可能情况，要求对方从中作出选择来制服论敌、巧妙取胜的方法。

要想应用逼敌抉择术取得预定的论辩效果，就必须善于发现论敌的矛盾，针对论敌的矛盾构造恰当的析取命题，这样便可令对方陷入困境。比如：

意大利文艺复兴时期著名画家米开朗基罗，应邀前往罗马教廷绘制一幅巨幅油画《亚当和夏娃》时，曾有意识地提出了这样一个问题：

“亚当有肚脐吗？”

这一问话包含了这么一个析取命题：

“亚当有肚脐，或者亚当没有肚脐。”

要求对方从中作出选择。按照《圣经》的说法，上帝按照自己的形象创造了亚当，又从亚当身上抽取一根肋骨造出夏娃，由这最早的一对男女开始，生育和繁衍了今天的芸芸众生。亚当是最早和最完美的人，我们每个人都有肚脐，因此亚当也应该有。但是，亚当是上帝按自己的形象创造的，亚当有肚脐，因此上帝也应有肚脐，上帝是至高无上的造物主，难道它要被什么东西创造和孕育吗？如果上帝没有肚脐而亚当有，那么上帝并没有按自己的形象创造人，这与《圣经》是相违背的；如果亚当的肚脐是上帝创造中的一个失误，那么这也与教义相违背，教义认为上帝不会犯错误：如果亚当没有肚脐，那么我们人人都有而亚当独缺，上帝的创造也不是完美的，亚当不是一个完美的人。总之，不管亚当是否有肚脐，都使教会陷入重重难以解脱的矛盾之中不能自拔。米开朗基罗巧用一个析取命题，便一举击中了他人的要害。

10 析取推论

连狗都懂的推论

析取推论术是以析取命题为前提，通过否定一部分析取支，从而得出肯定另一析取支为结论的论辩方法。

甲、乙两人参观美术展览。有一幅画是满天彩霞，是朝霞还是晚霞，看不出来。

甲问："这画不知是朝霞还是晚霞？"

乙答："是晚霞。"

甲问："何以见得？"

乙答："我认识作这幅画的画家，他从来就没在早上九点前起过床。"

乙的回答使用了这么一种推论：

或者是朝霞，或者是晚霞；

不是朝霞；

所以，是晚霞。

这就是析取推论。其形式是：

p 或 q；

非 p；

所以，q。

析取推论是一种常见的推论。比如，一条猎狗追寻猎物来到三岔路口，它会闻闻这个路口，如果没有猎物的气味，它就会朝另一路口追去，这就是析取推论。因而有人说，析取推论是简单得连狗都懂的推论。

使用析取推论必须注意：

只能通过否定一部分析取支，从而得出肯定另一部分析取支的结论；不能通过肯定一部分析取支，从而得出否定另一部分析取支的结论。或者说，只能使用否定肯定式，不能使用肯定否定式。如果使用肯定否定式，往往导致谬误甚至诡辩。

11 互斥析取

他抽出一张生死签吞了下去

在人们的日常生活中，有一种命题表示几种情况只允许有一种情况存在，这叫互斥析取命题。互斥析取命题又称为不相容析取命题、相斥析取命题、强析取命题，在传统的形式逻辑中，被称为不相容选言判断。比如：

“今天要么是星期一，要么是星期二。”

这就是一个互斥析取命题。今天是星期一，今天是星期二，这两种情况不可能同时存在。

相传古代有个国王非常阴险残暴，动不动就要杀人取乐。但为了显示他的仁慈，他为将被处死的人制定了一条奇特的法规：凡是临死者，在临刑前都有一次抽“生死签”的机会，“生死签”分别写着“生”和“死”，若抽到“死”签，则立即处死；若抽到“生”签，则当场赦免。

一位正直的大臣得罪了国王，将被处死刑。国王一心想处死这位大臣，便和几个心腹密谋，想出一条毒计：暗中让执行官把“生死签”的两张签纸都写成“死”字，这位大臣必死无疑了。但这位执行官非常同情正直的大臣，就把这件事告诉了他。在断头台前临刑时，大臣迅速抽出一个签纸塞进嘴里吞了下去，还故作叹息说：

“我听从天意，将苦果吞下。”

执行官慌了，这该怎么办？此时，有人建议，只要看看剩下的签不就知道大臣吞下的是“生”还是“死”了吗？一查看剩下的签是“死”，因而可以断定抽到的签便是“生”。国王的诡计破产了，聪明的大臣死里逃生。

国王的“生死签”实际上包含着这样一个互斥析取命题：

“要么是生，要么是死。”

互斥析取命题的逻辑形式是：

要么 p，要么 q。

在现代演绎逻辑系统中，并没有互斥析取命题公式，而是将它转换成其他的形式。比如，可转换成：

如果 p 则非 q，并且，如果非 p 则 q。

它们的逻辑意义是一样的。

互斥析取命题的真假情况是：几种情况只允许一种情况存在，当几种情况均为假，或均为真，那么该命题为假。利用互斥析取命题的真假逻辑特性来论辩取胜的方法，我们称之为互斥析取术。

大臣吞下的“生死签”的内容是什么？国王的法规中两个签一个是“生”，另一个必然是“死”，在这个前提下，大臣抽到的签要么是

"生",要么是"死",两者必须有一个,而且只能有一种。然而大臣抽到的签已吞到肚子里,无法直接查证,因而转而查证另一个剩下的签。另一个签是"死",所以,推测抽到的签便是"生"。其推理形式是:

要么是"生",要么是"死";

大臣选择的不是"死";

所以,大臣选择的是"生"。

聪明的大臣死里逃生的秘诀就是互斥析取术。

利用互斥析取命题为前提进行推论,有这样两种正确形式:

肯定否定式:要么 p 要么 q;p;所以非 q。

否定肯定式:要么 p 要么 q;非 p;所以 q。

12　巧用合取

骆驼一块钱!　猫一千块钱!

某人丢失了一头骆驼,找了许久也没找到,他便发誓说:

"只要能找回来,就一块钱卖掉它。"

后来这头骆驼真给找回来了。他非常后悔,于是就在这头骆驼的脖子上拴了一只猫,牵到市场上高声叫卖道:

"这头骆驼卖一块钱!这只猫卖一千块钱!谁要买就得一起买,我决不分开卖。"

一个知情人走过来说:"你的猫卖这么贵,这不是变相涨价么?

你违背了你的骆驼卖一块钱的誓言！”

他反驳道：“我的誓言是骆驼卖一块钱，现在我的骆驼售价是一块钱，并没有违背誓言；我的猫价钱是贵了些，可我并没有发誓不以一千块钱的价格卖猫呀！”

合取命题就是断定几种情况同时存在的命题。比如：

“骆驼卖一块钱，并且猫卖一千块钱。”

就是一个合取命题。这个人巧用一个合取命题：既遵循了自己的誓言，又没有遭受经济损失。

合取命题由逻辑联结词“并且”连接支命题而成。其支命题称为合取支，通常用 p、q 表示。合取命题的逻辑形式是：

p 并且 q。

合取命题的真假：当合取支都是真的，那么，合取命题是真的。如果有一个合取支是假的，那么，合取命题就是假的。即：一假即假，全真才真。

合取命题断定几种情况同时存在，世界上同时存在的现象不计其数，我们的思维要对同时存在的现象加以反映，就需要使用合取命题。**通过运用断定几种情况同时存在的合取命题来取得论辩胜利的方法，就是巧用合取术**。

13 合取推论

看似简单却不容忽视

合取推论术，是指根据合取命题逻辑性质来进行推论，以达到论辩取胜目的的方法。合取推论的方式有合取引入与合取消去两种。

（1）合取引入

合取命题是断定几种情况同时为真的命题。由表示几种情况同时为真的前提，自然可以得出由这几种情况组成的合取命题也为真的结论，这就是合取引入。比如：

动物是由细胞组成的；
植物是由细胞组成的；
所以，动物和植物都是由细胞组成的。

借助合取引入，能使我们的认识由部分过渡到整体。一篇演讲，一段论述，在其结构中往往要用到合取引入。又如：

牡丹花具有观赏价值；
牡丹花具有食用价值；
牡丹花具有药用价值；
所以，牡丹花具有观赏价值、食用价值和药用价值。

前提从不同角度断定了牡丹花的价值所在，结论完整地、全面地揭示了牡丹花的多种价值。

（2）合取消去

合取消去是以某个合取命题为真作前提，推出其中某个合取支为真作结论的推论。比如：

工人、农民、知识分子都是劳动者；

所以，知识分子是劳动者。

合取命题是断定几种情况同时为真的命题，以此为前提，我们自然能够得出其中支命题为真的结论。运用合取消去，能使我们由关于事物的整体性认识，达到强调、突出其中某一方面的目的。

合取推论看似简单，但在人们的认识活动中，在人们的演讲、论辩过程中，都有着不容忽视的重要作用。尤其是在现代逻辑演绎系统中，很多时候离开了合取推论，演绎过程就会寸步难行。

14 负命题推论

否定某个命题的推演

请看下列议论：

甲："我发现，小李既懂英语，又懂法语。"

乙："你说'小李既懂英语，又懂法语'，这话不对。"

甲："你是说，小李既不懂英语，又不懂法语了？"

乙："你这话也过于武断。"

甲："那你说，小李的外语学习情况到底怎样？"

在论辩过程中，人们往往会对一些论断作出否定，对一些论断作出否定的命题就是负命题。比如，上一议论中，"'小李既懂英语，又懂法语'，这话不对"，就是负命题。或者说，负命题是由否定某个命题而得到的命题。被否定的命题叫支命题，设被否定的命题为

p，则负命题的具体语言形式为：

非 p、并非 p、并不 p、不 p、p 是假的

等等。负命题与支命题之间的关系为矛盾关系。支命题真，则负命题假；支命题假，则负命题真。**负命题与其他命题之间存在等值关系，利用负命题等值关系而进行推演的推理，我们称之为负命题推论**。

由"'小李既懂英语，又懂法语'，这话不对"，得出正确结论应为：

"小李或者不懂英语，或者不懂法语。"

我们要准确把握负命题的含义，就要用到负命题等值推论。一个负命题等值于它的支命题的假的情况。所以，前面提到的命题真假值中，假的情况很重要。要确定负命题的等值情况，找出支命题的假的情况即可。比如：

(1) 并非"p 并且 q"，等值于"非 p 或者非 q"。

并非小张既会唱歌，又会跳舞；

所以，小张或者不会唱歌，或者不会跳舞。

(2) 并非"p 或者 q"，等值于"非 p 并且非 q"。

并非"这个学生或者是共产党员，或者是共青团员"；

所以，这个学生既不是共产党员，又不是共青团员。

(3) 并非"如果 p，那么 q"，等值于"p 并且非 q"。

并非"如果小李身体好，那么小李就会学习好"；

所以，小李身体好，但小李学习不好。

(4) 并非"非 p"，等值于"p"。

即双重否定等于肯定。

在论辩中，我们常常对某些命题作出否定，常常用到负命题。我们要准确把握负命题的含义，就要用到负命题等值推论。负命题等值推论也是一个逻辑推理系统不可缺少的推论方式。

15 条件合取

隋文帝杨坚怒斥风水邪说

据《隋书》记载，隋文帝杨坚坚决不信风水之说。他说：

“我家墓田，若云不吉，我不当贵为天子；若云吉，我弟不当战死。”

隋文帝这段话的意思是：“我家的祖坟，如果风水不好，我就不可能当皇帝，贵为天子；如果风水好，我的弟弟杨整，就不会战死沙场。我和我的弟弟，都是同一个祖坟的，一个当皇帝，一个战死沙场，你说，我们家的祖坟，是不是风水宝地？”

隋文帝的话包含了这么个推理：

如果墓田风水不吉，那么我就不可能当皇帝；

如果墓田风水吉，那么我的弟弟就不会战死沙场；

我当了皇帝，并且，我的弟弟战死沙场；

所以，我家墓田风水不是吉，也不是不吉。

隋文帝杨坚由墓田风水流行观念推出了“我家墓田风水不是吉，也不是不吉”这一矛盾命题，因而，墓田风水之说是荒谬的。隋文帝对风水之说的破斥，使用的就是条件合取术。其形式是：

如果 p，则 r；

如果非 p，则 s；

非 r 并且非 s；

所以，p 并且非 p。

条件合取术，就是由两个条件命题和一个合取命题作前提推出一个合取命题为结论的论辩方式。

隋文帝杨坚对风水的质疑，由两个条件命题和一个合取命题作前提，使用否定条件命题后件到否定前件的形式，得出了矛盾的结论：我家墓田风水吉，同时又不吉。同一个祖坟的后代，既有飞黄腾达的，又有死于非命的，这就很难定义这个祖坟的风水好或者不好。这种反驳是相当有力的。

条件合取术往往可使论敌陷于重重矛盾之中。又如：

有一天，一位教徒来到教堂。他说："神父大人，我是信教的，但不知上帝能给我什么帮助？"神父平静地说："上帝是万能的，他能供应你所需要的一切，只要你祈祷。"教徒忧虑地说：

"我的邻居也是信教的，如果我祈祷上帝下雨，他却同时祈祷天晴，那么上帝会作出怎样的决定呢？"

神父：……

这个教徒的话包含如下推论：

如果我祈祷上帝下雨，那么天下雨；

如果邻居同时祈祷上帝不下雨，那么天不下雨；

我祈祷上帝下雨，并且，邻居同时祈祷上帝不下雨；

所以，天下雨，同时天又不下雨。

这位教徒使用的也是条件合取术，他根据神父的观点"只要祈祷，上帝能供应你所需要的一切"，运用条件合取术，由两个条件命题和一个合取命题作前提,使用肯定条件命题前件到肯定后件的形式,推出了一个自相矛盾的命题:“这里既下雨同时又不下雨。”这就一针见血地击中了对方的要害,对方只能是哑口无言了。

16 二难制敌

“我是皇帝,怎能给你下跪?”

在论辩过程中,只列出两种可能性的情况,迫使论敌从中作出选择,不论对手选择哪一种,得出的结果都对他不利,除此以外又别无选择,这就必然使论敌陷入进退维谷、左右两难的境地,完全落入我方控制之中,这种论辩方法就是二难制敌术。

清代学者纪晓岚自幼勤奋好学,当他还是个孩子的时候,就经常跑到书摊上去看书。掌柜见他光看不买,就不耐烦地对他说:“小孩子,我们是靠卖书吃饭的,你要看,就买回去看好了。”

纪晓岚说:“买书就得先看,不看,怎么知道哪本书好?”

“你看了多少书啦,就没有一本好的吗?”

“你这书摊上好书倒是不少,不过我看完后就能背了,还买它何用?”

掌柜料想他是在瞎说,于是顺手拿起一本纪晓岚刚看过的书说道:“要是你当着我的面把这本书背下来,我就把它白送你;要是背不下来,就永远别再来白看我的书了!”

“好,一言为定!”纪晓岚当即把两只小手一背,仰头望天,果然把那本书背下来。掌柜大吃一惊,赞叹这孩子日后必成大器,并把这本书送给了纪晓岚。

纪晓岚在与掌柜的论辩中，使用了这样一种推理形式：

如果看书，看过就背下了，不买；

如果不看，不知道书好不好，也不买；

看书或不看书；

总之，不买。

这里使用的就是二难制敌术，充分显示了童年纪晓岚的辩才。其形式是：

如果 p，则 r；

如果 q，则 r；

p 或 q；

所以，r。

二难制敌术是一种神奇的论辩方法，我们要想应用二难制敌术制服对方，就必须注意各路设卡，使对方不管作何种选择都感到为难，这样才能使对方无法逃遁，束手就擒。又如：

从前有个县官非常可恶，凡是来打官司的如果不给钱，就会被他打得死去活来。当地有个艺人编了出戏，叫《没钱就要命》。演出那天，县官也去看戏了，一看演的是他，非常气愤，没等戏演完，就回到县衙，命令衙役把这个艺人传来审问。那个艺人听说县官传他，就穿了龙袍，大摇大摆地跟着去了。县官一见艺人带到，便把惊堂木一拍，喝道：

"大胆刁民，见了本官为何不跪？"

艺人指了指身上的龙袍说："我是皇帝，怎能给你下跪？"

"你在演戏，分明是假的！"

“既然你知道演戏是假的，为什么还要把我传来审问？”

这个艺人在与县官的论辩中使用的也是二难制敌术，其形式是：

如果 p，则 r；

如果 q，则 s；

p 或 q；

所以，r 或 s。

他列举了“演戏是真的”与“演戏是假的”两种情况，是真的则不能下跪，是假的则不能审问他。几句话，把县官问得张口结舌，县官只好看着艺人大摇大摆地走出了县衙。

二难制敌术实际上是以两个条件命题和一个析取命题为前提进行推演的论辩方法，因此，又可称为条件析取术。正确地应用二难制敌术就必须注意：

(1) 前提中条件命题必须真实。

(2) 析取命题必须将某个方面的情况列举完全。

(3) 必须遵守条件命题、析取命题的有关推演规则。

二难制敌术即条件析取术，与条件合取术有点相似，但并不相同：

(1) 两者结构并不相同：二难制敌术前提中有个析取命题，条件合取术前提中有个合取命题。

(2) 表达效果有所不同：二难制敌术主要陷论敌于进退两难，条件合取术则主要使论敌陷于重重矛盾之中。

17 二难破斥

神奇绝招破斥论敌二难

二难制敌术是一种强有力的论辩方法，往往可以使对手陷入进退两难的境地。然而，当论敌也用二难推论向我们发起攻击时，我们该如何破斥呢？

二难破斥术就是破斥论敌的二难推论的战术。要破斥二难推论，不妨采用以下方法：

(1) 揭露对方前提中条件命题是虚假的。

二难推论前提中的条件命题必须真实，否则难以推出可靠的结论。比如：

有一天，河边有人落水，人们正准备下河救人。有个算命先生议论说：

“一切都是命。如果这人命里注定要淹死，那么救他也没用；如果这人命里不是注定要淹死，那么不必救他；这个人是或不是命里注定要淹死；总之不必救他。”

这个算命先生发表的见死不救的无耻怪论，也使用了二难推论。但这个推论是荒谬的，因为前提中条件命题是假的，是迷信，纯属胡说八道。

(2) 指出二难推论中析取命题的析取支不穷尽。

二难推论中的析取命题必须将某类情况列举完全，即析取支必须穷尽。如果析取支不穷尽，就有可能漏掉某种情况，而这种情况恰恰可能是最合适的。比如，有个青年大发感慨：

“如果天热，则人不舒服；如果天冷，则人不舒服；天或者是热，或者是冷；总之人不舒服！人生是一片苦海！”

这个二难推论析取支不穷尽，漏掉了一种天气不冷不热的情况。

18 相反二难

构造尖锐对立的二难推论

相反二难术，是指为了反驳对方的二难推论，我们可以从对方提供的二难前提中引申出与对方截然相反的结论。方法：将对方的二难推论中两个条件命题后件的位置互换，然后分别否定之。

有个青年整天忧心忡忡，愁容满面。他说：

“如果参加工作，则不自由；如果不参加工作，则没钱花；参加工作或不参加工作；总之或者不自由，或者没钱花。真难啊！”

这个青年的推理显然是荒谬的。他使用了二难推论的方法，我们不妨构造一个相反的二难推论加以驳斥：

“如果参加工作，则有钱花；如果不参加工作，则自由；参加工作或不参加工作；总之或者自由，或者有钱花。真好啊！”

这样就把对方的二难推论驳倒了。又如：

从前，有一位老奶奶，她有两个儿子，大儿子卖雨伞，小儿子卖布鞋。天一下雨，老奶奶就发愁说：“哎！下雨了，我小儿子的布鞋还怎么卖呀!”天晴了,老奶奶还是发愁说:“哎!看这个大晴天,哪还会有人来买我大儿子的伞呀!”就这样,不管晴天雨天,老奶奶一天到晚老是唉声叹气、愁眉不展。

有一天,邻居便对她说:“老奶奶,您应该换个角度想,一到下雨天,您大儿子的雨伞就卖得特别好;天一晴,您小儿子布鞋特别畅销,这样不管天晴还是下雨,您儿子生意都好,您真是好福气呀!”

老奶奶一想,也对!从此以后,老奶奶就整天乐呵呵的。

老奶奶一天到晚唉声叹气,是基于这样一个二难推理:

如果下雨,那么小儿子的布鞋店生意不好;

如果天晴,那么大儿子的雨伞店生意不好;

或者下雨,或者天晴;

总之,或者布鞋店生意不好,或者雨伞店生意不好。

邻居劝说老奶奶,则是使用了一则相反的二难推理:

如果下雨,那么大儿子的雨伞店生意好;

如果天晴,那么小儿子的布鞋店生意好;

或者下雨,或者天晴;

总之,或者雨伞店生意好,或者布鞋店生意好。

这就是相反二难术。又如:

一位旅客住进某旅馆,该旅馆的设施看起来还可以。但是,突然下了一场大雨,旅客发现卫生间漏水特别厉害,无法进去。于是便打电话给经理,要求派人来修理。经理在电话中答道:

“对不起,先生。现在天下雨,我们无法修理;天晴后,就又不需要修理了。天气不是下雨就是天晴,所以不是无法修理,就是不需要修理。”

旅客当即针锋相对地反驳道：

“经理先生，你说得不对。现在天下雨，就有修理的必要；如果天晴，就有修理的可能。天或者是下雨或者是天晴；所以或者是有修理的必要，或者是有修理的可能。”

这位旅客将经理二难推论中两个条件命题后件的位置互换了一下，并分别加以否定，这样便得出了与经理尖锐对立的结论，有力地驳斥了经理的谬论。

19 多难制敌

不向庄园主低头的诗人

在论辩过程中，列举三种或三种以上的情况，并要求对方从中作出选择，不管选择哪种情况，对方都会感到为难，从而使对方陷入困境，这就是多难制敌术。

比如，古希腊哲学家伊壁鸠鲁被西方尊为“无神论之父”，他以有力的论据证明了神不存在，对有神论进行了严厉的驳斥。他说：

“我们应该承认，神或是愿意但没有能力除掉世间的丑恶，或是有能力而不愿意除掉世间的丑恶；或是既有能力而且又愿意除掉世间的丑恶。

“如果神愿意而没有能力除掉世间的丑恶，那么它就不算是万能的，而这种无能为力，是和神的本性相矛盾的。

“如果神有能力而不愿意除掉世间的丑恶，那么这就证明了它的恶意，而这种恶意同样是和神的本性相矛盾的。

“如果神愿意而且有能力除掉世间的丑恶，那么，为什么在这种情况下世间还有丑恶呢？”

伊壁鸠鲁列举了各种关于神的解释的可能性，不管选择哪种可能，结论都是有神论者难以接受的。伊壁鸠鲁这里使用的就是多难制敌术。

使用多难制敌术和二难制敌术一样，应当各路设卡，断对方后路，使对方无法逃遁。再看下一则论辩故事：

从前有个凶恶的庄园主，穷人见他都必须低头。一次在路上遇见一位诗人，诗人昂首挺胸，庄园主见了气急败坏，用手杖敲着地面说：

“我有的是钱，你见我为什么不低头？”

“你有钱，可你的钱并不给我，我为什么要向你低头？”

“好吧，我把我的钱拿出十分之二给你，你给我低头！”

“你拿十分之八，我拿十分之二，这不公平，我还是不低头。”

“那么我把我的钱拿一半给你，你给我低头！”

“那时候，我和你平等了，我为什么要向你低头？”

“那么我把我的钱全部给你，你该向我低头了？”

“到那时，我成了富人，你成了穷人，我更用不着向你低头了！”

庄园主在围观群众的嬉笑声中，灰溜溜地走了。这个愚蠢而又自大的庄园主列举了四种可能情况，结果都被诗人一一驳回，落得个自讨没趣的下场。

20 归谬法

论辩中的"显微镜"与"放大镜"

在论辩中,为了反驳对方的荒谬论点,可以先假设对方的论点是正确的,由此推出新的荒谬的论点,这样便可将对方的荒谬论点驳倒,这就是归谬法。归谬法根据由被反驳的论点所推出的新的荒谬论点的特点,可以分为下列三种形式:

(1) 由被反驳的论点推出的新的论点是虚假的。

比如,宋朝时有一位僧人,整天到处宣扬不可杀生论,理由是今生杀一牛或一猪,来世就会变成牛或猪。一位旁观者对他说:

"依你说来,我们为了来生再变成人,生前就应杀死一个人?"

这位旁观者由僧人的观点推出"为了来生再变成人,生前就应杀死一个人"这一荒谬观点,这就将僧人驳倒了。这位僧人听了后哑口无言,狼狈而去。又如:

唐代诗人李贺年轻时想考进士,但是有人却极力阻挠,理由是:儿子做事应该避讳父名,李贺父亲名晋肃,而"晋"与进士的"进"谐音,所以不能考进士。韩愈为此写了一篇《讳辩》的文章,为李贺辩护道:

"父名晋肃,子不得为进士;若父名仁,子不得为人乎?"

意思是说,如果父亲名叫晋肃,儿子就不得考进士;如果父亲的名字叫仁,难道儿子就不该是人了吗?这里由被反驳的论点推出的新的论点"父名仁,子不得为人"显然是虚假的,这就充分揭露了被反驳的论题的荒谬性。

（2）从被反驳的论点中引申出与其相矛盾的论点。

比如，古希腊学者克拉底鲁宣称："我们对任何事物所作的肯定或否定都是假的。"亚里士多德对此反驳道：

"克拉底鲁的话等于说：'一切命题都是假的'，而如果一切命题都是假的，那么，这个'一切命题都是假的'命题也是假的。"

亚里士多德由被反驳的论点推出的新的论点"'一切命题都是假的'是假的"，这与被反驳的论点"一切命题都是假的"相矛盾，这就彻底揭露了被反驳论点的荒谬性。

（3）从被反驳的论点中推出两个相互矛盾的论点。

在国际大专辩论会关于"金钱是/不是万恶之源"的论辩中，正方队员针对反方认为"万"是一切、"万"是"全"的说法，这样反驳道：

"对方辩友说'万'是指'全'的意思。我们说一个人经历了千辛万苦，是不是说他要经历一切的苦呢？那这个人肯定不是男人，因为男人再苦也没有受过女人生孩子的苦；不过他也肯定不是女人，因为女人再苦，也没有受过男人怕老婆的苦。'万'是一切吗？"

正方队员从"万"是"全"的说法，推出"经历了千辛万苦的人不是男人，同时又不是女人"这么一种自相矛盾的结论，这就将对方主张的荒谬性凸显了出来。

归谬法是一种强有力的反驳方法，它被人们称为论辩中的"显微镜"与"放大镜"，在论辩中借助于归谬法这一显微镜与放大镜，能使对方的谬误暴露无遗。

21 条件归谬

王充批判鬼神迷信思想

在运用归谬法的论辩过程中，由被反驳的论点推出新的荒谬论点时，根据所使用的推论方法的不同，又可使归谬法呈现出各种不同的特点。比如：

某甲自称会看相，对他的朋友说："哎呀！我的朋友，你将来不会有什么福气，也不会长寿。"

朋友一惊，问道："你怎么知道？"

某甲说："你的耳朵特别小，自古以来，相书上都说耳朵大的命长、福气好。"

朋友笑着说："你的意思是说，猪的福气大、寿命长喽！"

这个朋友反驳某甲的谬论，使用的就是归谬法。由被反驳的论点"耳朵大的命长、福气好"推出新的荒谬论点"猪的福气大、寿命长"时，使用的是条件推演的条件分离法。**条件归谬术就是在由被反驳论点推出新的观点的过程中使用条件推演方法的归谬法**。

东汉哲学家王充曾用条件归谬术尖锐地批判了当时一些人的鬼神迷信思想。有人说："人死了，人的灵魂就变成了鬼，鬼的样子和穿戴跟人活着时一模一样。"王充反驳道：

"你们说一个人死了他的灵魂能变成鬼，难道他穿的衣服也有灵魂，也变成了鬼吗？照你们说法，衣服是没有精神的，不会变成鬼，如果真的看见了鬼，那它该是赤身裸体，一丝不挂才对，怎么还穿着衣服呢？并且，从古到今，不知几千年了，死去的人比现在活着的人不知多多少。如果人死了就变成鬼，就该看到几百万、几千万，满屋子、满院子都是，连大街小巷都挤满了鬼。可是，有几个人见过鬼呢？那些见过的，也说只见过一两个，他们的说法是自相矛盾的。”

有人辩解说：“哪有死了都变成鬼的？只有死的时候心里有怨气、精神没散掉的，才能变成鬼。古书上不是记载过，春秋时期，吴王夫差把伍子胥放在锅里煮了，又扔到江里。伍子胥含冤而死，心里有怨气，变成了鬼，所以年年秋天掀起潮水，发泄他的愤怒，可厉害呐，怎么能说没有鬼呢？”王充反驳说：

“伍子胥的仇人是吴王夫差。吴国早就灭亡了，吴王夫差也早就死了，伍子胥还跟谁做冤家，生谁的气呢？伍子胥如果真的变成了鬼，有掀起大潮的力量，那么他在大锅里的时候，为什么不把掀起大潮的劲儿使出来，把那一锅沸水泼在吴王夫差身上呢？”

王充在这里反驳论敌时使用了条件归谬术，他先假设论敌的观点是正确的，然后运用条件推演的方法推出荒谬的结论。随便举其中一点来说，比如：

> “如果人死了，就变成鬼；千千万万的人死了，那么大街小巷到处都是鬼。”

这里使用的就是条件分离术，由被反驳的论题推出新的论题的荒谬性，自然也就可以得知，被反驳的论题是荒谬的。由于王充正确地使用了条件归谬术，因而逻辑严密，无懈可击，给了论敌当头一棒。

使用条件归谬术必须注意，要遵守条件推演的有关规则，不能采用由否定前件到否定后件，或由肯定后件到肯定前件的错误形

式。否则,就可能导致谬误,甚至流于诡辩。比如:

甲:“这个人身子怎么老是在动弹?”

乙:“因为天冷衣薄而发抖。”

甲:“难道抖抖就不冷了吗?”

甲的推理使用了条件归谬术,是由肯定后件到肯定前件的错误形式,即:

他天冷衣薄就会发抖;

他发抖;

他仍然会冷。(难道就不冷了吗?)

甲的议论纯属冷酷无情的无耻诡辩。又如:

甲:“你们养鸡,如果母鸡不下蛋,怎么办?”

乙:“杀了它。”

甲:“难道杀了它就能下蛋了吗?”

乙的议论也是由肯定后件到肯定前件的错误形式,纯属狡辩。

22 类比归谬

“有钱能打酒算什么本事?”

类比归谬术,是指在运用归谬法的论辩过程中,由被反驳的论点推出新的荒谬论点时,使用的是类比推论方法。

有一天,有个地主在家里喝酒。正喝得高兴的时候,酒壶里没有酒了,他连忙喊长工去给他打酒。长工接过酒壶问:“酒钱呢?”地主很不高兴地瞟了长工一眼说:

“有钱能打酒算什么本事?”

长工没有再说什么，拿着酒壶就走了。过了一会儿，长工端着酒壶回来了。地主暗自高兴，接过来就往酒杯里斟酒，可倒了半天也没倒出半滴酒，原来酒壶还是空的。

地主冲着长工喊叫:“怎么没有酒?”这时长工不慌不忙地回答道:

“壶里有酒能倒出酒来算什么本事?”

长工反驳地主使用的就是类比归谬术。长工由地主的“有钱能打酒不算本事”论点，运用类比的方法得出“壶里有酒能倒出酒来也不算本事”的论点，迎头痛击了那吝啬而又狡诈的地主。

类比归谬术是一种非常机动灵活的反驳方法，为了取得最佳的论辩效果，我们应特别注意选择与论敌观点相反的事物进行类比，以便得出与论敌观点针锋相对的结论。

古代一个十二岁的小孩驳倒大贵族的论辩能给我们深刻的启示。

据《列子·说符》载:齐国有一个姓田的大贵族，占有很多土地，家里养有食客千人供他使唤，替他做事。有一天，田家在举行盛大宴会。参加宴会的宾客中有人献上大鱼和大雁作为礼物。主人看了很高兴，感叹地说:

“上天对我们人类可真是优厚哇! 它不但让地里生长五谷，供给我们粮食，你们看，上天还安排了这些大鱼、大雁，供给我们享受，多么伟大的天神哪!”

众人听了，齐声喝彩。这时，宾客中有个鲍家的孩子，才十二岁，毅然起立反驳道:

“我不同意主人刚才的说法。我认为，天地万物和我们人是同时产生的，人也是万物中的一个种类，一切种类都没有什么贵贱、高下之分，不过是由于智力有大有小，因此产生弱肉强食的情况，而并不是上天作出的安排。天地万物，谁为谁生，你能说清楚吗？我们人类不过是选择可以吃的东西来做食品罢了，这些东西难道是上天特意为人类创造出来的吗？请问，蚊子叮人吸血，虎狼吃人的肉，难道也是上天安排的吗？照你的说法，上天生我们人类，岂不是为了供给蚊子吸血，供给虎狼吃肉的吗？”

客人们听了都哈哈大笑，而主人脸上红一阵白一阵的，非常狼狈。

鲍氏子辩词的关键之处就在于，运用类比归谬术，根据贵族的论点，得出了“上天生人类是为了供给蚊子吸血、虎狼吃肉”这一针锋相对的荒谬结论，真是如匕首、如投枪，痛快淋漓。又比如：

文艺复兴时期，伏尔泰与朋友聊天。朋友说：

“我有个邻居，前一阵子得病了。他去看医生，医生问他得病的原因。他说自己乘船出海的时候，遇到了大风，受到惊吓后就病倒了。医生就根据他得病的原因，找到一条船，从浸透了汗的舵把上刮下来木屑入药，为他治病，把药喝下去病果然就好了。”

“照你这么说，如果这样用药就能治病的话，那么就会推导出一系列荒谬的结论来。”伏尔泰反驳道，“如果把亚里士多德的著作烧成灰喝下去，不是就可以治疗愚昧病了吗？推而广之，麦哲伦曾航海探险，那么喝一口麦哲伦的洗脚水，就可以治疗怯懦病了；莎士比亚是大作家，那么舔一舔莎士比亚用过的笔尖，就可以文思泉涌了；维纳斯是古罗马美女，那么闻一闻维纳斯的头发味道，就可以治疗皮肤病了……”

伏尔泰按照朋友的逻辑，运用类比归谬法，得出一系列荒谬的结论，凸显对方论证的荒谬性，使得对方顿时哑口无言。

使用类比归谬术要注意的是，不能使用类比归谬术来为荒谬主张辩解，不能犯机械类比错误。比如：

电影快放映了，检票员对一个吸烟观众说："先生，剧场里不准吸烟。"

"我在吸烟吗？"那观众问道。

"没吸烟，你嘴里叼着烟斗干吗？"检票员说。

"这能说明什么？我的鞋子套在脚上，能说明我正在走路吗？"

这个观众就是在狡辩。"鞋子套在脚上，不能说明正在走路"，由此并不能必然得出"嘴里叼着烟斗，不能说明正在吸烟"的结论，两者不具有必然联系，犯有机械类比的谬误，是机械类比式诡辩。

23 反证法

重物与轻物同时落地

反证法是与归谬法极为相似、密切相关的一种逻辑方法。

反证法的操作步骤是：我们要论证某个论题，不是直接论证该论题，而是先设立与该论题相矛盾的反论题，然后由反论题推出荒谬的结论，所以假设的反论题是不能成立的，最后通过排中律确定原论题为真。比如：

伽利略是近代科学史上伟大的天文学家、数学家、物理学家，是实验科学的奠基人。在当时欧洲的各个大学里，人们长期以来都接受着亚里士多德传统理论的教育，认为重的物体比轻的物体下落得快,而伽利略则主张,如果将两个不同重量的物体同时从同一高度放下,两者将会同时落地。

然而,当时的大学教授们坚决反对伽利略的主张,认为这完全是胡说八道。“除了傻瓜以外,没有人会相信一根羽毛同一颗炮弹能以同样的速度通过空间下降。”

伽利略为了验证他的理论,在比萨斜塔做实验。他一只手拿着一个十磅重的铁球,另一只手拿着一只一磅重的铁球。只见伽利略把两个铁球从塔顶同时抛下。两个铁球同时从塔顶下落,同时越过空中,同时落到地上!

此外,伽利略还对他的主张作了逻辑论证:

将两个不同重量的物体同时从同一高度放下,两者将会同时落地。假如说,重的物体比轻的物体下落得快,那么,十磅重的铁球会比一磅重的铁球下落得快。现在,把两只铁球绑在一起,因为它比十磅重的铁球更重,所以会比十磅重的铁球下落得更快。然而,一磅重的铁球比十磅重的铁球的速度下落得更慢,它会拖累十磅重的铁球的速度,绑在一起的两只铁球会比十磅重的铁球下落得更慢。这就构成了矛盾,所以原论题成立。

伽利略的论证使用的正是反证法。

1971 年,美国宇航员斯科特在月球上,让一把铁锤和一根羽毛同时落下,由于月球上没有空气,它们确实同时落到月球表面上。这无疑再次证明了伽利略是正确的。

反证法也是用于法庭辩护的一种行之有效的好方法。

巴基斯坦影片《人世间》的主角拉基雅对她的丈夫连开五枪而被指控为杀人凶手,拉基雅到底是不是杀人凶手呢?在法庭上,律师曼索尔为她做了如下的辩护:

"如果拉基雅是杀害她丈夫的凶手,那么所发的五颗子弹至少有一颗打中她丈夫,经现场勘查,五颗子弹都打在对面墙上。如果拉基雅是凶手,那么子弹一定从前面进入她丈夫的身体,因为她是面对面地向她丈夫开枪的。但检查尸体,发现子弹是从背后打进去的。显而易见,拉基雅不是杀害她丈夫的凶手。"

曼索尔的辩护是不容置疑的。他为了证明拉基雅不是凶手,分别从两个方面推翻了"拉基雅是凶手"的反论题,因而具有雄辩的说服力,彻底洗刷了强加在拉基雅身上的罪名。

反证法在数学证明中使用更为普遍。在数学中,要证明某个论题为真,从正面一时难以入手,便转而论证它的反论题的荒谬性,这样论题便可得证。

反证法与归谬法极为相似,但略有区别。在逻辑学中,反证法属证明的方法,着眼于证明某个论题为真;归谬法则属反驳的方法,立足于反驳某个虚假的论题。

24 蕴涵怪论

"整个巴黎都可以装在一个瓶子里"

英国首相丘吉尔是一位非常幽默的政治家。有一次,一位对丘吉尔不友好的女议员在会议间隙对丘吉尔说:

"倘若你是我丈夫,我会在咖啡里放毒药。"

丘吉尔听着,不假思索地回答说:

"倘若你是我妻子,我就会一口喝掉这杯毒咖啡。"

丘吉尔之所以敢说“我会喝掉这杯毒咖啡”，是因为条件命题前件“你是我妻子”是假的，由假的前件可推出任意的结论。既然可推出任意的结论，为什么不说“我会喝掉这杯毒咖啡”来显示自己大无畏的男子汉气概呢？

在现代逻辑中，条件命题称为“蕴涵式”。“蕴涵式”除表示条件命题前后件的关系外，还可表示推理的前提与结论之间的关系。“蕴涵式”有这样一个奇怪的特性：

当蕴涵式的前件为假时，不管其后件是真还是假，那么整个蕴涵式都必定是真的；或者说，由一个假的前提可以推出任一结论。

对此，人们觉得奇怪，称之为“蕴涵怪论”。但是尽管如此，它又毫无疑问地是科学的逻辑定理。比如，常见的归谬法、反证法就是以蕴涵怪论为逻辑基础。

利用条件命题“前件为假时，不管其后件是真还是假，那么整个蕴涵式都必定是真的”这种奇怪特性来进行论辩的方法，我们称之为蕴涵怪论术。我们不妨在论辩中自觉地运用“蕴涵怪论”，往往可以取得出奇制胜的论辩效果。比如，上例中丘吉尔的精彩答辩便是明证。

在论辩中，我们必须认真分析有关的条件是真是假，如果条件是真的，则必须慎重考虑；如果条件是假的，那么我们的答辩就比较随意了，不管作出如何荒谬的后件，都可使我们的整个条件命题成立而将对手制服。

再请看 1993 年 8 月 27 日在新加坡举行的首届国际大专辩论会关于“艾滋病是医学问题，不是社会问题”论辩的一个片段：

悉尼三辩：“那我倒要问对方同学，如果我们今天发明了一种可以控制艾滋病的疫苗，那会有什么社会问题？请你说明。”

复旦二辩："用一个如果的话，整个巴黎都可以装在一个瓶子里，如果人类不存在，艾滋病还有没有啊？"

悉尼大学队三辩提出的条件是"今天发明了一种可以控制艾滋病的疫苗"，这个条件显然是假的，因而复旦大学队二辩作出"整个巴黎都可以装在一个瓶子里"的荒谬后件，当然也可以由此随意作出其他的后件，从而组成一个无懈可击的条件命题并将对手驳倒。复旦队巧妙地运用了蕴涵怪论术，答辩幽默风趣，显示出一种极为高超的论辩应对才能。

25 协调性原则

"月亮是用奶酪做成的"

在现代逻辑演绎系统中，"蕴涵怪论"是一种诡异的存在。

一方面，因为它的怪异，受到无数的逻辑学者的非议。尽管如此，它却仍然是一条科学的逻辑定理，比如归谬法、反证法就是以蕴涵怪论为逻辑基础的，而且，在论辩中恰当运用蕴涵怪论，还可以取得出奇制胜的论辩效果，比如上文"蕴涵怪论术"所论述的是一方面。

然而，另一方面，蕴涵怪论也常常给人们带来种种困惑。比如：

由假的前提可以推出任一结论

就足以使人们感到难堪。请看下一议论：

甲："我有个新发现，月亮是用奶酪做成的。"

乙："这怎么可能？"

甲："我可是经过严谨的逻辑论证得出这一结论的。论证如下：

如果今天我时间有空闲，我就去公园；

如果今天下雪，我就不去公园；

今天我时间有空闲，并且下雪；

所以，月亮是用奶酪做成的。"

这则推论采用了这样一种形式：

如果 p，则 r；

如果 q，则非 r；

p 并且 q；

所以，s①。

由这则推论的三个前提，使用条件分离规则很容易得出"r 并且非 r"这一命题，这是矛盾的、虚假的，根据蕴涵怪论的"由假的前提可以推出任一结论"，其中也包括 s，而且 s 可代入任意命题。比如：

"月亮是用奶酪做成的。"

"我有一座金山。"

"人可以活到 5 000 岁。"

"我可以一口把大海喝干。"

"整个巴黎都可以装在一个瓶子里。"

一切的一切，都可以从这一组前提中推导出来，荒谬的、真实的……然而，这样的结果，除了虚假的那部分可以拿来证明前提的虚假性以外，还能有什么用？真有谁会相信整个巴黎都可以装在一个瓶子里吗？

---

① 这一推论也可用反证法得到证明。

为了避免这样的尴尬出现，因而，**逻辑学规定：**

(1) **推理的前提必须真实**。

(2) **逻辑的演绎系统不能包含矛盾**。

这就是协调性原则，协调性又称为不矛盾性。

协调性原则要求，推理的前提必须真实。如果论敌推论前提虚假，我们可以通过揭示论敌前提的虚假来加以破斥，因为如果推理的前提虚假，便可推出任意结论，这毫无价值。同时，如果论敌的论断是荒谬的，我们又可根据论敌荒谬的论断为前提，推出任意荒唐的结论，从而使论敌难堪，将论敌驳倒。

协调性原则还要求，逻辑的演绎系统不能包含矛盾，如果一个逻辑演绎系统包含矛盾，能推出矛盾，那么，这个逻辑演绎系统就可推出任意的结论。真假混作一团，这个逻辑演绎系统就失去了本身的价值。

26 完备性

一切命题逻辑的定理皆可得证

前面我们介绍了命题逻辑若干推理形式。我们如果选择少数几条推理形式作为基本推理规则，即可组成命题逻辑推理系统。因为这种系统与自然语言的推理相似，所以又叫命题逻辑自然推理系统。**命题逻辑自然推理系统是功能强大的，一切命题逻辑的定理都可在这个系统中得到证明，这就是命题逻辑自然推理系统的完备性，完备性又叫完全性**。

现代逻辑最大特点是思维形式的符号化，并且通过代入等规则，可生成无限复杂多样的公式。在此基础上，无限复杂的思维形式都可变为简洁、纯粹、严密的符号公式的推演。

传统的逻辑学只是孤立地、分门别类地介绍非常有限的几种推理方法，而人类的思维活动是丰富多彩的，碰到稍微复杂的思维活动形式，传统的逻辑学便无能为力，这时就需要借助现代逻辑推演系统。

请看公务员考试试卷中的一个问题：

某案的凶手在A、B、C、D、E五人之中，经查下列情况属实：

(1) 只有A是凶手，B才是凶手；

(2) 如果D不是凶手，C就不是凶手；

(3) 或B是凶手，或C是凶手；

(4) D没有E为帮凶，就不会作案；

(5) E没有作案时间。

请问，谁是凶手？为此甲、乙、丙、丁四人发生了一场争论：

甲：A、B、C是凶手。

乙：B、C、D是凶手。

丙：A、B是凶手。

丁：C、D、E是凶手。

请问：他们四人中判断正确的人是谁？

这个案例并不复杂，如果不懂逻辑，会半天也摸不着头脑；如果懂逻辑，借助命题逻辑自然推理系统，便可快速获得答案(A、B是凶手)。即使遇上再难的难题，也可得到判定。因为命题逻辑自然推理系统不是单独地、孤立地运用某一推理方法，而是将有关方法组成了一个完整、严密的系统，这个系统具有完备性。

逻辑学蕴藏着万千奥妙，能给我们的论辩带来无穷的乐趣与魅力。懂逻辑的辩手纵横捭阖、左右逢源；不懂逻辑的只能被弄得头晕目眩、束手无策。

第二节　谓词逻辑妙法

命题逻辑对逻辑结构进行分析时，只分析到原子命题为止。谓词逻辑则是在命题逻辑的基础上，还把命题分析成个体词、谓词和量词等非命题成分，研究由这些非命题成分组成的命题形式的逻辑性质和规律。

谓词逻辑是一种更为复杂的逻辑演绎系统，能为我们的论辩提供新的武器。

27　三段论

张举烧猪巧断谋杀亲夫案

据《疑狱集》记载：三国时期的吴国人张举，担任句章县的县令。县里有一个妇女谋害自己的丈夫后，怕官府追究，当即放火把房子烧了，然后号哭着告诉别人，说房子失火烧死了丈夫。死者的弟弟怀疑此事，告到县衙门。县令张举立即到现场勘查验尸。尸体已经被烧焦了，张举查验了死者的口腔后，问死者的妻子：

“你说你的丈夫是因为失火被烧死的？”

“是的，大人。”这个妇女连忙点头。

张举突然脸一沉说：“胡说！你丈夫根本不是失火烧死的。”

这个妇女号啕大哭，拒不承认是她杀死丈夫。

张举微微一笑，叫人取来两头活猪，杀死其中一头，然后堆起木柴，将活猪和死猪同时放到柴堆里点火烧。火熄灭后，取出两头焦猪来检查，活猪烧死的，口中有很多灰，而死猪口中却没有灰。张举指了指口中没有灰的猪，厉声说道：

“凡是被火烧死的人，死在火中，烟熏火烤，呛得喘不过气来，迫于呼吸，口中势必吸进灰尘，而你丈夫口中却一点灰尘也没有，怎么会是失火烧死的呢？肯定是被人杀死后放火烧焦的！你还有什么话要讲？”

杀人的妇女见阴谋已败露，半天也说不出话来，不得不供出谋杀亲夫的事实和原因。张举巧断谋杀亲夫案时使用了这样一个推理：

凡是被火烧死的人，口中必定有灰尘；

这男子口中没有灰尘；

所以，这男子不是被火烧死的。

这就是三段论。**三段论是由两个包含有一个共同项的直言命题为前提，推出一个新的直言命题为结论的推理**。**利用三段论来论辩取胜的方法，就是三段论术**。

在逻辑学中，直言命题有四种最基本的形式：

(1) 全称肯定命题：所有 S 都是 P，即 SAP，或写作 A；

(2) 全称否定命题：所有 S 都不是 P，即 SEP，或写作 E；

(3) 特称肯定命题：有的 S 是 P，即 SIP，或写作 I；

(4) 特称否定命题：有的 S 不是 P，即 SOP，或写作 O。

三段论是一种古老的推理方法，从亚里士多德创立三段论的学说起，一直使用至现在。一个三段论包括大前提、小前提和结论三个部分。比如：

所有的人都是会死的；(大前提)

苏格拉底是人；(小前提)

所以，苏格拉底是会死的。(结论)

在一个三段论中，只能有三个项：大项、中项、小项。

结论中的主项称为小项，通常用 S 表示；

结论中的谓项叫大项，通常用 P 表示；

在前提中出现两次的概念叫中项，通常用 M 表示。

如上例中，"苏格拉底"是小项，"会死的"是大项，"人"是中项。

28 前提真实

三段论避免了一桩冤案

要运用三段论得出可靠的结论，首先要求前提必须真实。

请看 40 多年前发生在浙江某地的一件凶杀案。

1977 年 6 月 6 日晚，某大队支部书记李康信家发生火灾，27 岁的李康信、年轻妻子张慧娟和 3 岁爱子李海雷葬身火海。3 人头骨被钝器砸裂，身体被烧成炭尸。面对此情此景，人们悲痛万分，希望尽快抓到凶手。

侦破组很快锁定一个叫张康银的人为凶手。证据是：

(1) 大队支部书记李康信曾多次批评张康银，因此张康银会怀恨在心，产生杀人恶念。

(2) 张康银当晚曾出去一个多小时，有作案时间。

(3) 张康银裤子上有块A型血迹，和死者血型相同，而张康银的血型为O型。

在此后2年多的时间里，曾对张康银进行过40多次审讯，但他都拒不承认罪行。最后案件还是被提起公诉，转到县法院刑庭副庭长、审判员翁继敏的手上。此时翁继敏只要提笔一勾，案件即可了结。

但是，翁继敏对证据进行逻辑分析，发现证据并不充分。以上证据实际包含以下推理：

(1) 凡是被多次批评的都会怀恨在心，产生杀人恶念；
张康银曾被李康信多次批评；
因此张康银会怀恨在心，产生杀人恶念。

(2) 凡是有作案时间的都会杀人；
张康银有作案时间；
所以，张康银会杀人。

(3) 凡是有和死者相同血型的血迹都是杀人证据；
张康银有和死者相同血型的血迹；
所以，张康银的血迹是杀人证据。

经过逻辑分析发现，以上三段论的大前提均为虚假，案件不能轻易下判。

翁继敏经过仔细了解，那晚张康银曾出去一个多小时，是刑讯逼供的结果，其实那晚张康银根本就没出去过；经化验血型，张康银的妻子和三个孩子的血型都是A型，和张康银裤子上的血迹血型相同。由此可见，证据并不可靠。

然而，翁继敏了解到，自张康银被定为凶手后，死者亲属纠集一大帮人，把张家锅灶、家具全砸得粉碎；张的母亲被吊起毒打；张的妻子被打得遍体鳞伤又赤身裸体浸入苦咸的海水；张的腿骨被打成三截；张的还没出嫁的妹妹也被剥光衣裤绑在水泥电杆上抽打两个钟头；张的父亲被拖下床，被打得含冤死去……

翁继敏震怒了，连夜写出了正式审查报告，认为此案事实不清、证据不足，还不能审判。县法院、地区法院都同意这一观点，张康银被取保释放。

一次三段论推理的逻辑分析，翁继敏因为识别出其中前提的虚假，避免了一桩冤假错案，保住了一个无罪人的生命！

时间不断过去，1982年终于查出了真正的凶手，是一个叫林华国的青年。他有次与女社员吵架，打伤了人，书记李康信责令林华国赔偿医药费、误工费700元。林华国怀恨在心，这天夜里，他携带利斧潜入李康信家，用斧背猛击熟睡的李家三人的头部、胸部，接着又盗窃柜中银元十枚，然后堆柴焚尸烧房，逃离现场，并把血衣、斧头丢入海中。当他看到潜水员打捞上来的斧头和追回来的10枚银元后，在铁的证据面前，他只得低头认罪①。

再请看下一则三段论：

所有金属都是化学元素；

钢是金属；

---

① 余小沅：《鹰》，《民主与法制》1983年第11期，第25页。

所以，钢是化学元素。

这个结论是错误的，化学元素周期表中找不出“钢”这一元素。之所以出现这种情况，是因为前提“钢是金属”错了，钢不是金属，而是合金。

29 中项同一

王老太爷是会飞的

亨利问妈妈：“一个人会不会因为自己没有做过的事情而受到惩罚？”

“当然不会。”妈妈答道。

“挨骂呢？”

“也不该挨骂，小宝贝。”妈妈温和地说。

“那么，谢天谢地。我今天没有做功课。”

小亨利的话包含了这样一则推论：

凡是没有做的事情都是不会受惩罚的；

我没有做功课；

所以，我是不会受惩罚的。

这个三段论中项不同一，犯有“四项”的错误。在一个有效的三段论中，只能有三个项：大项、中项、小项，不能有四个项。然而，大前提中“没有做的事情”指的没干坏事，小前提中“没有做的事情”是应该做却没有做的事情，中项“没有做的事情”前后表达的概念不一致，造成此三段论产生四个概念，结论因此不正确。

利用三段论中项同一规则，揭露论敌三段论犯有“四项”的错误来论辩取胜的方法，叫三段论中项同一术。

又如，有人这样推论：

白头翁是会飞的；
王老太爷是白头翁；
所以王老太爷是会飞的。

这个三段论的两个前提都是正确的，为什么却推出了荒唐的结论呢？因为，前提中的“白头翁”是两个不同的概念，一个指鸟，一个指人。中项不同一，犯有“四项”的错误，因而导致结论错误。再如：

“物质是永恒不灭的，恐龙是物质，所以，恐龙是永恒不灭的。”

前一“物质”属哲学上一般的具有无限、永恒、绝对性质的物质，而后一“物质”指的是一般物质的具体形式。这个三段论也犯了“四项”的错误。

30　中项周延

澄子丢失了一件黑色的夹袄

据《吕氏春秋·淫辞》记载：古代宋国有个叫澄子的人，有一天一件黑色的夹袄丢失了，他急得满街乱找，看见街上有个妇女也穿了件黑色的夹袄，就立即上前一把揪住人家：

“我丢掉的夹袄是黑色的，你穿的夹袄也是黑色的，所以你穿的夹袄就是我丢失的。”

那妇女说：“这位先生，你丢失了夹袄我很同情，可我这件夹袄确实是我自己的呀!”

澄子还把妇女的衣服翻过来一看,见里子是布的,又大声嚷嚷道:“我的夹袄是绸缎的里子,而你的是布的里子,以布的里子换我绸缎的,你还占了不少便宜呢!”

澄子在与这位妇女的论辩中,使用了这样一则三段论:

我丢掉的夹袄是黑色的;
你穿的夹袄也是黑色的;
所以,你穿的夹袄就是我丢失的夹袄。

这个三段论的错误就在于,中项不周延。一个三段论中,中项至少要周延一次;如果两次都不周延,则要犯中项不周延的错误。

所谓周延,是指是否对某个直言命题的主项或谓项的全部外延作出断定。断定了其全部外延,则该项周延;没有断定其全部外延,则该项不周延。

直言命题的项的周延规律如下:

全称命题主项周延,特称命题主项不周延;
肯定命题谓项不周延,否定命题谓项周延。

上一个三段论中,中项“黑色的”两次都是肯定命题的谓项,都不周延,导致结论不可靠。因为世界上黑色的东西许许多多,比如,乌鸦是黑色的,墨汁是黑色的,黑漆是黑色的……而夹袄的黑色仅占“黑色的”极微小部分,因而两次都不周延。**在论辩中,通过揭露论敌三段论中项不周延的错误来论辩取胜的方法,就是中项周延术**。又如:

凡是煤气中毒致死的尸斑都呈鲜红色;

这死者尸斑呈鲜红色；

所以，这死者是煤气中毒致死的。

这则三段论的中项“尸斑呈鲜红色”两次都是肯定命题谓项，不周延，推理错误，结论不可靠。事实上，除煤气中毒外，氰化物中毒、冻死者等也可使尸斑呈鲜红色。

31 大项不得扩大

“你是说我人不漂亮吗？”

三段论中，前提中不周延的项，在结论中也不得周延，否则会犯非法周延的错误。比如：

凡金属是能导电的；

石墨不是金属；

所以石墨不是能导电的。

例中大项“能导电的”在大前提中是肯定命题的谓项，不周延；在结论中是否定命题的谓项，却是周延的，这就犯了大项非法周延的错误，前提的真实性并不能保证结论的真实性。因而，其两个前提虽然都是真的，但结论却是假的。**在论辩中，通过揭露论敌三段论犯有大项非法周延的错误来论辩取胜的方法，就是大项不得扩大术**。又如：

所有发高烧的人都是病人；

张三不发烧；

所以张三不是病人。

显而易见，这个结论是不可靠的。张三不发烧未必不是病人，有很多疾病并不发烧。那么问题出在哪儿呢？问题就出在大项“病人”在前提中是肯定命题的谓项，不周延；而在结论中变成了否定命题的谓项，周延了。

这种错误的三段论往往会以省略的语言形式出现。比如：

“我又不是运动员，锻炼身体干什么？”

语言形式恢复完整，便是：

运动员是要锻炼身体的；

我不是运动员；

所以，我不需要锻炼身体。

其中大项“要锻炼身体”非法周延了。生活中这种现象屡见不鲜，比如：

男：“你的衣服真漂亮。”

女：“你是说我人不漂亮吗？”

男：“你今天好美。”

女：“什么意思？我昨天不美吗？”

这些都是包含省略语言形式的“大项非法周延”的三段论，比如：

你的衣服是漂亮的；

人不是衣服；

所以，人不是漂亮的。

这个三段论是错误的，因为大项“漂亮的”在前提中是肯定命题谓项，不周延，在结论中是否定命题谓项，周延了。结论断定的事物超出了前提的范围,犯有大项非法周延的错误,结论不可靠。

生活中用这种形式来抬杠,快速又省力,反驳起来则颇费口舌。

32 小项不得扩大

齐国人原来是惯盗呀!

请看楚王与晏子的一次论辩。

据《晏子春秋》载,齐国的大臣晏子奉命出使楚国。楚王听到这个消息,就对手下的人说:"晏婴是齐国能言善辩的人。现在他要来了,我想羞辱他一下,用个什么法子呢?"

手下的人说:"等他一到,我们就绑上一个人,从您跟前走过。大王就问,绑着的是哪里人?我们就说,齐国人。大王再问,犯什么罪啦?我们就说,因为他偷了人家东西啦。"

晏子来了,楚王请他喝酒。正喝得高兴,两个小官吏绑着一个人走到楚王跟前。

楚王问:"绑着的是哪里人?"

回答说:"齐国人。"

楚王问:"犯了什么罪?"

回答说:"犯了偷盗罪啦。"

楚王瞟着晏子说:"齐国人原来是惯做强盗的呀!"

楚王的议论包含了这样一则三段论:

这个人是齐国人;

这个人犯了强盗罪;

所以，齐国人都犯了强盗罪。

这个三段论是荒谬的。很明显，即使那个齐国人真的是强盗，也不能证明所有的齐国人都“惯做强盗”。小项“齐国人”在前提中是肯定命题的谓项，不周延，在结论中是全称命题主项，周延了。结论断定的事物超出了前提的范围，犯有小项非法周延的错误，结论不可靠。

在论辩中，通过揭露论敌犯有小项非法周延的错误来论辩取胜的方法，就是小项不得扩大术。

33　存在巧辩

“我有钱，我也有发言权！”

1926 年，鲁迅先生离开北京到厦门大学去教书。厦门大学的校长林文庆是一个英国籍的中国人，思想封建，又崇拜外国人，颇有点奴才气味。他表面上对鲁迅先生很客气，暗地里却常常克扣研究经费，刁难师生。一天，他把研究院的负责人和教授们找去开会，提出要把研究经费减半。教授们纷纷反对，林文庆用手在桌子上敲了一下，提高嗓门说：

“关于这一点，不能听你们的。学校的经费是有钱人拿出来的，只有有钱人才有发言权！”

许多人都不作声，噤住了。鲁迅先生看到校长公然侮辱教授，心里大怒，立刻从衣袋里摸出两个银币，“啪”的一声放在桌上，站起来说：

“我有钱，我也有发言权！”

林文庆没料到鲁迅先生会说此话，一时无言以对。鲁迅先生滔滔不绝地力陈研究经费不能减少，只能增加的理由，驳得校长哑口无言。林文庆自知理亏，辩不过鲁迅先生，只得答应收回其主张。

在谓词逻辑中，有一类命题叫“存在命题”，也叫“特称命题”。它的量词通常是“有”“有的”“存在”“至少有一个”等语词形式。存在量词是最含混的，表示“最少有一个，也可是全部”。比如：

“我班有的同学考上了大学。”

该命题的逻辑含义是：如果全班有 50 个同学，有一人考上大学，该命题为真；如果事实是 50 人都考上大学，该命题也为真；只有当 50 人都没考上大学，该命题才为假。

存在巧辩术就是利用存在量词的含混性、宽泛性来达到论辩取胜目的的方法。比如说，“我有钱”，换成标准的存在命题形式就是：

“有的钱是我的。”

他有一分钱，该命题为真；他富可敌国，该命题也是真的；只有他身无分文，该命题才为假。鲁迅先生正是利用存在量词的这种含混性、宽泛性来制服论敌，取得论辩的胜利。

存在量词在逻辑学中与日常生活中的含义也有所不同。在日常生活中，“有的 S 是 P”，往往意味着“有的 S 不是 P”；“我班有的学生是团员”，往往意味着“我班有的学生不是团员”。在逻辑学中存在量词是没有这种言下之意的。利用存在量词的这种歧义性也是论辩取胜的一种诀窍。

请看在“金钱追求与道德追求可不可以统一”的辩论赛中的一段辩词：

反方：“金钱追求与道德追求的矛盾其实自古早有定论。孟子说：‘生，亦我所欲也；义，亦我所欲也，二者不可得兼，舍生而取义者也。’这不正说明了两者的对立吗？”

正方：“孟子所说的是指二者发生冲突的时候，但孟子并没有说二者总是冲突，舍生而取义者也。对方辩友，当你认为道德追求和金钱追求不能统一的时候，你希望社会是追求金钱还是追求道德的社会？”

反方：“我们当然希望是一个又有金钱又有道德的礼仪之邦。”

正方：“谢谢对方辩友承认了我们的观点！‘又有金钱又有道德’不就是说明两者是完全可以统一的吗？”

反方引用孟子的名言来论证金钱追求与道德追求“二者不可得兼”时，二者是尖锐对立的。正方则认为，孟子名言的意思是“二者有的时候是对立的”，也意味着“二者有的时候不是对立的”，当二者不是对立的时候，金钱追求与道德追求二者就可以统一了。

其实，在逻辑学中，由“二者有的时候是对立的”，并不能必然推导出“二者有的时候不是对立的”结论。正方就是以日常生活中的含义来使用存在量词的。因为它符合老百姓日常的思维习惯，所以人们很难发现其中的微妙差别。当然，在这种情况下，反方如果逻辑功底扎实，自然也可以揭示正方违反逻辑规则来达到驳斥正方的目的。

34　对当推论

“你是一个人难道也是假的？”

有一天，毛拉对阿凡提说：“女人的话可千万不能听啊！”

阿凡提对毛拉说:“我家里有两只羊,我女人说要送给你,我说不送,多谢你给我把这件事断决了。”

说完他转身就走。毛拉想得到阿凡提的两只羊,就赶忙拉住阿凡提说:

“不过女人的话有时也可以听哩。”

毛拉前后的话便是互相矛盾的。

在逻辑学中,直言命题有四种最基本的形式:全称肯定命题A,全称否定命题E,特称肯定命题I,特称否定命题O。具有相同主、谓项的A、E、I、O命题之间的真假关系叫对当关系。包括:

(1) 矛盾关系:不能同真,不能同假。存在于A和O及E和I之间。

(2) 差等关系:即蕴涵关系,存在于A和I及E和O之间。

(3) 上反对关系:不能同真,可以同假。存在于A和E之间。

(4) 下反对关系:可以同真,不能同假。存在于I和O之间。

利用具有相同主、谓项的命题之间的对当关系来论辩取胜的方法,就是对当推论术。

毛拉开始说的“女人的话可千万不能听”是全称否定命题,后来说的“女人的话有的也可以听”是特称肯定命题,两者是矛盾关系,一个真,另一个必假,毛拉这是在自己打自己的嘴巴。

矛盾关系在论辩中非常有用,当我们要反驳对方的命题时,只要使用与之具有矛盾关系的命题,便可一举将对方驳倒。比如:

有个女青年大声宣扬:“我已经看破了红尘,世界上的一切都是假的……”

这时一个小学生问她：“阿姨，你是一个人难道也是假的？”

“你是一个人”是一个真实性再明显不过的命题，也就是说，“世界上有的不是虚假的”，这与“世界上一切都是虚假的”是相矛盾的，这个女青年被小学生一句话就问得张口结舌。

35 负直言命题

孔子微服而过宋

在论辩过程中，我们有时会对一些命题作出否定，**对一些命题作出否定所形成的命题就是负命题**。**我们否定一个直言命题所得到的命题就是负直言命题**。比如：

并非一切闪光的都是金子。

这就是一个负直言命题。被否定的直言命题叫支命题，设被否定的直言命题为 p，则负命题的具体语言形式为：

非 p、并非 p、并不 p、不 p、p 是假的，等等。

负直言命题等值于支命题的矛盾关系的直言命题。比如：

“并非一切闪光的都是金子”等值于“有的闪光的不是金子”。

负直言命题的等值关系如下：

(1) “并非所有 S 都是 P”等值于“有的 S 不是 P”。比如：

“并非一切金属都是固体”等值于“有的金属不是固体”。

(2)“并非所有 S 都不是 P”等值于“有的 S 是 P”。比如：

“并非所有人都不是团员”等值于“有人是团员”。

(3)“并非有的 S 是 P”等值于“所有 S 都不是 P”。比如：

“并非有的人是长生不老的”等值于“所有的人都不是长生不老的”。

(4)“并非有的 S 不是 P”等值于“所有 S 都是 P”。比如：

“并非有的金属不是能导电的”等值于“所有的金属都是能导电的”。

负直言命题的等值规律告诉我们，要否定一个全称命题，只要找出与之为矛盾关系的特称命题即可。

我国古代由于没有照相技术，所以科举考试时，为了避免冒名顶替，考生必须填写清楚自己的外貌特征，考官才能在考堂上查对。相传在明朝时，有个考生填写自己的面貌特征时，其中有一项是“微须”。考官巡堂时看见这个考生脸部有一点胡须，便勃然大怒，责问：

“你因何冒名顶替，考单上明明写着没有胡须嘛！”

考生甚觉诧异，申辩道：“我明明写着有一点胡须，怎么就没有呢？”

“‘微’即‘没有’，范仲淹《岳阳楼记》有‘微斯人吾谁与归’，说的就是没有先天下之忧而忧、后天下之乐而乐的人，我跟谁在一起呢？”

考生不服，反驳道：“古书上说，‘孔子微服而过宋’(微服是指不暴露官员身份的装束)，如果‘微’只作‘没有’讲，难道说孔子脱得赤条条地到宋国去吗？”

这位监考官仅仅根据《岳阳楼记》中的一处现象就轻率地得出：

“所有的‘微’都是‘没有’的意思。”

这一全称肯定命题，考生要反驳，并不需要论证“所有的‘微’都不是‘没有’的意思”这一全称否定命题，这本身就是荒谬的；只需论证：

“有的‘微’不是‘没有’的意思。”

这一特称否定命题为真即可达到目的，比如“孔子微服而过宋”中的“微”就不是“没有”的意思，考生正确利用矛盾关系，直驳得监考官哑口无言。

另外，我们要否定一个特称命题，就要找出与之为矛盾关系的全称命题。

请看美国作家马克・吐温的一则趣闻轶事：

在一次酒会上，马克・吐温答记者问时说：“美国国会中有些议员是狗××养的。”此话被记者公诸报端引来大哗，华盛顿的议员们纷纷要求马克・吐温道歉，不然就将其绳之以法。几天后，《纽约时报》刊登了马克・吐温的道歉声明：

“日前鄙人在酒会上发言，说有些国会议员是狗××养的，日后有人向我兴师动众，我考虑再三，觉得此言不妥，且不合事实，特登报声明，将我所讲的话修改如下：美国国会中的有些议员不是狗××养的。”

马克・吐温开始说，“美国国会中有些议员是狗××养的”，这是特称肯定命题；后来声明这话不妥，即由否定这一命题构造了一个负直言命题：“并非‘美国国会中有些议员是狗××养的’。”本来，与这一负命题等值的应为全称否定命题：“美国国会中所有议员都不是狗××养的。”然而他却使用特称否定命题“美国国会中的有些议员不是狗××养的”来替换。特称肯定命题与特称否定命题只是下反对关系，两者可以同时为真。他这样做表面看是道歉，实质上是利用下反对的真假关系又把议员们愚弄了一番。

36 命题变形

鸡蛋是圆的，所以圆的是鸡蛋

在语言运用过程中，有时一句话顺着说了一遍后，还可以倒过来说一遍，这样能把话说得更透彻。当然这需要技巧，不然就可能出错。比如有则相声：

甲："会说话的人可以把话倒过来说。不信，我这就说。用人不疑，疑人不用；会者不难，难者不会；男人不是女人，女人不是男人。"

乙："好啦，不必往下说了。这样倒过来说，我也会。你听，来者不善，善者不来；狗是动物，动物是狗。"

甲："不对，不对。难道动物都是狗吗？和尚都是剃光头的，但你不能说剃光头的都是和尚啊！"

乙："怎么我倒过来说就不行了呢？还是您说，我再好好学学。"

甲："好，您再听听。有医生是妇女，有妇女是医生；有学生是观众，有观众是学生。"

乙："好了，好了，现在我真的会了。有姑娘是演员，有演员是姑娘。这可以吗？"

甲："行，再往下说。"

乙："好，有人不是演员，有演员不是人。"

甲："咳！有您这样说话的吗？您自己就是演员，您不是人了？"

把话倒过来说，要用到命题变形推理。**命题变形推理有换质法、换位法、戾换法等，利用命题变形推理来论辩取胜的方法，就是命题变形术**。

换质法：改变直言命题的联项，把肯定变为否定，或把否定变为肯定，同时把谓项变成它的负概念。

比如：英雄是不怕死的，所以，英雄不是怕死的。

换位法：将直言命题的主谓项互换位置。

比如：有的妇女是干部，所以有的干部是妇女。

戾换法：将直言命题连续交互应用换质法和换位法（或换位法、换质法），从而得出结论。

使用换位法必须注意，在前提中不周延的项，在结论里也不得周延。

上例相声中，乙使用换位法有两处闹笑话：一次从“狗是动物”推出“动物是狗”。前提中谓项“动物”是肯定命题谓项，不周延，结论中变为全称命题主项，非法周延了。

另一次是从“有人不是演员”推出“有演员不是人”。前提中主项“人”是特称命题主项，不周延，结论中变为否定命题谓项，非法周延了。

再请看《伊索寓言》中的一则故事。

有一只狗习惯吃鸡蛋，久而久之，它认为“一切鸡蛋都是圆的”。有一次，它看见一个圆圆的海螺，以为是鸡蛋，于是张开大嘴，一口就把海螺吞下肚去，结果肚子疼得直打滚。

这只狗由于吃鸡蛋久了，逐渐形成了“一切鸡蛋都是圆的”这样一种认识，这是正确的。但是，后来它从“一切鸡蛋都是圆的”，进而相信“一切圆的都是鸡蛋”，这就错了。此处运用了换位法，前提中

“圆的”是肯定命题谓项，不周延，结论中变为全称命题主项，非法周延了。

又比如，有一次，吕吉甫问朋友：

“苏轼是什么样的人呢？”

“苏轼是聪明人。”

吕吉甫厉声反驳道：“苏轼是聪明人，难道尧不聪明吗？难道舜不聪明吗？难道大禹不聪明吗？”

朋友答道：“世界上聪明人不只是他们三人，其他人也可以是聪明的。”

吕吉甫的反问中包含了这样一则推理：

苏轼是聪明人，所以，聪明人就是苏轼。

他将前提中不周延的“聪明人”在结论中变为周延了，得出不正确的结论，然后列举尧、舜、大禹进行反驳，这种反驳看起来气势汹汹，其实是不合逻辑、软弱无力的。朋友的反驳则一针见血地指出了吕吉甫的错误。

有句拉丁谚语说：“犯错误是人之常情，但坚持错误是愚蠢的。”

20 世纪苏联的一些大学生曾经把它倒过来译成：

“人之常情在于犯错误，而愚蠢则在于坚持错误。”

教师指出这样译不对，并建议他们与正确译文进行比较后再重新翻译。然而，大多数学生仍然迷惑不解，他们觉得这样翻译并没有改变原文的意思。

你能说出他们错在哪里吗？

37　附性法

师者人也，老师者老人也

请看下面甲、乙二人的对话。

甲："诗歌是文学作品吗？"

乙："是的。"

甲："以'诗歌是文学作品'作前提，能否推出'中国诗歌是中国文学作品'的结论？"

乙："完全能推出。"

甲："虎是动物吗？"

乙："当然是。"

甲："以'虎是动物'作前提，能推出'老虎是老动物'的结论吗？"

乙："不能。"

甲："为什么前一个推理能成立，而这个推理不能成立？它们不是一样的吗？"

乙：……

以上甲的推理叫附性法推理，**附性法是将表示某一属性的概念分别附加在直言命题的主项和谓项上，从而形成一个新命题的直接推理**。例如：

"共产党是工人阶级的先锋队，所以，中国共产党是中国工人阶级的先锋队。"

运用附性法进行推理必须遵守的规则：

（1）分别附加在前提的主项和谓项上的那个表示某种属性的概念，必须是同一个概念。

（2）附性后所得命题的主项和谓项之间的关系必须同原命题中主项和谓项之间的关系保持一致。

如果违反这两条规则，就不能保证由真的前提推出真的结论。

上例中甲的推论“虎是动物，所以，老虎是老动物”，“老虎”这个概念在自然语言中已经有了确定的含义，指的是一种凶猛的动物，从语词上说，这是一种动物的专有名称，其中的“老”并不反映生理属性，即不表示年龄大，而是构词的前缀；而“老动物”中的“老”，反映的是生理属性，即表示年龄大。可见，这个推理是利用不同的语境偷换了概念的诡辩。又如：

“师者人也，所以，老师者老人也。”

“鼠者动物也，所以，老鼠者老动物也。”

也是如此。再请看：

“蚊子是动物，所以，大蚊子是大动物。”

“象是动物，所以，小象是小动物。”

这两个推论的错误在于，主谓项在前提中是属种关系，而结论中却变成了不相容的反对关系。

早在两千多年前，我国著名哲学家、教育家、科学家、军事家、逻辑学家墨子就曾对附性法推论有过深入的研究。他在《墨子·小取》中写道：

“白马，马也；乘白马，乘马也。骊马，马也；乘骊马，乘马也。获，人也；爱获，爱人也。臧，人也；爱臧，爱人也。此乃是而然者也。”

意思是说：白马是马，乘白马是乘马；骊马是马，乘骊马是乘马；婢是人，爱婢是爱人；奴是人，爱奴是爱人。这是“是而然”的情况。墨子又说：

“获之亲，人也；获事其亲，非事人也。其弟，美人也；爱弟，非爱美人也。车，木也；乘车，非乘木也。船，木也；入船，非入木也。盗人，人也；多盗，非多人也；无盗，非无人也。奚以明之？恶多盗，非恶多人也；欲无盗，非欲无人也。世相与共是之。若若是，则虽盗人人也；爱盗非爱人也；不爱盗，非不爱人也……”

意思是说：婢的双亲，是人；婢事奉她的双亲，不是事奉别人。她的妹妹，是一个美人；她爱她的妹妹，不是爱美人。车，是木头做的；乘车，却不是乘木头。船，是木头做的；进入船，不是进入木头。强盗，是人；很多强盗，并不是很多人；没有强盗，并不是没有人。以什么说明呢？厌恶强盗多，并不是厌恶人多；希望没有强盗，不是希望没有人。这是世人都认为正确的。如果像这样，那么虽然强盗是人，但爱强盗却不是爱人；不爱强盗，不意味着不爱人……”

38　主项存在

世界上有长生不老的人？

请看一则议论：

甲：“你相信世界上有长生不老的人吗？”

乙：“我不相信，世界上哪里有长生不老的人？”

甲：“那么，‘所有中国人都不是长生不老的人’，对不对？”

乙:“对。”

甲:“这就好办了,由这一论断,运用戾换法,正好可以推论出‘世界上有长生不老的人’这一论断。”

于是甲在黑板上推论起来:

由前提(1)“所有中国人都不是长生不老的人”换位可得:

(2)“所有长生不老的人都不是中国人”。由(2)换质可得:

(3)“所有长生不老的人都是非中国人”。由(3)换位可得:

结论(4)“有的非中国人是长生不老的人”。

“有的非中国人是长生不老的人”,也就是说,“有的外国人是长生不老的人”,这岂不是说,“世界上有长生不老的人”吗?

明明“所有中国人都不是长生不老的人”这句话是对的,应用的换位质法也准确无误,可为什么却得出了“世界上有长生不老的人”这一荒谬结论?

对待这类狡辩,传统的形式逻辑束手无策,唯有借助现代谓词逻辑。从现代谓词逻辑角度分析,上述推论错在由(3)至(4):

所有长生不老的人都是非中国人,所以,有的非中国人是长生不老的人。

这是由全称肯定命题为前提,推出特称肯定命题为结论,前提中必须有断定主项存在的内容,才能进行正确推演。这步推论前提必须有表示主项存在的内容,即“存在长生不老的人”,这是荒谬的,无法加入。没有表示主项存在的部分,在谓词逻辑中就不是有效式。

在论辩中,当对方以主项所表示的事物不存在的全称命题推出荒谬的特称命题为结论时,我们可以通过揭示对方前提中主项所表示的事物不存在来加以反驳,这就是主项存在术。

又比如，在传统的逻辑学中，利用对当关系逻辑方阵的差等关系推理，由全称肯定命题真可推出特称肯定命题真，由全称否定命题真可推出特称否定命题真。那么，请看以下推论：

(1) 所有夜叉鬼都是不存在的，

所以，存在夜叉鬼，夜叉鬼是不存在的。

(2) 所有圆的四方形都不存在，

所以，存在圆的四方形，圆的四方形不存在。

以上推论，(1)由全称肯定命题推出特称肯定命题，(2)由全称否定命题推出特称否定命题。它们的前提都是真的，但却得出了矛盾重重的荒唐结论。所以会如此，就是因为前提中的主项“夜叉鬼”“圆的四方形”不存在。

39 关系辨析

13岁小孩救了全城百姓的命

秦朝末年，项羽和刘邦争夺天下。外黄城原为汉王刘邦部下的大将彭越所占领，楚霸王项羽久攻不下，损兵折将，好不容易才攻破。破城之后，彭越逃走了，可怜的全城百姓却面临着一场浩劫。楚霸王下了一道命令，要将城里15岁以上的男子全部活埋，因为这些百姓曾帮助汉军守城。消息传来，全城一片哭声。在这紧急关头，有个13岁的小孩竟敢挺身而出，走进军营，求见楚霸王。楚霸王一见这个小孩，就说：

“你这个小孩儿胆子倒不小，竟敢前来见我呀！”

这个小孩知道楚霸王爱听奉承话，就专拣好听的说：

"大王常说自己是百姓的父母，我是百姓的一员，当然是你的孩子了，孩子想念父母，难道还不敢见一见吗？"

一句话就把楚霸王说乐了，项羽的口气也变得温和了："你找我有什么事，就直说吧！"

于是这个小孩向项羽陈述了杀害全城百姓的严重后果："如果其他地方百姓听说您会坑害投降的百姓，就不会开城迎接而会拼死抵抗，这样您处处受敌，要攻占地盘就得付出更大的代价。"孩子的话击中了楚霸王的要害，于是他便打消了罪恶念头。全城百姓都非常感激这个聪明而又勇敢的小孩。

这个小孩之所以能一句话就使楚霸王转怒为喜，取得进一步论辩的机会，是因为他准确地把握了"父母"与"子女"之间的关系，巧妙地以这种关系进行推论，可以说这样一个关系推论就救了全城百姓的命啊！

客观事物之间总是存在着一定的关系，我们要认识客观事物，论辩取胜，就必须准确把握客观事物之间的关系。**关系辨析术就是通过准确把握客观事物之间的关系来论辩取胜的方法**。

根据事物之间的关系是否具有传递性，可以分为传递、反传递、非传递三种。

(1) 传递关系。"在前、在后、早于、晚于、年长于、在上"等都是传递关系。例如：

李某比张某年长，张某比王某年长，因此李某比王某年长。

(2) 反传递关系。例如"年长……岁、高于……厘米、……是……的母亲"等确定性关系，都属于反传递关系。

老李是李冬的父亲，李冬是李平的父亲，老李不是李平的父亲。

(3) 非传递关系。比如:

老钱认识老赵,老赵认识小陈,但老钱却不一定认识小陈。

其他如“相邻、喜欢、敬佩、想念”等关系,都是非传递关系。

某甲因贩卖毒品被判处死刑,甲申辩说:“你们不能判我死刑,因为我还不满18岁。”

后经反复调查无确凿原始证据,只是其母曾提供说甲比其弟大2岁。后来查明其弟20岁,为了慎重起见又查明了其妹为18岁。于是审判人员义正辞严地反驳道:

“你弟弟比你小2岁,你妹妹比你弟弟小2岁,你妹妹今年18岁,所以你的年龄必然不会小于18岁!你应当对你的罪行承担全部法律责任!”

最后还是对甲判处了死刑,立即执行。

“小2岁”是反传递关系,审判人员由于善于把握和应用这种关系,因而有力地反驳了甲的谎言,使甲受到了应有的惩罚。

根据事物之间的关系是否具有对称性,关系可以分为对称、非对称、反对称三种。

(1) 对称关系。“同学、邻居、相等、同桌、同事、同乡……”是对称关系。比如:

甲和乙是同乡,乙和甲也是同乡。

(2) 非对称关系。“爱、喜欢、认识、帮助、批评、厌恶、攻击、迎合、吹捧……”是非对称关系,比如:

甲喜欢乙,乙却不一定喜欢甲。

(3)反对称关系。“高于、低于、大于、小于、早于、晚于、多于、少于……”是反对称关系,比如:

甲高于乙,那么乙不高于甲。

如果混淆了事物之间的对称、非对称、反对称关系,就有可能导致谬误。请看发生在美国弗吉尼亚理工大学的一件震惊世界的凶杀案。

25岁的留美博士生朱某对22岁的留美硕士生杨某一见钟情,但却遭到杨某拒绝。杨某的拒绝,打击了朱某向来的优越感和自信心。2009年1月21日,朱某约杨某在餐厅咖啡馆见面。杨某也觉得两人需要彻底说清楚,就应邀前往。在咖啡馆里,朱某用平和的表情和语句向杨某诉说着自己的“爱”意,杨某静静听完之后,一如既往地拒绝。

朱某虽然没有吭声,但是心中的怒火早已腾空而起,他转身从书包里掏出了刀子,直接挥向了杨某,杨某惨叫着倒在了一片血泊之中。接着,朱某满脸戾气地将杨某的头颅砍断,同学们都害怕地逃出了餐厅。等到警察赶来时,浑身沾满鲜血的朱某站在杨某的尸体旁,一手拎刀,一手拎着杨某的头颅。场面触目惊心,朱某的嘴角却带着笑……

“为何杀害杨某?你跟她什么关系?”警局里,警方询问朱某。

“我爱她。”朱某并不认为自己有错。

“爱她,为何害她?”

“她不识好歹,还想和别人结婚,我决不能接受,得不到那我就只能毁了她!”朱某情绪有些激动。算起来,他们相识不过只有13天,朱某却因为对方拒绝对其痛下杀手。

“爱”这种关系是非对称关系,甲爱乙,乙却不一定爱甲。可是朱某却把它当成了对称关系:我爱她,她就一定得爱我。他正是在这种野蛮、愚昧的逻辑驱使下，使一个无辜的姑娘被杀害，使自己走上了犯罪的道路。

2010 年 4 月 19 日，朱某被当地法院法官裁定一级谋杀罪名成立，被判处终身监禁，不得假释。

我们要论辩取胜，就必须善于把握事物之间的这些不同的关系。

40　集合辨析

我是群众，我是真正的英雄

青年小李很懒惰，人们都劝他不要这么懒，小李却说：

“中国人是勤劳勇敢的，我是中国人，所以我是勤劳勇敢的，你们为什么说我懒?”

小李的话包含了这样一个三段论：

> 中国人是勤劳勇敢的；
> 我是中国人；
> 所以我是勤劳勇敢的。

小李的这个三段论是荒谬的，因为犯有“四项”的错误。前提中的两个“中国人”不是同一个概念，前者是集合概念，指中国人的整体；后者是特指概念，特指小李这个中国人。

那么，什么是集合概念?

在逻辑学中，根据概念是否反映事物的集合体，可分为集合概念与非集合概念。集合概念是反映事物集合体的概念，非集合概念是不反映事物集合体的概念。

集合体是由同类个体有机结合构成的,集合体具有的属性,集合体中的个体并不必然具有。比如“森林”是由“树”丛生在一起构成的,“森林”是集合概念,“森林”具有的属性,其中某棵树并不必然具有,我们不能说“这棵树是森林”。

与“集合体”容易混淆的是“事物的类”。事物的类是由具有相同属性的分子组成的,类所具有的属性,其中的每个分子都必然具有。比如,“中国人”是由14亿具有中国国籍的人组成的类,其中任何一个人都可以自豪地说:“我是中国人!”在这种语境中,“中国人”是非集合概念。

要注意的是,在不同语境中,同一语词可以表达集合概念,也可以表达非集集合概念。

比如说,“中国人占世界人口五分之一”中的“中国人”就是集合概念,它具有“占世界人口五分之一”的属性,而组成“中国人”这一集合体中的每个个体却不具有这一属性。其中的个体不能说:“我占世界人口总数五分之一。”

通过揭示集合概念与非集合概念的区别来制服论敌的方法,就是集合辨析术。上一推论中,“中国人是勤劳勇敢的”中的“中国人”就是集合概念,“小李是中国人”中的“中国人”就是非集合概念,由“中国人是勤劳勇敢的”并不能必然推出“小李是勤劳勇敢的”这一结论,因此,这个三段论犯了“四项”的错误。类似的谬误有许多,比如:

“人是世间最可贵的,我是人,所以我是世间最可贵的。”

“群众是真正的英雄,我是群众,所以我是真正的英雄。”

“唐诗不是一天能读完的,《卖炭翁》是唐诗,所以,《卖炭翁》不是一天能读完的。”

“鲁迅的作品不是一天能读完的,《一件小事》是鲁迅的作品,所以,《一件小事》不是一天能读完的。”

…………

41 论域辨析

我和同学们都是非金属

王小春学习不上心,顽皮、好动是他的特点。有一天上化学课时,老师突然提出问题:“什么是非金属?”老师叫王小春站起来回答,他对这个问题一点印象也没有,于是想当然地回答说:

“非金属嘛,包括很多在内。比如窗外的石头、泥巴是非金属,树木和小草是非金属,还有我和同学们都是非金属。”

王小春答完后,引起班上同学哄堂大笑。王小春涨红着脸反驳说:

“我们不是非金属,难道我们是金属吗?”

教室里像炸开了锅。

王小春的回答之所以可笑,是因为混淆了负概念的论域。

概念根据是否具有某种属性,可以分为正概念和负概念两类。正概念是指具有某种属性的概念,比如“正义战争”;负概念是指不具有某种属性的概念,比如“非正义战争”。有时为了突出事物不具有某种属性时,便运用负概念。负概念是有一定论域的,它的论域就是邻近的属概念,比如,“非正义战争”的论域就是“战争”,它是指战争中不具有正义性的那部分。在论辩中如果混淆了负概念的论域,就往往导致谬误。

事实上,“非金属”是一个负概念,它有一定的论域,它的论域就是化学元素,它是指化学元素中不是金属的那一部分元素,而不是指泥巴、石头、花木什么的,王小春不明白金属的论域,信口开河,这当然会使人感到荒唐可笑了。

通过明确负概念的论域来论辩取胜的方法,便是论域辨析术。

又如:小李上学时忘了穿校服,被校长挡在了校门口。

校长:“你为什么不穿校服?你不知道这是学校的规定吗?”

小李想了想,突然指着校门口的一块牌子说:“校长先生,牌子上明明写着‘非本校学生不得入内’。校服不是‘本校学生’,所以我才没把它穿来。”

校长无奈,只得放小李进了学校。

在这个故事中,“非本校学生”是负概念,它的论域是“人”。但小李却故意曲解这个概念的论域,将其扩大为“本校学生”以外的所有事物,自然也就包括“校服”了。校长一时没能准确识别,结果被小李钻了空子。

42 定义正名

人性善恶的区别

要使论辩能顺利地进行,我们就必须明确概念的含义,即要明确概念的内涵。**定义正名术就是通过揭示一个概念的本质属性来**

达到明确概念内涵目的的论辩方法。

以首届国际华语大专辩论会决赛关于“人性本善”的论辩来说，反方复旦队所要论证的是“人性本恶”，他们能够取得决赛的胜利，原因之一是首先给出了“人性”“善”“恶”等概念的定义，明确了其中的含义。他们的辩词是：

“我方立场是：人性本恶。第一，人性是由社会属性和自然属性组成的，自然属性指的就是无节制的本能和欲望，这是人的本性，是与生俱来的；而社会属性则是通过社会生活、社会教化所获得的，它是后天属性。我们说人性本恶当然指的是人性本来的、先天的就是恶的。

“第二，提到善恶，正如一千个观众就会有一千个‘哈姆雷特’，一千个人心目当中也会有一千个善恶标准。但是，归根到底，恶指的就是本能和欲望的无节制的扩张，而善则是对本能的合理节制。我们说人性本恶正是基于人的自然倾向的无限扩张的趋势。曹操不是说过：‘宁可我负天下人，不可天下人负我’吗？路易十五不是也说过：‘在我死后，哪怕洪水滔天’。还有一个英国男孩，他为了得到一辆自行车竟然卖掉自己3岁的妹妹。这些，对方还能说人性本善吗？”

本来，“人性本恶”是一个难度极大的辩题，因为新加坡是一个崇尚人性本善的国度，评判团中大多数专家学者也是人性本善论者，但是由于复旦队恰当运用了定义正名术，明确了“人性”“善”“恶”等概念的确切含义，在论辩中反而游刃有余，博得了一次又一次热烈的掌声，获得了评判团极高的评价，最后以绝对优势一举夺得这次大赛的冠军。

定义正名术是一种强有力的论辩方法，有时当我们面临困境，通过给出有关概念的精确的定义，明确其中的含义，这样做便可取得反败为胜的论辩效果。

43 划分正名

一个国家的三种不祥之兆

划分正名术是指将某个概念的全部对象按照一定的标准分成若干小类，以此明确概念外延的论辩方法。

据《晏子春秋》记载，有一天，齐景公外出打猎，登上高山，看见了老虎，吓得赶快跑开；来到沼泽地带，又看见了一条大蛇，吓得他只好回宫去了。齐景公召见晏子问："我今天打猎，上山就看见虎，下泽就看见蛇，这恐怕是不祥之兆吧？"晏子说：

"一个国家有三种不祥之兆：有贤者却不知道他，是一不祥；知道了却又不用他，是二不祥；用他又不委以重任，是三不祥。所谓不祥就是这三种。你说的情况和这些都不相同。上山见虎，因为山是虎的家；下泽见蛇，因为泽是蛇的穴。你跑到虎的家，又跑到蛇的穴而看见了它们，这哪里是不祥之兆呢？"

晏子这里使用了划分正名法，把国家的不祥之兆分成了三种：一是有贤者而不知，二是知而不用，三是用而不任。这就明确了"国家不祥"这一概念的外延，即它所包含的对象，反驳了齐景公的迷信观点，解除了他的疑虑。

使用划分正名法时必须注意，在一次划分中，划分的标准必须同一，子项必须互相排斥。

有一次，居委会干部布置大扫除任务时说：

“这次大扫除，男女老少都要参加，男的女的干重活，老的少的干轻活。”

分工后，大家都站在原地不动，因为分工不明确。比如，某人是男的，应干重活；可他又是老的，又应干轻活。因划分标准不同一，一下用性别作标准，一下又用年龄作标准，导致子项不互相排斥。正确的划分应该是：

“年轻力壮的干重活，老的少的干轻活。”

44 限制正名

一字值万金

1938年10月，美国著名电影艺术家卓别林创作了以讽刺和揭露希特勒为主题的电影剧本《独裁者》。第二年春天影片开拍时，派拉蒙电影公司的人说：理查德·哈定·戴维斯曾用“独裁者”写过一出闹剧，所以这名字是他们的“财产”。卓别林派人跟他们谈判无结果，又亲自找上门去商谈解决的办法。派拉蒙公司坚持说：

“如果你一定要借用‘独裁者’这个名字，必须付出2.5万美元的转让费，否则就要诉诸法律！”

卓别林灵机一动，当即在片名前加了个“大”字，变为“大独裁者”，并且风趣地说：“你们写的是一般的独裁者，而我写的是大独裁者，这两者之间风马牛不相及。”说完扬长而去，派拉蒙公司的老板们只能气得干瞪眼。

卓别林使用的就是限制方法。**所谓限制，就是增加某个概念的内涵，使它由外延较大的概念过渡到外延较小的新的概念的论辩方法**。卓别林通过对“独裁者”这一外延较大的概念进行限制，增加了“大”这一内涵，使它过渡到了外延较小的“大独裁者”这一新的概念，便获得这场论辩的全胜。事后卓别林对朋友幽默风趣地说：

“我多用了个‘大’字，省下了2.5万美元，可谓一字值万金！”

在论辩中恰当地使用限制正名术，是一种强有力的武器。

在论辩中，一个概念所指称的范围必须恰当，不能过大或过小。当我们认为某个概念所指称的范围太宽，需要加以缩小时，可以使用限制的方法。

相反，如果某个概念该限制而不限制，就往往会被人钻空子。比如，西班牙文学名著《堂吉诃德》中，有这样一段情节：

有个小气鬼拿了一块布去请裁缝做一顶帽子。他问布够不够？裁缝量了布之后说，布够了。但是，这个小气鬼疑心裁缝要赚他的布。于是，他就问这块布够不够做两顶帽子？裁缝看透了他的心思，就回答说，够做。小气鬼还不罢休，又问够不够做三顶帽子？他添上一顶又一顶，直到五顶，裁缝总说够做。就这样，他们谈妥了，这块布做五顶帽子。

等到约定取帽子的那一天，小气鬼到了裁缝店。他看到裁缝拿出做好的五顶帽子，小得只能套在手指头上。小气鬼发现自己上了当，于是就到总督那里告裁缝的状。在法庭上，原告小气鬼坚持要裁缝赔他的布，而被告裁缝却坚持要小气鬼付五顶帽子的工钱。总督听了两人的话之后，作了这样的判决：裁缝不准要工钱，小气鬼也不准要布，做好的帽子充公。

小气鬼之所以会上当，是因为他没有对帽子进行必要的限制，没有明确说明要做多大的帽子或谁戴的帽子，结果被裁缝整治了一番，还浪费了一块布。

又如，隋文帝杨坚先前嫌恶嫡长子杨勇，下令废杨勇而立杨广为皇太子，准备让杨广继承王位。但杨坚临终时，突然发现杨广竟调戏自己的宠妃宣华夫人陈氏，于是急欲召杨勇进宫，以便改立太子，吩咐后事，可是当时杨坚又气又急，大叫"召我儿！"由于没有具体指明是哪一个"儿"，这就被杨广和一些奸臣钻了空子，施展阴谋，夺了皇位，号为隋炀帝。

杨坚如果对"我儿"进行必要的限制，说成"杨勇我儿"，这样对方就钻不到空子了。由于他该限制而没有限制，结果造成了终身的遗憾。一个论辩家不能不以此为戒。

45　概括正名

"船上装的是东西"

在论辩过程中，当我们认为某个概念所指称的对象范围太小时，我们要扩大它的外延，就可以使用概括的方法。**概括正名术就是通过减少某个概念的内涵使之过渡到外延较大的新的概念的论辩方法**。

有一天，乾隆皇帝和江南才子张玉书在江边游逛，忽见江中有一条小船装着满满的货物，用苫布盖得严严实实。乾隆皇帝问：

"船上装的是何物？你不说是抗旨，说错了是欺君！"

"陛下，船上装的是东西。"张玉书信口答道。

“什么东西？”

“东边来，西边去，即为‘东西’也！”

张玉书在回答皇上“船上装的是何物”这一问题时，不是说出具体的物品，而是由某些具体的物品过渡到外延极大的、能包罗一切物品的“东西”这一概念，这样既没“抗旨”，又没“欺君”，显示了高超的论辩应变才能。

又比如：在一次小学数学课堂上，老师向学生提问：

“5斤加3斤等于多少？”

“8斤！”学生们异口同声地说。

“5斤萝卜加3斤白菜等于多少？”

“8斤！”有几个学生不假思索地说。

“8斤什么？萝卜还是白菜？还是其他什么东西？”

“8斤萝卜。”一个学生不假思索地说了，引起哄堂大笑。

“8斤白菜！”另一个学生抢着纠正说，又使得好多学生笑了。

有个聪明的学生没有发言，陷入了沉思。最后，这个学生胸有成竹地举手发言，回答说：“8斤蔬菜！”

他的答案受到了老师和同学们的赞赏。据说这个学生后来成为一名数学家。

其他同学回答“萝卜”“白菜”之所以不正确，就是因为这些概念的外延太小了。这个聪明的学生使用了概括正名术，将“萝卜”“白菜”等概念减少一些特定的内涵，使之过渡到外延较大的“蔬菜”这一新的概念，这样就回答得严密、准确，受到老师和同学们的赞扬。因而概括正名术在论辩的某些场合，有着其不可或缺的作用。

恰当使用概括，还能深刻揭示一些事物现象的本质。

有一天，父亲和女儿在公共汽车上，这时挤上来七八个建筑工人，他们站在父女俩旁边，工作服上沾满了泥浆和油漆，身上散发着一股汗酸味。女儿皱起眉头，捂着鼻子，尖叫起来："爸，我受不了啦！""胡说什么呢！"爸爸用严厉的口气制止了女儿。

"你怎么不懂得尊重人、体谅人呢？"父女俩下车后，爸爸批评女儿。

"尊重他们？乡巴佬！他们衣服脏，汗味熏天，我凭啥尊敬他们？"

爸爸语重心长地说："你骂'乡巴佬'？你吃的粮、穿的衣服所用的棉花材料就是他们种出来的，你住的高楼大厦是他们盖起来的，你爸就是农民出身，你爷爷奶奶现在还是农民，你就是农民的子孙，你骂'乡巴佬'就是骂自己的父母、自己的祖宗啊！"

女儿默默地咀嚼着爸爸的话，自知理亏，不再争辩了。

这是发生在生活中的论辩。爸爸针对女儿错误论调的本质，讲述了农民是大家的衣食父母的道理，并运用概括的方法，一针见血地指出，"骂'乡巴佬'就是骂自己的父母、自己的祖宗"，话语振聋发聩，令人印象深刻。

当然，如果滥用概括方法，随意对他人乱扣帽子、乱打棍子、无限上纲，这就难免流于诡辩，这就叫无限上纲式诡辩，是不可取的。

46　概括升华

"我也想改变世界！"

概括升华术就是通过概括的方法，将某些事物现象提高到理论

性的高度来认识，深刻地揭示这些现象的本质，以期引起人们对这些现象的高度重视的论辩方法。

建筑工地上，几个砌砖工人正在干活。有人路过，问他们在做什么。

“没看见吗？我在砌墙。”第一个没好气地说。

“我在赚钱。”第二个平静地说。

“我在建一座漂亮的大楼，让设计师的蓝图变成现实。”第三个工人认真地说。

“我在建设一座美丽的城市，我在创造新的世界！”第四个自豪地说。

十年时间过去了，第一个、第二个人仍然在砌墙；第三个人成了工程师；第四个人成了前面三个人的老板。

他们几个人干的是同样的砌墙劳动，第一个看到的只是眼前的砌墙，把砌墙当作一件苦差事；第二个工人把眼前的砌墙通过概括，过渡到外延更大的概念“赚钱”；第三个工人则通过概括，把眼前的砌墙上升到外延更大的“在建一座漂亮的大楼，让设计师的蓝图变成现实”，思想有了新的高度；第四个人，由眼前的砌墙劳动，概括上升到“建设一座美丽的城市，创造新的世界”，因为一座座美丽的城市正是在他们一砖一瓦辛勤劳动中建成的，他们的劳动是在创造新的世界，他有着更大的视野，看到了整个城市的愿景，他的胸中蕴藏着一个美丽的世界。

第二个、第三个、第四个工人，就是使用了概括升华术。

又如，电视剧《星辰大海》有这样一组镜头：

中纺集团年终表彰大会上，市场部业务组年度第一名高洪川在发表获奖感言的过程中，接了一个电话后接着又说：

“对不起，刚才接了一个电话，非洲的一个客户要订两万台收音机。老高很牛吧，就上台这么一会儿工夫，为公司接了一笔生意，为工厂接了一单大活儿，非洲的客户也有了一笔收入，而我老高呢，也有了一笔四位数的奖励提成进账。但，这不是最牛的，我卖给非洲这两万台收音机，起码可以让两万个家庭感受到外面的世界。所以，我们做外贸进出口的，不仅把商品带到了当地，更把信息文明带到了当地，所以，这才是最牛的！大家伙辛苦了一年，我想说真的值，因为，我们正在改变——这个——世界！”

接着，市场部跟单组年度第一名简爱发表获奖感言，她说：

“我也想当业务员，我也想像老高一样，我也想改变世界！”

业务员高洪川把做外贸进出口生意，卖给非洲两万台收音机这极普通的事件，经过概括，过渡到“让两万个家庭感受到外面的世界”“把信息文明带到了当地”“我们正在改变这个世界！”，这样就使人们对做外贸进出口生意有了更深刻的认识，思想境界也升华到了新的高度。

恰当使用概括，可使我们的思想升华到另一个崭新的境界。

47　模态逻辑

“专修皇冠，兼拔虎刺”

从前有个小铁皮匠，整天挑着担子在外谋生。有一次，碰巧遇到皇帝外出游玩，皇帝不小心碰坏了皇冠，皇帝的侍从看见小铁皮匠走过来，就让他去修理。小铁皮匠很快把皇冠修好了，皇帝看了很满意，给了他一大笔银子。

小铁皮匠高兴地往家走，经过山里，碰巧又遇到一只老虎躺在地上呻吟，老虎见有人来，便举起一只流血的脚掌请求帮助。小铁皮匠一看，原来是一根竹刺戳进了老虎的脚掌里，他便拿出铁钳，把竹刺拔了出来。老虎很感谢他，就去衔了一只鹿来表示谢意。

小铁皮匠回到家后高兴地对妻子说："我有这两个绝技，以后很快就会发财过好日子了。"说完，就忙着找了块大木板做招牌，上面写着：

"专修皇冠，兼拔虎刺。"

从此，小铁皮匠把自己的希望完全寄托在修补皇冠，为虎掌拔竹刺上。然而，刀剑马鞍人常有，皇冠常人不敢有，修补皇冠有点像屠龙之术；老虎脚掌扎到竹刺且找人帮忙，实在少见，这比守株待兔更为稀罕。结果小铁皮匠不但没有发财，反而生计都成了问题，只好又挑起担子外出干起了老本行。

小铁皮匠将偶然碰到的修皇冠、拔虎刺事件，当成以后天天都会发生的必然事件，这当然是荒唐透顶了。

模态命题是含有模态词"必然"或"可能"的命题。有些命题反映的是事物情况的必然性，含有模态词"必然"的，叫必然命题，例如："金属受热必然膨胀"；有些命题反映的是事物情况的可能性，含有模态词"可能"，就叫可能命题，例如："明天可能要下雨"。研究含有模态词"必然""可能"的命题及推理的逻辑就叫模态逻辑。

在论辩中，我们要正确地对客观事物作出断定，就必须把握命题的模态。**通过运用含有"必然""可能"等模态算子（模态词）的命题及推理来达到制服论敌的目的，这就是模态逻辑术**。

某甲欠债不还，这天债主又找上门来。

债主:“喂,你欠的债快点拿钱来还!”

某甲:“再宽限三天吧,三天内我一定还清。”

债主:“你三天内拿什么还?”

某甲:“我走路会特别注意看地上,我可能捡个钱包,这样就有钱还你了。”

债主:“胡说,路上哪有那么多钱包就等着你去捡?”

某甲:“要不,我去买彩票,中个头奖有几百万,会没钱还你?”

债主:“彩票的头奖说中就能中吗?”

某甲:“也许,明天政府外事机构会突然通知我,海外有个亲属有笔巨额遗产要我去继承,到时还会差你这么点钱?”

…………

这个欠债人打包票说三天内一定把债还清,根据是可能捡个钱包、买彩票可能中个头奖、可能继承一笔海外巨额遗产……然而这些都仅仅是可能的,而且是希望渺茫的事,他却把它们当成必然的事,这就混淆了命题的模态,纯属狡辩。

48　优先逻辑

“一家哭,何如一路哭耶?”

人们在对事物对象的选择行动中,总是选择对自己有利的方面,扬弃对自己不利或有害的方面,这样在这些事物对象之间就存在一种优先关系。优先关系是一种序次关系,即是不自反、不对称、不传递的关系。为了研究人们在选择行动中所得到的命题之间的

优先关系，便创设了优先逻辑。优先逻辑是研究存在于人们的价值判断和价值选择行为之中的优先关系的形式理论。

请看孔子与鲁哀公之间的一场论辩。据《韩非子·外储说》载：

有一天，孔子御坐于鲁哀公旁边，鲁哀公命人在孔子的案几上陈列上桃子与黍米饭。鲁哀公恭敬地说："请用。"孔子先把黍米饭吃了，接着又吃起了桃子。这时，左右大臣无不掩口而笑。鲁哀公说："这黍米饭是用来擦洗桃子的，并不是供吃用的，你怎么把它吃掉了呢？"孔子回答道：

"我知道了。黍这种东西，是五谷之长，祭祀先王是上等的祭品；瓜果有六种而桃子是最下等的，祭祀先王时是不允许将桃带入宗庙的。我曾经听说过，君子以下贱的东西来洗高贵的东西，而从来没听说过以高贵的东西洗下贱的东西，现在用五谷之长来洗瓜果之下，是用高贵的东西洗下贱的东西，我认为这是不符合义的，所以不敢把桃列于首位而把黍放在次要的地位。"

孔子可能由于不懂礼节而出了洋相，但孔子毕竟是一位著名的思想家，于是转而从黍与桃的贵贱地位、优先关系来进行推论，不仅为自己挽回了面子，而且还有力地揭示了对方做法的荒谬性，不愧是一位能言善辩的舌战家。

优先逻辑的历史一直可以追溯到亚里士多德。亚氏在《论辩篇》第三卷中提到了支配优先性的原则："更耐久的或持存的东西优先于较不耐久或持存的东西""因自身之故而被选择的东西优先于因另外的缘故而被选择的东西""在每一场合或大多数场合都可运用的是可以优先的"。

运用优先逻辑论证我们观点的正确性，反驳论敌的荒谬观点，必须善于准确把握事物的优先序次关系，这样所作的论断才能深刻有力，击中要害。

宋代名相范仲淹有一天和皇帝议事回来，就寝前，他仔细察看官员名册，把一些没有才干的监司一一勾销。后来，副使富弼得知此事，对他说：

“你这一笔勾下去，哪里会知道，要造成‘一家哭’呢？”

范仲淹说：“一家哭，何如一路哭耶！”

富弼认为一笔下去勾去一名监司，会给一个家庭带来痛苦，造成“一家哭”，但是，如果不勾去，他的无能会给更多的人造成痛苦，造成“一路哭”，两相比较，孰优孰劣，一目了然。由于范仲淹能准确地把握事物之间的优先序次关系，因而其言极富雄辩说服力。

49　道义逻辑

我随地吐痰，所以我没传染病

有人这样议论：

凡是有传染病的人是不可以随地吐痰的；

我随地吐痰；

所以，我没有传染病。

这是一个三段论，这个推论显然是荒谬的。可一般人又看不出哪个地方违反了三段论规则，因而认为这个三段论的大前提虚假，正确的说法应该是“所有人都是不可以随地吐痰的”。但这一说法也不可靠，因为三段论推论的依据是三段论公理。三段论公理是：

“全类事物是什么或不是什么，则全类事物的一部分也就是什么或不是什么。”

既然“所有人都是不可以随地吐痰的”，那么“有传染病的人”是“人”之中的一部分，也就必然不可以随地吐痰了。

要反驳这类怪论，就要涉及道义逻辑。

道义命题就是包含有必须、允许、禁止等逻辑算子的命题，它在一定情况下，对人的行动提出某种命令或规定。

道义逻辑又称规范逻辑、义务逻辑、伦理逻辑，是研究含有必须、允许、禁止等逻辑算子的命题及其演绎系统的现代逻辑分支。利用道义逻辑、道义命题等有关理论来分辨是非、论辩取胜的方法，就是道义逻辑术。

“张三随地吐痰”这一命题反映的是一种行为事实，即张三随地吐痰了。这并不是道义命题，并不是允许张三可以随地吐痰。而道义逻辑会研究这种行为事实是否符合规范。比如，“张三随地吐痰是不允许的”“张三随地吐痰是禁止的”“凡是有传染病的人禁止随地吐痰”“凡是有传染病的人是不可以随地吐痰的”“所有人都禁止随地吐痰”等。

上一推论的谬误就在于混淆了事实命题与道义命题的区别，将“我随地吐痰”中的“随地吐痰”偷换成“允许随地吐痰”，偷换了中项的不同含义，犯了“四项”的谬误。

如果这种推论成立，那么，抗击肆虐全球的新冠病毒，岂不成了不费吹灰之力的事？

> 凡是感染新冠病毒的人是不可以随地吐痰的；
> 我随地吐痰；
> 所以，我没有感染新冠病毒。

天下哪有这等好事？

50 时态逻辑

法国勋章丑闻案

在交际论辩中，有些命题的真实性与时态无关，比如“2 是偶数”，不管在过去、现在、将来，它总是真的；而有些命题的真假却与时态有关，如“李白去世了”这一命题在公元 762 年李白去世之前是假的，这之后则是真的。因而，我们要想在论辩中取胜，就必须注意命题的时态问题。

时态逻辑就是研究含有时态词的命题形式和推理形式的逻辑。当论敌所作的时态命题为假时，我们也可以通过揭露其中时态的虚假进行反驳。通过明确命题和推理的时态属性而论辩取胜的方法，便是时态逻辑术。

《宋史·道学列传》中记载了这样一件案例：

宋英宗时，晋城县张某家中富有。他父亲死后第二天早上，忽然来了一个老头，对他说：“我是你的生身父亲，找你团聚来了。”张某十分惊奇，不敢贸然相认，便拉老头一起去官府，请县官判断真假。晋城知县程颢问那老头是怎么回事，老头说：“我是个医生，到外地行医谋生，妻子生了个儿子，由于贫穷无法养活，便送给了张家，某年某月某日由某人抱去。”

程颢问：“这么多年的事了，你怎么说得如此详细？”

那老头说：“当时我记在了药书后面，我回来后才看到。”

程颢让他去拿来药书，见上面写着：

“某年某月某日某人抱儿子给了张三翁家。”

程颢便转而问张某：“你今年多大了？”张某答：“36 岁。”“你父亲多大了？”“76 岁。”于是程颢问那老头说：

“这个人出生时，他父亲才 40 岁，怎么就叫张三翁了呢？”

老头伪造的证据被一语戳破，惊慌失措，只好供认了冒认儿子、企图诈骗的罪行。

“称某人为张三翁”的真假与时态有关，当他六七十岁时，该命题可为真；当他三四十岁时，则为假。程颢洞若观火，一眼识出对方命题的时态谬误，这个老头的诈骗企图便只能以失败而告终。又如：1887 年，法国发生了一桩公案：威尔逊事件，又称勋章丑闻。

当时法国政府的一些高级官员违反国法，私自买卖勋章，从中贪污舞弊。法国总统格雷维的女婿、众议员威尔逊也是其中的一个。有人向法院告发了他，威尔逊向法院出示了一个证件，证明他跟这些事无关。人们怀疑这证件不是真的，但翻来覆去看，看不出可疑之处。后来把造纸厂的技师找来，技师拿起证件向光亮处一看，就马上肯定这证件是假的。他说：

“这份证件用的纸张，是我厂 1885 年的产品，可是签署证件的时间却是 1884 年。”

原来，证件纸上有标明年份的水印商标图案，工厂技师通过揭示证件的时态关系，有力地揭穿了威尔逊的骗局，结果法国内阁和总统格雷维无法辩解而丑态尽露。

51 知道逻辑

秋胡戏妻的悲剧

汉代刘向在《列女传·节义传》中记载了这样一则故事：

鲁国有个叫秋胡的人，他的妻子被称为“洁妇”（贞洁之妇）。秋胡娶妻五天，就去陈国谋官，五年未归。五年后秋胡官至卿大夫，便回乡省亲。还没到家，在村边看到一个采桑女子，模样非常美丽，于是秋胡便下车去搭讪：

“这么热的天采桑叶不累啊？我路过正好有食物，来一起休息一会儿。”

秋胡之言按今天的话来说算是“性骚扰”，采桑女没有理他，继续采桑。

“听说卖力气耕田不如遇上丰年，费力采桑不如遇上国卿高官。我有金子，愿意赠送给夫人您。”秋胡又拿出黄金来引诱采桑女。

“我靠自己的努力去供养亲人衣食，我不稀罕金子，希望大人不要有其他想法，我也没有做荡妇的心思，请您收起食物和金子。”采桑女的回答义正辞严，断然拒绝了秋胡的无理要求。

秋胡的引诱没有得逞，便回家把金子交给母亲，让人叫妻子回家。结果一看妻子就是美丽的采桑女，秋胡羞愧不堪。妻子更是愤怒地斥责他：

“你五年未归，不赡养老人，如今回来应该归心似箭，取悦父母，结果却在路边取悦一个妇人，还把金子给她，这是忘母不孝；好色淫逸，这是不义；既然能不孝忘母，那么自然可能对国君不忠；见色忘义，自然不能公平处理政务。你这样的人就是丧失道德操守的小人，我没法与这样一个丈夫生活下去了，你把我休了吧，我再也不嫁人了！”

洁妇不愿意和秋胡一起生活，然而又无法抗拒当时的婚姻制度，于是便投河自尽。

“洁妇”的贞烈令人钦佩，然而她的自尽又令人哀惋，因而被刘向列入《列女传》中千古颂扬。“洁妇”的事迹还被谱成曲子《秋胡行》，成为汉乐府诗歌的一种体裁。后代文人墨客有众多关于“秋胡妻”的诗词绘画传世，并且“秋胡戏妻”还被编为戏曲曲目广为传唱。

秋胡知道“洁妇”是自己的妻子，这个采桑女就是“洁妇”，秋胡不知道采桑女是自己的妻子。所以，可得结论“秋胡知道‘洁妇’是自己的妻子，同时秋胡又不知道‘洁妇’是自己的妻子”，这就构成了矛盾。

如果按照传统的形式逻辑的推论规则，是检查不出什么问题的，然而由此却无情地推出了矛盾。这是因为，以往所讲的形式逻辑推论主要是从外延方面来考虑的，如果仅仅从外延的观点来考虑，“洁妇”与“这个采桑女”外延相同。从外延来说，可以互相替换。但是，概念除了有外延以外，还有内涵。“洁妇”与“这个采桑女”的内涵并不相同，它们具有不同的含义。而“知道”“认识”“了解”等概念直接与一个概念的内涵发生联系，这样的命题提供的是内涵语境，外延相同而内涵不同的概念不能简单互换。如果随意地、简单地进行互换，就有可能导致矛盾，构成悖论，这种悖论被称为“知道悖论”。又如，“幕后人悖论”：

甲：“你认识你父亲吗？”

乙："认识。"

甲："这幕后藏着一个人，你认识吗？"

乙："不认识。"

甲："你说你认识你的父亲，可这幕后人正是你的父亲，你又说不认识他，所以你认识自己的父亲又不认识自己的父亲。"

一个人知道自己的父亲，但是却可以不知道藏在幕后的人是谁，在这样的推论中外延相同而内涵不同的概念就不能简单互换了。如果简单地进行互换，就有可能导致矛盾，构成悖论。

为了研究这类问题，人们构造了知道逻辑。**知道逻辑是引入了"知道"与"知道者"等逻辑算子而构成的逻辑系统，是系统研究知道者和所知道命题之间逻辑关系的理论。要破斥关于"知道"这类矛盾与悖论，就需要借助知道逻辑的有关理论。**

52　认为逻辑

地狱分为九层还是十八层？

请看一则议论：

甲："你们读过意大利诗人但丁的传世名著《神曲》吗？"

乙："没读过，讲了什么？"

甲："但丁的《神曲》中，描绘了地狱的状态，地狱分为九层。越向下，里面的灵魂罪恶越深重。"

乙："不对，在我国的神话传说中，地狱分为十八层，叫十八层地狱。"

丙："你们都错了，地狱都是迷信，根本就没有什么地狱！"

"地狱"是神话传说、文学作品中虚构的概念。但丁的《神曲》中，地狱分为九层；我国的神话传说中，地狱分为十八层。然而，在现实的世界中，地狱却并不存在。在逻辑学中，"地狱"的外延对象为零，被称为虚概念、空概念，逻辑学对虚概念以及由此构成的命题与推理是不加以研究的。

还有科学探索中提出的一些概念、命题与推理也是如此。

比如，有 UFO 存在吗？人们争论得异常激烈。

UFO，即不明飞行物，又被称为飞碟。有人认为，UFO 是外星人驾驶着宇宙飞船到达了地球，在探索地球。因为在无边无际的茫茫宇宙中，有无数星系，有无数像太阳一样的恒星，也有和地球一样的星球在围绕着这些恒星旋转，同样也可能演化出生命，诞生智慧和文明。因此，科学家们普遍认为外星生命是一定存在的，外星文明应该也是存在的，那么比我们更高级的外星文明制造出来的飞行器来到我们地球，也是可能的。

也有人认为，传说中那种神话般的"飞碟"是不存在的。"飞碟"不是什么"天外技术"，可能是发生在地球上的一种自然现象。它的出现与地理条件关系密切，有可能是一种不明大气现象。许多飞碟现象均以已知物体作出解释，例如飞机、气球、云彩、流星、鸟、人造卫星及光线反射等等。飞碟现象可能是一种自然现象，也可能是一种幻觉、骗局。

还有人认为，那些声称看到 UFO 的人，要么是缺少文化素养，要么是精神方面有问题，要么就是为了个人私利而胡编乱造。这样一批狂热的 UFO 主义者夸大其词，甚至弄虚作假，他们凭空杜撰与不明飞行物接触的事件，伪造 UFO 照片，而那些对 UFO 感兴趣、报道 UFO 的记者也属于同类。

UFO 是外星文明的飞行器吗？人们还不能断定其为真，也不能断定其为假，因而，关于飞碟的命题、推理等，不能成为逻辑学的研究对象。

此外，还有类地行星、外星人、黑洞、虫洞、白洞、暗物质、暗能量等，都是宇宙科学家提出的一些概念。这些概念中，除了“黑洞”被科学家观测证实为真实存在外，其他都还是未知数，无法判定是否真实存在。科学探索中这类现象有很多，人类面对的自然界，还有很多尚未被认识的事物，还有未解之谜，人类的科学探索活动是永无止境的。然而，遗憾的是，所有这些逻辑学都是不加以研究的。

人类的发明创造活动，目的是为了研制出前所未有的新事物；在这种新事物出现之前，表明新事物是不存在的；因为它不存在，就不能成为逻辑学的研究对象。请看下一则推论：

核聚变反应堆是能源取之不尽的；

核聚变反应堆是以氢的同位素氘、氚为能源的；

所以，有的能源取之不尽的是以氢的同位素氘、氚为能源的。

尽管世界各国有无数的核能科学家为研制核聚变反应堆攻关了几十年，但可提供取之不尽能源的商业用核聚变反应堆还没建成。因上一推论前提的主项“核聚变反应堆”不存在，所以上一推论不能成为当代逻辑的有效式。

为了研究文学艺术、科学探索、发明创造等领域的概念、命题、推理的思维形式与规律，人们构造了认为逻辑。**认为逻辑是研究人们主观认识方面思维形式的结构及其规律的理论。认为逻辑的特点在于通过引入“认为”“认为者”等逻辑算子，将反映人们主观认识**

的,而在形式逻辑看来是虚假的或无法确定其真假的命题,转化成为真实的命题,从而对其命题形式及推理形式加以有效的研究。比如:

"但丁认为,地狱分为九层,并且罪恶越深重的越居下层。"

"我国的神话传说认为,地狱分为十八层。"

"有的学者认为,UFO是外星文明光临地球的飞行器。"

"爱因斯坦认为,虫洞是连结两个遥远时空的空间隧道,能使我们做瞬时的空间转移往返于不同星系之间,也可以使我们回到过去或者进入未来。"

本来虚假的或无法确定真假的命题,转换成认为命题后,便都成了真的命题,成为认为逻辑的研究对象。认为命题的真假,不是取决于被认识命题的真假,而是取决于认识主体是否作出过某种认识。比如:

"但丁认为,地狱分为八十一层。"

据我们所知,但丁并未作出过这种认识,因而该命题为假。

在认为命题的基础上,可以进而构造出整个认为逻辑演绎系统。

构造认为逻辑对于研究科学探索、科学发明、文艺作品、探讨真理、批判谬误,对于解决虚概念有无外延之争等都有重要意义。

53 模糊逻辑

高个子与矮个子分界线是几厘米？

古希腊著名诡辩家欧布利德曾提出著名的“谷堆悖论”。

有一天，快下雨了，大公吩咐欧布利德带人把晒谷场上的谷堆搬回粮仓。欧布利德口头上答应了，却没有照大公的吩咐去办，结果谷子全被淋湿了。大公气坏了，将欧布利德叫来问罪。欧布利德辩解道：

“一粒谷子不能称作谷堆吧？再加一粒呢？也不是谷堆，再加一粒仍然不是……这样每加一粒谷子，每次都形不成谷堆，因此，谷堆根本就不存在，让我搬什么呢？”

“谷堆”就是一个模糊的概念，多少粒谷子算谷堆，并没有精确的界线。

大公听了，一时无话可答，于是，笑了笑说：“你回去吧。”

等到发工钱的时候，除了欧布利德没得到一个钱币外，其他人都得到了该得的工钱。欧布利德就去找大公算账。大公不慌不忙地说：

“一个钱币该不是你的工钱吧？再加一个，还不是你的工钱吧？这样每加一个钱币，而每次都不是你的工钱，因此，你的工钱根本就不存在，叫我怎么付给你呢？”

这样，欧布利德只能失去工钱，用以补偿大公所损失的谷子。

在现实生活中，并不是每个事物都是界限分明、非此即彼的，往往存在大量的模糊性的情况。比如：

高个子、矮个子，就没有绝对分明的分界线。如果身高190厘米是高个子，150厘米是矮个子，但是哪种身高可以成为高和矮的分水岭呢？如果你用精确的数字进行定义，比如175厘米以上的人是高个子，这会让174.9厘米的人觉得非常委屈。

“秃子”也是如此，在“秃”与“非秃”之间就没有一个几根头发的明确界线。如果正常人10万根头发，显然不是秃子；没有一根头发，显然是秃子。那么是否可以把50 000根头发作为界线，规定50 000根头发以下为秃子，50 000根头发以上为不秃？如果这样规定，那么，49 999根算不算秃？有50 000根头发的人，在梳妆打扮时，梳落了一根，是否当即成为一名“秃子”呢？显然太荒唐！

还有日常生活中的许多概念，如：年轻、速度快、干净、好、漂亮、善、热、远、大、小、美、丑、聪明、愚笨、富有、贫穷、孩子、红、黄、蓝……都是属于模糊性的，因为事件本身是不确定的。如果把模糊概念当成绝对精确的，就有可能导致谬误，构成悖论。比如：

“秃子悖论”。有人论证道：我们可以把没有一根头发的人称为秃子，那么比秃子多一根头发的人是不是秃子呢？当然还是秃子。如此连续推导下去，那么可以推出结论：满头乌发的人还是秃子。

对于这类悖论，传统逻辑只能是束手无策，无能为力。因为传统逻辑研究的是精确的概念、命题。传统逻辑认为，一个命题或是真的，或是假的，界限是绝对分明的。但是**模糊概念，以及由这种概念组成的命题、推理，传统逻辑是无法胜任的**。**为了研究这类问题，于是人们构造了模糊逻辑，利用模糊逻辑的理论来论辩取胜的方法就是模糊逻辑术**。

模糊逻辑描述模糊性的关键是引进“隶属度”的概念。就拿概念“秃子”来说，由秃子组成的集合记为S，人们对秃子集合S的关系有这样几种情况，如果某人没有一根头发，毫无疑问他是秃子，可以确定他属于S，那么这个人对S的隶属度是“1”；某人满头乌发，毫无疑问他不是秃子，可以确定他不属于S，那么这个人对S的隶属度是“0”；而对于大多数的人来说，对S的隶属度不是“0”，也不是“1”，而是“0”和“1”之间的某个值。

我们可以用模糊逻辑来分析上述“秃子悖论”：某个人没有一根头发，是秃子，他确定地属于S，隶属度是“1”；比秃子多一根头发的人，对S的隶属度虽然极其相似，但并不是严格相等，有了一个极微小的偏差。随着推理步数的增加，结论的真值随前提也就积累起来，与“1”的差距越来越大，以至最后结论的真值下降为“0”，得到假的结论。这个悖论用模糊逻辑来分析，从真的前提出发，经过一系列的近似推理，最后得出结论，这就很好理解了。

第三节 论证逻辑妙法

论证是引用论据来证明论题真实性的论述过程。在论辩中，我们要达到证明我们论题真实性的目的，就必须掌握论证逻辑的技巧。

54 概念同一

用夹肉面包换黑啤酒

逻辑学的同一律是逻辑思维的基本规律。我们要正确地认识客观事物，展开论辩，就必须遵守同一律。**同一律，是指在一个思维过程中，我们的思想必须具有确定性和首尾一贯性。同一律要求论辩者在论辩中所使用的概念必须保持同一，当发现论敌随意偷换概念时，我们可以用同一律为武器发起反击，这就是概念同一术。**

法国巴黎的一个肉铺老板在路上碰上他正要找的一个律师。

肉铺老板问道："如果一只狗偷吃了别人的东西，那么，这只狗的主人是不是要替自己的狗赔钱?”

“那当然是要赔的喽。”律师回答说。

听了律师的回答,这个肉铺老板高兴极了:“你讲话是算数的吧?”

“当然,我是律师,是专门从事诉讼的,我讲话是有法律依据的。”

“那么,请你付给我10个法郎吧。”老板伸出一只手,说,“因为你的狗偷吃了我的一块肉。”

“好,我同意。”律师说,“但是,你要知道我是律师,凡是经过我手中的案子是要付诉讼费的,所以你必须先付给我15法郎的诉讼费。扣除我赔你的10法郎之后,你还应该付我5法郎。”

律师本来是应该赔钱的,可是经过他这么一狡辩,他非但不给钱,却反倒要让受损失的老板赔钱给他了。律师的诡辩关键在于偷换概念,在“凡是经过我手中的案子是要付诉讼费的”这句话里,“经过我手中的案子”这个概念指的是司法诉讼中请律师为之办理案子,它涉及法律上的问题;而现在却是肉铺老板同律师本人争论是否要狗的主人为狗赔钱的问题,这并不是司法诉讼“案子”,这个律师所玩弄的正是偷换概念的手法,概念没有保持同一,偷换了其中的含义,违反了同一律。又如:

有一天,甲、乙、丙、丁四个人看见宿舍的防火桶里装着半桶沙,于是他们争论了起来。

甲:“这是半空的桶。”

乙:“这是半满的桶。”

丙:“这有什么好争论的,半空的桶不就等于半满的桶么?”

丁:“不对。如果‘半空的桶等于半满的桶’这个等式成立,那么我们把两边都乘以 2，半空的桶乘以 2，等于两个半空的桶，两个半空的桶等于 1 空桶；半满的桶乘以 2，等于两个半满的桶，两个半满的桶等于 1 满桶。于是岂不成了 1 空桶等于 1 满桶了吗？”

丁的论辩是错误的，原因就在于其中“半空的桶”“半满的桶”等概念，没有保持同一，偷换了其中的含义，违反了同一律。比如，“半空的桶”表示该桶有一半空一半满；“半满的桶”表示该桶有一半满一半空。而丁却将它们分别偷换成了“桶中的那半空的部分”“桶中那半满的部分”，这就势必得出荒谬的结论。又如：

一个又饥又渴的旅行者来到一家小食品店。

“老板，请问夹肉面包多少钱一份？”

“五先令一份，先生。”

“请给我拿两份，我饿极了！”

“两份十先令，请接着。”

“请问黑啤酒多少钱一瓶？”

“十先令一瓶，先生。”

“我现在感到渴比饿还厉害，我想用这两份夹肉面包换一瓶黑啤酒，可以吗？老板。”

“当然可以，请稍等，先生。”

旅行者接过一瓶黑啤酒一饮而尽，然后背起背包就要登程。

“对不起，先生，您还没付啤酒钱。”

“是的！可我是用夹肉面包换的啤酒，并且是经过你同意的！”

“可是你面包钱也没有付啊！先生。”

“我没有吃你的面包，我为什么要付给你面包钱？”

老板一时不知该怎样回答，听任旅行者扬长而去。

用没有付钱的面包换没有付钱的啤酒，还是等于没有付啤酒的钱，可是这个旅行者故意偷换没有付钱的啤酒和付了钱的啤酒之间的含义，这就是在玩弄偷换概念式诡辩手法。要反驳这种诡辩，就必须将这些不同的概念之间的含义明确地区别开来。

55 标准同一

有没有绕着松鼠走一圈？

在论辩中，必须遵循同一律，要求标准保持同一，不得随意变换，这就是标准同一术。

有一天，两个猎人某甲和某乙一起到山里去打猎。

在树林里，他们看见一棵大松树上有一只可爱的小松鼠。奇怪的是，这只小松鼠一点也不怕人，睁大双眼紧盯着某甲和某乙。他们向左走了几步，松鼠也同样向左移动了几步。他们向右走了几步，松鼠也向右移了几步。某甲和某乙干脆围绕着这棵大松树走了一圈，没想到的是，这只松鼠也在树上绕了一圈，它的脸一直对着两个猎人，并且双眼紧紧盯着他们。这时，在旁边观望的另一个猎人问他们：

“你们有没有绕着松鼠走了一圈？”

“有，”某甲说，“松鼠在树上，我们已经环绕这棵松树走了整整一圈，当然也就是绕着这只松鼠走了整整一圈了，即走了一条封闭曲线。”

“不对不对！”某乙马上表示反对，他说，“我们根本没有环绕松鼠走一圈。这个道理很简单，如果我们已经环绕松鼠走了一圈的话，那么，我们就应该从各个角度看到松鼠，但事实上，我们却始终只看见松鼠的面部，而松鼠的其余部位都没有看到。这怎么算环绕松鼠走了一圈呢？”

“环绕松鼠走了一条封闭曲线，还说没有绕着松鼠走一圈？”

“那你看到松鼠的尾巴了吗？没有吧，这怎么叫环绕松鼠走了一圈呢？”

直至打猎结束，某甲和某乙还是没有争出结果来。无奈之下，他们只好去请教逻辑老师。老师听完两人的话后，哈哈一笑：

“我问你们一个问题：什么是‘绕着松鼠走一圈’？”

“环绕松鼠走一条封闭曲线。”某甲说。

“要见到松鼠身体的各个部位。”某乙说。

“如果松鼠在树上不动，你们这两种解释是基本一致的。但是你们看到的松鼠却同时盯着你们走了一圈，就把你们的解释对立起来。你们两人要对什么是‘绕着松鼠走一圈’统一看法。如果统一了看法，那么对是否绕着松鼠走一圈的问题，就会得出一致的结论了。”

松鼠问题是逻辑学中著名的问题之一。他们之所以产生争论，就是因为评判“绕着松鼠走一圈”的标准不同一，违反了同一律，从而引发一场无谓的争论。

56 辩题同一

世界上有没有鬼？

同一律还要求论辩中的辩题必须保持同一，当发现论敌随意偷

换辩题时，我们可以用同一律为武器发起反击，这就是辩题同一术。

比如，某单位以“什么是光彩”为题展开论辩，其中有这样一段小插曲：

林：“什么光彩不光彩，我认为有钱就最光彩，没有钱就不光彩，理由很简单，有钱就能办事，没有钱什么事也办不成。你到商店里去买东西，少一分钱东西就买不回来；你到电影院里去看电影，少一分钱就进不去。”

杨：“你的理由并不能说明有钱就光彩，只能说明钱是有用的……”

林：“钱当然是有用的啦！有钱能使鬼推磨！”

杨：“你这话我不同意！世界上根本就没有鬼，哪里谈得上什么鬼推磨？”

林：“谁说没有鬼？如果没有鬼，为什么古今中外有那么多人讲鬼？”

他们所要论辩的本来是“什么最光彩”，可是后来却把争论的问题转移到“世界上有没有鬼”上面来了，这样辩题就没有保持同一。这种论辩往往是信口开河，漫无边际，像脱缰的野马一样，最后便离题万里，是逻辑学的同一律所不允许的。

57　揭露矛盾

原告一下将手臂举过了头顶

矛盾律是逻辑思维规律之一。矛盾律要求，在一个思维过程中，不能对同一事物对象作出不同的断定，如果作出了不同的断定，其中必定有一个是虚假的。

村子里有个老太太，有一天，她和老伴儿吵了一架，一气之下，半夜里离开了家。她手里举着一根棕树枝火把，一边走一边大哭大叫：

“哎呀，我可不想活了！我要用火烧死自己！我要到墓地里去自杀！”

路上，一伙青年人遇见了她，问道：“老奶奶，三更半夜的，您这是上哪儿去呀？”

“我活够了，我要去死！”

“那您手里举着火把干什么呀？”

“我……我怕被……被蛇咬呀！”

这个老太太说要去自杀寻死，又说怕被蛇咬、不想死，这就构成了矛盾。显然，她说要自杀寻死，不过是一种发泄自己情绪的方法而已。

矛盾律是在论辩中揭露论敌自相矛盾的逻辑基础。**如果论敌对同一事物前后作出了不同的断定，我们可以用矛盾律发起攻击，这就是揭露矛盾术**。

美国大律师赫梅尔在一件赔偿案件中，代表某保险公司出庭辩论。原告声称道：“我的肩膀被掉下来的升降机轴打伤，至今右臂仍抬不起来。”

赫梅尔问道：“请你给陪审员们看看，你的手臂现在能举多高？”

原告慢慢地将手臂举到齐耳的高度，并表现出非常吃力的样子，以示不能再举高了。

“那么，在你受伤以前能举多高呢？”

赫梅尔话音刚落，原告不由自主地一下将手臂举过了头顶，引得全庭大笑。

赫梅尔论辩取胜的妙处就在于机智地揭露了对方的矛盾。

使用揭露矛盾术不仅要善于揭示论敌前后的矛盾，还必须善于发现论敌观点所隐含的矛盾。请看战国后期墨子对“辩无胜”“言尽悖”“学无益”“非诽”等诡辩命题的反驳：

“辩无胜”，就是参加辩论的双方都不可能获胜。墨子反驳道：“试问，你们的‘辩无胜’之说是对的呢，还是不对呢？如果你的说法对，那就是你们辩胜了；如果你们的说法是不对的，那就是你们辩败了，而别人辩胜了，怎么能说辩无胜呢？”

“言尽悖”，就是说一切言论都是错误的。墨子反驳道：“试问‘言尽悖’这句话是对的呢，还是不对的呢？如果这句话是对的。那至少这句话‘不悖’，那就不能说一切言论都是错误的；如果这句话是不对的，那么‘言尽悖’这个说法就不能成立，那就要承认有的言论是正确的。”

“学无益”，就是认为学习无益处。墨予反驳道：“从事学习的人是不知道‘学无益’的道理的，所以你们教给他们‘学无益’的道理；既然你们教人们‘学无益’的道理，就是要人们认为学习你们所教的道理是有益的；可你们又说学无益，可见你们的‘学无益’的说法是自相矛盾的。”

“非诽”，就是反对批判错误。墨子反驳道：“你们提出‘非诽’的主张，就是反对批判；你们反对批判，本身就是在对别的观点进行批判。你们一方面反对批判，一方面又在进行批判，岂不是自相矛盾？”

由于墨子能准确地揭露对方观点中隐含的逻辑矛盾，因而反驳得酣畅淋漓、痛快有力。

矛盾律还能帮助我们提升敏锐的思维能力。比如：

某银行被窃，甲、乙、丙、丁四人涉嫌犯罪被拘审。侦破结果表明，罪犯就是其中的某一个人。

甲说："是丙偷的。"

乙说："我没偷。"

丙说："我也没偷。"

丁说："如果乙没有偷窃，那么就是我偷窃。"

现已查明，其中只有一人说假话。从上述条件可以确定谁是罪犯？

这是公务员考试中的一道题，解答此题可借助矛盾律。矛盾律指出，如果作出了矛盾的或反对的断定，其中必定有一个是虚假的。首先找出矛盾的命题：甲与丙，假话就在其中，其余为真，由此可知丁是罪犯。

面对此题，一般人可能会摸不着头脑，如果对不同情况作出假设再得出结论，很费时间，而用矛盾律便可快速找出答案。

58 排中律

拒绝模棱两不可

排中律是逻辑思维规律之一。排中律是指，在同一思维过程中，两个互相矛盾的思想不能都假，必有一真；对两个矛盾关系的命题，必须明确地肯定其中一个，不能两个都否定。比如以下两组命题：

"他是医生。""他不是医生。"

"所有事物都包含矛盾。""有的事物不包含矛盾。"

这两组命题都是矛盾关系，每组中必有一真，不能同时否定。

排中律的实质是要求人们的思维具有明确性，不允许在"是"与"非"之间模糊不清，否则就很容产生错误的逻辑思维，使人感到晦涩难懂。

> 有人说，我们必须正确对待作品的社会效果问题。所谓作品的社会效果，就是对社会实践有利，还是有害。在这个问题上，用票房价值作为主要衡量标准是不对的；当然，不用票房价值作为主要衡量标准也是不对的。

"用票房价值作为主要衡量标准"与"不用票房价值作为主要衡量标准"，这是一组互为矛盾的命题，必须确定其中之一为真，而这人对两者同时加以否定，违反了排中律。又如：

> "有人说《红楼梦》值得读，有人说不值得。两种意见我都不赞成。读，太花时间；不读，又有点儿可惜。"

"《红楼梦》值得读"和"《红楼梦》不值得读"是两个相互矛盾的命题，必有一真，不能同假。这人对两者都不赞成，违反排中律，因而犯了模棱两不可的错误。

排中律的作用，在于消除人们认识中的不确定性，消除模糊空间。

排中律是批判模棱两不可诡辩的逻辑武器。例如，有人表示：

> "说任何事物都不是绝对静止的，这我不同意。但说有的事物是绝对静止的，恐怕也不正确。"

这种说法，显然是对“任何事物都不是绝对静止的”和“有的事物是绝对静止的”这两个矛盾命题的同时否定，当然是违反了排中律，犯有“模棱两不可”的逻辑错误。

排中律是反证法的逻辑依据。根据排中律，既然两个矛盾关系的判断必然有一个是正确的，那么在论述自己的观点时，只要证明一个与之相矛盾的观点是错误的，就间接证明了自己的观点；在批驳别人观点时，只要证明与之相矛盾的观点是正确的，就间接批驳了对方的观点。这就是反证法。

排中律还能帮助我们提升敏锐的思维能力。比如：

莎士比亚在《威尼斯商人》中写到，富家少女鲍细娅品貌双全，贵族子弟纷纷向她求婚。鲍细娅按照其父遗嘱，由求婚者猜盒订婚。鲍细娅有金、银、铅三个盒子，分别刻有三句话，其中只有一个盒子放有鲍细娅肖像。求婚者通过这三句话，猜中鲍细娅的肖像放在哪只盒子里，就嫁给谁。三个盒子上刻的三句话分别是：

(1) 金盒：“肖像不在此盒中。”

(2) 银盒：“肖像在铅盒中。”

(3) 铅盒：“肖像不在此盒中。”

这三句话中，只有一句是真的。

解答此题，可借助排中律。排中律指出，两个相互矛盾的命题中，其中必有一假。首先找出相互矛盾的命题，可发现(2)与(3)相矛盾，真话就在(2)与(3)中。因为只有一句是真的，那么可知(1)为假，“肖像不在金盒中”为假，得出结论：肖像在金盒中。

面对此题，一般人可能会弄得晕头转向，但如果运用排中律，便可快速找出答案。这种思维过程可以有很多应用场景。比如：推理小说、电影，在有人撒谎的情境里可以推理出哪个人说的是实话。

要正确地运用或理解排中律,应当注意下述几点。

第一,排中律是对同一思维过程的要求,是针对同一时间、同一场合、同一关系、同一对象、同一方面等这些反映同一思维过程的因素。如果时间、条件变了,考虑的角度不同,作出的断定就可能不同,这不违反排中律。

第二,对尚未确认或不便确认的事物,不作明确表态,不违反排中律。到底有没有外星人? 由于科学水平的限制,尚不能有明确的判断,因此不能简单地回答“有”或“没有”,这不违反排中律。

第三,在回答隐含某种错误预设的复杂问语时,排中律没有制约作用。例如,“你打了人是不是心里特高兴?”此时,无论是回答“是”还是“不是”,你都实际上承认了那个隐含的预设即“你打了人”。在这种情况下,避开问题的肯定和否定,而针对问题中的预设予以说明,不能说违反排中律。

59 充足理由

“莫须有”三字何以服天下!

请看下面这则日本故事:

有一个小伙子在热闹的夜市上卖乌龟,使劲地吆喝着:

“卖乌龟! 卖乌龟! 谁买乌龟? 鹤寿千年,龟寿万年。活一万年的乌龟,便宜卖啦!”

有个中年人听说乌龟能活一万年,就买了一只。可第二天一看,乌龟死了。到了晚上,他气呼呼地跑到夜市上,找到那个卖乌龟的人，气愤地说：

“喂！你这个骗子！你说乌龟能活一万年，可它只活了一个晚上就死了！”

卖乌龟的笑哈哈地答道：“先生，这样看来，昨天晚上它刚好满一万年。”

这个小伙子说的“这只乌龟昨天晚上刚好活了一万年”是毫无根据的，是虚假的，只要令其拿出“活了一万年”的充足理由，其谎言便可立即揭穿。

逻辑学认为，要确定某个思想的正确性，就必须有充足的理由为根据，这就是充足理由律。充足理由律体现了思维的论证性和有根据性。**在论辩中，要求确定某一论点的正确性，必须有其可靠的客观根据，这就是充足理由律**。

20 世纪 80 年代，瑞典有一个名叫雷佛·斯登堡的企业主，连续几年拒交税款。税务部门几经交涉无效，只好诉诸法律。许多朋友都为他担心，但他却胸有成竹。在法庭上，斯登堡振振有词地援引一条国家法令说：

“根据法律和司法实践，当一个人的心脏停止跳动以后，这个人即被认为已经死亡。死人是不纳税的。我的心脏停止跳动已经 3 年了，我是借助人工心脏生活的，所以理所当然地不在纳税人之列。”

法官们听了个个张口结舌，无以驳之。

企业主雷佛·斯登堡之所以敢于拒交税款，是因为他拥有一条过硬的理由：他的心脏早已停止跳动，也即他已死亡，死人是不用交税的。

充足理由律首先要求论辩中所使用的理由必须真实、可靠。如果理由虚假是无法达到论证目的的。充足理由律还要求论辩中论据与论点之间要有必然的逻辑联系，由论据能必然地推出论点。否则，论辩也就不会有说服力。

违反充足理由律最典型的是当年汉奸卖国贼秦桧以“莫须有”罪名杀害南宋抗金名将岳飞案。

岳飞从小跟随名师学习武艺，能左右开弓，百发百中。当时，女真人南侵，占领北方大片土地，建立了金朝，随后继续南下。岳飞牢记母亲“精忠报国”的教诲，毅然投身抗金前线，在抗金战火中成长为一名出色的将领。有人问岳飞：“天下什么时候能太平？”岳飞说：“文臣不爱钱，武臣不惜死，天下太平矣！”岳飞治军，赏罚分明，纪律严整，“冻死不拆屋，饿死不掳掠”。岳飞体恤部属，以身作则，他率领的部队人称“岳家军”，敌人感慨说：“撼山易，撼岳家军难。”

后来，在岳飞的带领下，宋军从金兵手中收复大片土地。绍兴十年(1140)秋，岳飞率领军队在河南大败金兵。岳家军乘胜前进，一直打到开封的朱仙镇，北方军民抗金情绪高涨。岳飞鼓励部下说：“大家努力杀敌吧。等我们直捣黄龙府的时候，再跟各路弟兄痛痛快快喝酒庆祝胜利吧！”

不料，就在岳飞踌躇满志之时，皇帝却连发十二道金牌，召他班师回朝。他和将帅们收复国土的宏图大志也不得不半途而废。原来，就在百姓们在朱仙镇和岳家军庆祝胜利之时，金军派使者送密信给秦桧说：“必杀岳飞，而后和可成也。”秦桧唆使监察御史万俟卨等爪牙罗织罪名，接二连三上奏章攻击岳飞。就这样，岳飞遭到陷害，被逮捕入狱，受尽酷刑。为了掩人耳目，处死岳飞，秦桧宣布岳飞、岳云和张宪共同策划谋反。抗金名将韩世忠对此愤愤不平，他质问秦桧：

“岳飞抗金，何罪之有？岳飞谋反，证据何在？”

秦桧支支吾吾，作出了一个臭名昭著的回答：

“飞子云与张宪书虽不明，其事体莫须有。”

大意是说：岳飞的儿子岳云和张宪设计谋反，这件事虽然不是很明朗，但也许有吧！韩世忠听后，愤怒地对他说：

“‘莫须有’三字何以服天下！”

按照秦桧的授意，岳飞在杭州风波亭遭到杀害，当时他只有三十九岁。秦桧知道，凭正当手段是无法除掉岳飞的，他就只好加给岳飞一个“莫须有”的罪名，也就是仅仅凭“也许有”的罪名，来给一个无辜者定罪。从论辩的角度来说，违反了充足理由律。

60 归纳论证

韩愈谏迎佛骨辩

所谓归纳论证术，就是由个别、特殊性前提推导出一般性结论的论辩方法。

请看唐代韩愈关于谏迎佛骨的一次论辩。

唐宪宗十分尊崇佛教。凤翔(今陕西凤翔县)法门寺有一座佛塔，内藏释伽文佛(释迦牟尼佛)指骨一节，相传三十年一开塔，开塔之年人和年丰。元和十四年(819)正值开塔之期，唐宪宗派中使杜英琦连同宫人三十人手持香花前往将佛骨迎入宫内，供养三日，然后送往各寺。王公士民奔走施舍，有的百姓甚至破产、烧顶、灼臂以求迎佛骨供养。对此，韩愈深感痛心，便上疏唐宪宗切谏道：

“我认为，佛教不过是夷狄之法。上古时没有佛教，黄帝在位一百年，活了一百一十岁；少昊在位八十年，活了一百岁；颛顼在位七十九年，享年九十八岁；帝喾在位七十年，享年一百零五岁；帝尧在位九十八年，享年一百一十八岁；虞舜和大禹，也都活了一百岁。那时天下太平，百姓安乐长寿，但是中国并没有佛教。后来，殷朝的商汤也活了一百岁。商汤的孙子太戊，在位七十五年，武丁在位五十九年，史书上没有说他们活了多少年。但推断他们的年龄，大概也都不少于一百岁。周文王享年九十七岁，周武王享年九十三岁，周穆王在位一百年，此时佛法也没有传入中国。他们并不是由于信奉佛教才活到这样的高寿。

“汉明帝的时候，中国开始有了佛教。明帝在位才仅仅十八年。明帝以后国家战乱，皇帝一个接着一个夭折，国运不久长。宋、齐、梁、陈、元魏以来，信奉佛教越来越虔诚，建国的时间和皇帝的寿命却更加短暂。只有梁武帝做了四十八年的皇帝，他前后三次舍身佛寺做佛僧，他祭祀宗庙，不杀牲畜作祭品，他本人每天只吃一顿饭，只吃蔬菜和水果；但他后来竟被逆党侯景所逼迫，饿死在台城，梁朝也很快灭亡。信奉佛教祈求保佑，反而遭到灾祸。由此看来，佛不足以信奉，是十分明白的道理。”

韩愈为了反对唐宪宗迎佛骨入宫的荒唐做法，运用大量的古今正反事例，雄辩地说明了“事佛求福，反更得祸”“佛不足事”的道理。这里使用的就是归纳论证术。

使用归纳论证术时必须注意，我们要得出关于某类事物一般性结论时，应考察数量尽量多的、范围尽量广的该类事物对象，结论才越可靠。如果仅仅根据个别事物就推出一般性结论，这就叫以偏概全、轻率概括式谬误。

61 类比论证

“臣终身戴天，不知天之高也”

在客观世界中，每个事物不仅有着与其他事物不同的独特的个性，同时又有着与其他事物相同或相似的属性，即存在着共性。**类比论证术就是在考察两类事物某些相同或相似属性的基础上，推断出它们另外的属性也相同或相似的论辩方法**。这种论辩方法灵活机动，变幻无穷，能极大程度地表现一个人的论辩才能。

请看载于《韩诗外传》中子贡与齐景公的一次论辩：

齐景公问子贡：“你的老师是谁？”

子贡答道：“鲁国的仲尼。”

“仲尼是贤人吗？”

“是圣人啊！岂止是贤人呢？”

“他是怎么样的圣人呢？”

“不知道。”

景公怒气冲冲地问：“开始你说仲尼是圣人，现在又说不知道，这是为什么？”

子贡答辩道：“我终身戴天，并不知道天有多高；我终身践地，并不知道地有多厚；我求学于仲尼，就如同拿着勺子到江海中饮水，满腹而去，又哪里知道江海有多深呢？”

孔子是子贡的老师，孔子是怎样的圣人子贡当然应该知道，他也许不想多说而随口回答：“不知道。”当齐景公对此勃然大怒时，怎样自圆其说，子贡便面临着一场严峻的考验。这时，子贡巧用类比，用戴天而不知天之高、践地而不知地之厚、饮于江海而不知江海之深来类比就学于孔子而不知孔子是怎样的圣人，这样，既极赞了孔子的伟大，又为自己作出了圆满的解释。他的答辩出口成章，一气呵成，滴水不漏，给人一种荡气回肠的感受，不愧是孔子的一名高徒。

类比论证术是一种神奇的论辩方法，要想运用此术来论证自己的观点，同时又能达到反驳论敌的目的，怎样选择具体的、形象的事物来进行类比则是关键之所在。

62 演绎论证

具有不容置疑的雄辩力量

演绎论证是由一般到个别的论证方法。它由一般性的原理、原则，并借助于演绎推理直接推导出关于个别情况的结论。只要前提真实，推理形式正确，结论就是可靠的，其前提和结论之间具有必然性的联系。

演绎论证使用的推理方法有条件推理、析取推理、三段论等多种形式。三段论则最为常见。比如：

《刑法》第二百三十二条规定：故意杀人的，处死刑、无期徒刑或者十年以上有期徒刑；情节较轻的，处三年以上十年以下有期徒刑。王某故意杀人致人死亡，所以，王某应处死刑、无期徒刑或者十年以上有期徒刑。

这是一个典型的三段论，其论据是刑法的条文，由刑法的一般性基本原理、原则，推断出个别对象王某应受到刑法惩处的情况，论据与论题之间具有必然的联系，这就属于演绎论证，具有不容置疑的雄辩力量。又如：

在两所高校大学生辩论队以“农村经济发展关键靠农村自身还是靠城市带动”为题的辩论赛中，主张“农村经济发展关键靠农村自身”的正方讲：

> “我们认为‘关键’是指内在根据。马克思主义哲学告诉我们，内因是事物变化的根据，外因是事物变化的条件，外因通过内因而起作用。发展农村经济，农村自身是内因，城市带动是外因。因此，农村经济发展关键靠农村自身。”

作为正方一辩的陈词，其中所用的辩论方法是演绎论证法。转化为三段论的推理方式就是：内因是事物变化的关键，农村自身是内因，所以农村自身是农村经济发展的关键。

演绎论证是逻辑证明的重要工具，由于演绎是一种必然性的思维运动过程，在思维运动合乎逻辑的条件下，只要选取确实可靠的命题为前提，就可以强有力地证明或反驳某命题。

63 事实论证

事实胜于雄辩

中国有句传统名言：“事实胜于雄辩。”**在论辩过程中，有时讲一大堆道理，从抽象到抽象，难以达到论辩目的；而一旦摆出生动具体**

的事例，通俗易懂地表达我们的观点，往往能起到事半功倍的效果，这就是事实论证术。

在第二届中国名校大学生辩论邀请赛关于“思想道德应该适应市场经济”的辩论中，反方苏州大学队有这样一节辩词：

> “在聆听对方的发言时，不由得想起了一桩亲身经历的事情。就在我来上海参加辩论之前，就在我住地的附近，一个小女孩不慎从楼上摔下，由于未能凑满足够的押金，就在医院的走廊里，在冰冷的长凳上，在圣洁的红十字下，等待他人作金钱和生命的等价交换。由于延误病情而被死神带走，一个小生命，在所谓的等价交换原则面前显得如此苍白而无力。对方辩友，难道还能用您的适应来解释这一现象吗？”

因为要作金钱和生命的等价交换，因为未能凑满足够的押金，一个小女孩的生命就在医院的走廊里，在冰冷的长凳上，在圣洁的红十字下，由于延误病情而被死神带走。听了这样令人心碎的事例，人们不禁对对方的思想道德应该适应市场经济的观点产生一种深恶痛绝之情。

特别是当我们的辩题从理论上进行论述难以取胜，这时更需要列举大量形象生动的事例对自己的辩题作出论证。比如，某次论辩赛反方队的辩题是“吸烟利大于弊”，这一辩题显然与科学的道理不相符合，难以从理论上展开论述，于是便转而采用事实论证术，答辩道：

> “我们的贺龙元帅在施展雄才大略时必先美美地吸上一口烟。我们的邓小平同志不是很健康吗？他老人家在吸烟中解决了多少改革中棘手的问题啊！如果没有香烟，能有今天的中国吗？个人步入社交界，如果没有香烟，恐怕难以一路顺风吧？

吸烟这种促进人与人之间关系的方式越来越显示出它的作用，所以有人说：它是外交场合中'铺平道路'的工具。大量高档香烟出口可以为国家创汇、创利。如果这些钱用于教育，能培养出多少像对方辩友一样的栋梁之材啊！如果说吸烟会致癌，那么黄浦江的水也有致癌物质，是否自来水也不能喝呢？其实心情压抑才是致癌的最大原因，适度吸烟反而能消除压抑，心情舒畅，那么一点尼古丁算得了什么呢？"

由于反方队采用事实论证术，列举了大量生动有趣的事例，再加上口齿伶俐、妙语如珠，结果获得了这场论辩赛的胜利。（当然，论辩赛中反方的胜利并不等于"吸烟利大于弊"果真是科学真理。）

在论辩中要想引用实例恰到好处，在论辩前就必须广泛地搜集各方面的事例素材，包括正面的和反面的，只有积累雄厚、准备充分，论辩起来才能潇洒自如、口若悬河。

64 假设事件

假如你被车辆撞伤倒地……

有的时候，我们针对现实的事物状态一时难以展开论辩，便不妨作出某种假设的事物状态，针对这种假设的事物状态来进行论辩，以此来达到征服论敌的目的，这就是假设事件术。

有一位女大学生向一位解放军同志提了这么一个问题：

"我们感到雷锋精神现在已经过时了，你们怎么看？"

这位解放军同志回答道：

“假如你在大街上行走时被车辆撞伤倒地不能动弹，有人从你的身边走过并嘲笑你；而我，走上前把你扶起来，送进医院。在这种情况下，你是喝令我走开，说这种精神已经过时了，还是从内心感激我呢？”

这位解放军同志并没有直接回答对方的问题，而是通过假设某种事物状态，在对这一假设的事物状态的论辩中，使对方真正领悟到这一问题的真谛。这时，她和在场的学生终于都露出了满意的笑容。

先秦孟子论辩说理，特别擅长使用假设事件的方法。据《孟子·梁惠王下》载，有一天，孟子拜见齐宣王，问道：

“听说您爱好音乐，有这回事吗？”

齐宣王不好意思地说：“我并不是喜好古代典雅的音乐，只不过喜好当下世俗流行的音乐罢了。”

“大王如果喜好音乐，那齐国应该治理得不错啊。”孟子说，“不论是当代的音乐还是古代的音乐都是一样的。”

齐宣王有些疑惑了，不禁问道：“可以给我说说这是什么道理吗？”

孟子问道：“自己一个人欣赏音乐快乐，还是与别人一起欣赏快乐呢？”

“和别人一起欣赏音乐更快乐啊！”齐宣王肯定地说。

“和少数人一起欣赏音乐，跟多数人一起欣赏，哪一种更快乐呢？”

“和多数人一起欣赏更快乐。”

这个时候，孟子开始进入正题，他说：

“那我就为大王谈谈音乐吧。假设大王在这里奏乐，百姓听到大王钟鼓的声音、箫笛的曲调，都愁眉苦脸地相互诉苦说：'我们君王喜爱音乐，为什么使我们痛苦到这般地步？父子不能相见，兄弟妻儿离散。'这没有别的原因，是没有和百姓共同快乐的缘故。假设大王打猎，百姓们听到大王车马的喧嚣，见到华丽的仪仗，都愁眉苦脸地相互诉苦说：'大王整天游玩打猎，而我们却为什么这般贫穷困苦呢？父子不能相见，兄弟妻儿离散。'这没有别的原因，就是因为大王心中没有百姓，不能解决百姓的疾苦，那么，老百姓们见到大王只顾自己享乐必然会怨声载道。"

孟子又说："假如说，大王奏乐，百姓听到了，都欢欣鼓舞地说：'咱们的君王身体一定很好吧，不然怎么能奏乐呢？'假如大王打猎，百姓看到了，都喜形于色地说：'咱们大王一定安康吧，不然怎么能骑马打猎呢？'这没有别的原因，只是因为大王心系百姓，能和老百姓一起享受快乐。如果大王能和百姓共同快乐，称王天下就没有问题了。"

孟子主张君主要施行仁政，与百姓休戚与共，与民同享欢乐。这里通过假设君王奏乐与畋猎的不同情况，深刻揭示了能与民同乐和不能与民同乐的巨大差别。在孟子看来，一国的君主想要得到老百姓拥戴，就必须与民同乐，也就是要施行仁政，把老百姓当作自己的亲人，忧他们所忧，乐他们所乐。

假设事件术非常灵活机动。我们需要注意的是，必须根据我们论辩的需要，假设出某种形象生动、富有感染力的事件，这样才能有效地达到论证的目的。

65 例证反驳

金钱能改变客观规律吗?

例证反驳术,是指在论辩中,当论敌以偏概全、轻率概括,作出了某种虚假的全称命题时,我们只要列举出与之相反的具体事例,即可将对方驳倒的这样一种论辩方法。

比如,某班中学生召开关于"对金钱的认识"的论辩会。同学甲发言:

"我认为,金钱是万能的。有了钱,就可以买衣服、买彩电、买房子、买汽车;没有钱就什么事情也办不成,比如说,失学少年为什么失学,不就是因为没有钱交不起学杂费吗?"

"我不同意你的看法,"同学乙当即反驳,"你说金钱是万能的,有了钱就什么事也能办得到。那么,请你正面回答我:金钱能改变客观规律吗?"

众所周知,事物规律都是客观的,是事物本身固有的,人们可以认识客观规律,用它来改造自然界,改造人类社会,但是,人们不能创造、改变和消灭客观规律。同学乙对于同学甲的观点并没有全面地进行反驳,只是列举反例:"金钱不能改变客观规律",这样就将对方的观点彻底驳倒了。

例证反驳术之所以能驳倒一个以偏概全的虚假的全称命题,是因为关于某类事物的全称命题与关于该类事物存在反例情况的命题之间是矛盾关系。因而,只要指出其反例存在,就可将对方驳倒,而不需要对该类事物的每一对象进行考察。比如，人们向来都认为，“天鹅都是白的”“乌鸦都是黑的”，后来有人列举澳大利亚南岸有黑色的天鹅，日本有过白色的乌鸦，以上论点也就不成立了。

当别人信誓旦旦地说某件事是这样，那么直接列举出相反的例子，就能够起到反驳的作用。可见，例证反驳术是一种轻巧的反驳方法。

要用好例证反驳术，就必须善于从千姿百态的事物现象中寻找一个和对方论点针锋相对的反例，只要举出了一个反例，对方的观点就站不住脚了。

66 因果论证

墙上绿莹莹的“鬼”眼睛

在事物的发展过程中，引起一定现象的现象是原因，由于原因的作用而产生的现象是结果。**因果论证术就是通过找出某一现象的原因，以因果联系为根据得出结论的论辩方法**。

据《战国策·楚策四》载：从前，有一位名叫更嬴（一本作更赢）的人，是一位有名的神箭手。有一天，更嬴与魏王游于京台之下，他们抬头看见一只飞鸟，更嬴对魏王说：“我为大王表演一个拉弓虚射就能使鸟掉下来的技能。”魏王说：“射箭技术可以达到这么高的水平吗？”更嬴说：“能。”过了没多久，一只孤雁从东方徐徐飞来，更嬴摆好姿势，拉满弓弦，虚射一箭，雁应声而落。魏王简直不相信自己的眼睛，惊叹道：“箭术难道真的可以达到这种地步？”更嬴放下弓解释说：

“这是一只有旧伤的鸟，听见弦声惊悸而下落的，并非我的技术高明！”

魏王更纳闷了：“大雁在天空中飞，先生怎么知道它有旧伤？”

更羸回答说：“它飞得慢，叫声又凄厉，是因为长久失群，原来的伤口没有愈合，恐惧的心理还没有消除。一听到弦声，便惊恐地高飞，以致伤口破裂，所以落了下来。”

更羸不仅拉弓虚发而射下了鸟，还陈述了拉弓虚发而射下鸟的原因，魏王因此心服口服。

在论辩中，我们要说服对方相信我们的观点，不仅要使对方知其然，还要使对方知其所以然，这就需要使用因果论证术。又如：

有一年，一个在外读书的大学生暑假回到农村，他听到村里发生了一件怪事。有对青年男女结婚，新婚之夜熄灯后准备睡觉时，新娘突然惊叫一声昏迷过去。过了许久，新娘苏醒过来后，新郎问：“刚才为什么惊叫？”新娘说：“刚才熄灯后，看见墙上有一对绿莹莹的鬼的眼睛。”新郎把灯关掉，果然看见有一对绿莹莹的鬼的眼睛在墙上。从此，人们便说这房子有鬼，就再也没有人敢进入这个房子了。

这个大学生根本不相信世界上有鬼，便决定第二天晚上要去一探究竟。

第二天晚上，大学生带了手电、粉笔，独自一人进入那个房间。熄灯后，果然发现墙上有一对绿莹莹的发光的东西。他拿出粉笔，画了个圈把那发光的东西圈住了。天亮后，经过一番仔细研究，发现那砖头挖自野外的乱坟，砖头上面粘有磷，而磷是会发光的。

这个大学生要破除村民的鬼神迷信观念，就要找出墙上发光的原因；墙上发光的原因找出来了，村民的鬼神迷信观念自然也就破除了。

67 求同探因

死狗洞的奥秘

求同探因是根据被考察现象出现的几个场合中，其他情况都不相同，而只有一个情况相同，于是得出结论，这个相同的情况就是被考察现象的原因。

在意大利那不勒斯城附近有一个"死狗洞"。狗一过去就会死亡，人走过去却安然无恙。为什么会有如此奇怪的现象呢？迷信的人说："洞里住了个专杀狗的妖怪。"

后来人们发现，一些猫、老鼠等小动物，走进洞里就会倒在地上，四肢无力，挣扎几下就死了。但是，人们带着牛、马等大型动物，可以安然过洞；人们把猫抱在怀里通过岩洞，也不会死亡。

人们探索"死狗洞"猫狗死亡的原因，原来是因为头部接近地面。小猫头部接近地面，进入洞中就死亡；小狗头部接近地面，进入洞中就死亡；老鼠头部接近地面，进入洞中就死亡。于是，人们得出结论：头部接近地面是动物死亡的原因。这里使用的就是求同探因法。

后来经过进一步考察，发现这是个石灰岩的溶洞，石灰岩（主要成分是碳酸钙）遇到地下水，会分解出二氧化碳。二氧化碳比空气重，聚集在山洞底部。人站在洞里，气层只没到膝盖，不会有事；狗比人矮，就处于二氧化碳气体的包围之中，当然会窒息而死。

又比如，18世纪俄国科学家罗蒙诺索夫在一次学术会议上，为自己的观点辩护时，这样论证道：

> “我们搓擦冻僵了的双手，手便慢慢暖和起来；我们使劲敲击冰冷的石块，石块能发出火光；我们用锤子不断地锤击铁块，铁块也可以热到发烫……由此可知：运动能够产生热。”

罗蒙诺索夫考察了搓擦双手、敲击石块、锤击铁块等发热情况出现的不同场合，这些场合其他的情况都不相同，而只有一种情况相同，就是运动，因而得出结论：运动是发热的原因，运动可以产生热。罗蒙诺索夫使用的也是求同探因法。

68　求异探因

蝙蝠耳朵的“活雷达”

求异探因是在被考察现象出现和不出现的几个场合中，其他的情况都相同，只有一个情况不同，于是得出结论：这个不同的情况就是被考察现象的原因。

比如：一位生物学教授通过试验发现蝙蝠具有“以耳代目”的“活雷达”特性，另一位学者持有不同意见，两人展开了一场辩论。

教授：“蝙蝠能在阴暗的岩洞里准确无误地飞行，这是为什么？”

学者：“因为它的眼睛特别敏锐，能在微弱的光线下看清周围的障碍物。”

教授：“为什么蝙蝠能在黑夜穿过茂密的树林？”

学者：“也许它有异常的夜视能力。”

教授：“当我们把它的双眼遮住，或让它失明，它仍能完全正常地飞行,这又是为什么?若去掉它双眼的蒙罩,将它的双耳遮住,它飞行时就会到处碰壁,这又该如何解释?"

学者无言以对,只好认输。

教授考察了蒙住蝙蝠耳朵与不蒙住耳朵的不同情况:蒙住则不能正常飞行,不蒙住则可以正常飞行,这几个场合其他情况都相同,只有蒙住与不蒙住耳朵不同,因而得出结论——蝙蝠是以耳朵探测方向的。教授由于正确地运用了求异探因法,所以得出了无可辩驳的结论。

69 共变探因

城市地面下沉的原因

共变探因,是指当某个现象发生变化时,被研究现象也随之而发生变化,因而断定该现象就是被研究现象的原因。

比如,有人考察某城市地面下沉的原因时,论证道:

> "抽取地下水少的地区,地面下沉得便少;抽取地下水多的,地面下沉得就多。因而我们可以得出结论:抽取地下水是地面下沉的原因。"

这里使用的就是共变探因法。

现实中如温度计、电表、水表、气压表等都是据共变法的道理制成的。

必须注意的是,任何事物的数量变化都是有一定限度的,超过一定的限度,事物就会出现质的变化,这时,共变现象就不存在了。

比如，人吃有营养的食物，在一定限度内，有利于人体健康。但如果人进食营养物超过了某个限度，则不但不利于人体健康，还会引起疾病。

70 复杂因果辨析

重伤致残的原因是什么？

探求事物因果联系是一种重要的论辩方法，但原因和结果的联系具有复杂性和多样性。有时，一个原因往往不仅引起一个结果，而且常常引起多种结果，甚至相反的结果，即一因多果或同因异果；有时，同一个结果有可能是由多种原因引起的，即一果多因或同果异因。因而，**当我们考察原因和结果的联系时，就不能简单化，必须具体分析**。**在一因多果的联系中，要注意区分主要结果和次要结果，直接结果和间接结果，有益的结果和有害的结果等等**。**在一果多因的联系中，要注意区分内部原因和外部原因，主要原因和次要原因，直接原因和间接原因，客观原因和主观原因等等，这就是复杂因果辨析术**。只有这样，才能全面地、具体地把握事物的因果联系，对事物作出正确的认识，取得论辩的胜利。请看下一案例的论辩：

春运期间，某地汽车站售票窗口前，旅客们排着长长的队列。再加上天冷又下雨，地面泥泞，旅客叫苦不迭。这时青年甲见购票的队伍太长，就挤到前面，想插队买票。旅客们齐声指责：“喂！买票请排队！不可以插队！”

旅客乙伸手去拉甲，乙的手还没触及甲，甲便伸手一甩，想挡开乙伸来的手，但因地面泥泞滑溜，甲站立不稳，摔了一跤，竟跌成脑震荡，四肢瘫痪，生活不能自理。于是甲的家属便向法院起诉说：

“甲之所以摔跤，跌成重伤致残，是因为乙伸手去拉甲；如果乙不去伸手拉甲，甲就不会甩手；甲不甩手，也就不会摔跤致残。因此，甲残疾的原因是因为乙，乙是这一事件的责任者，乙必须承担甲的一切医药费，并追究乙的刑事责任！”

对此，乙答辩道：“究竟是什么原因导致甲残疾？纵观这一事件的前后经过，我们可以发现，甲致残的原因有许多，是一种一果多因的联系，这些原因包括天下雨的原因，路滑的原因，甲插队的原因，我伸手去拉甲的原因，甲甩手的原因。这众多的原因中，甲插队、甲甩手则是主要的原因、直接的原因。甲插队买票是不遵守公共秩序的行为，是错误的；我出于对插队者的不满，伸手去拉他，这是完全正确的，无可指摘的。而且我的手也没有触及甲的任一部位，是甲自己一甩手，致使自身站立不稳跌成重伤的。他这是咎由自取。”

由于乙能从多种原因中准确地把握这一事件的直接原因、主要原因，因而有力地驳斥了甲的家属企图嫁祸于人的谬论。

71 回溯推论

你丢失瞎了左眼的骆驼？

回溯推论术是根据事物发展过程所造成的结果，推断形成结果的原因的论辩方法。在论辩过程中恰当地使用回溯推论术，可以使我们的论点更具说服力，增强自己观点的雄辩力量。

古时候，西域有个国家叫突厥，那里有机智聪明的三兄弟。他们由乡下向城市走去。行到一片河谷时，远处来了一个骑骆驼的人，到处张望，焦急异常，似乎在寻找什么。

老大同情地问他："哎，你是不是丢失了一峰骆驼？"那人惊奇地说："对呀！"老二说："是不是瞎了左眼的骆驼？"那个人惊喜地说："对呀！对呀！"老三说："骆驼上是不是骑着妇女和小孩？"那个人急促地问道："你们说得都对，他们在哪里？"三兄弟齐声说："我们都没看见。"那个人怀疑他们隐藏了骆驼，抢劫了妇女和小孩，怒气冲冲地问道："你们没看见，怎么会知道得这么清楚？赶快还给我！"三兄弟分辩着，可那个人不罢休，于是用刀逼着他们来到皇宫，请求国王惩处这三兄弟。

国王一听，十分生气，厉声喝道："喂！三个小偷！你们把骆驼和人弄到哪去了？快快从实招来！"

三兄弟说："陛下，我们从不偷人家的东西，根本就没看见他丢失的骆驼。"国王说："你们没见过骆驼，怎么知道瞎了左眼？上面坐着妇女和小孩？"三兄弟答道："我们从小就习惯观察事物，学会了思考和判断。"国王哈哈大笑，对身边一位大臣附耳说了一些话。大臣出去了一会儿后返回，后面两个侍卫抬着一口箱子放在堂前。

国王说："你们自称会观察善判断，那么这个箱子里有什么东西？"老大说："陛下，这箱子里有个圆形的东西。"老二说："这个圆形的东西可能是个石榴。"老三说："这个石榴还没有熟。"

国王疑惑地命人打开箱子，里面果然装着个青石榴。国王又惊奇又高兴。

国王问道："你们怎么知道箱子里装着石榴？"老大说："我发现侍卫抬的箱子很轻，当放下的时候听到里面有个东西滚动的声音。"

老二说："我们进到王宫时，经过一片石榴林，箱子是从那边抬来的，又听到滚动的声音，这就表明箱子里的东西可能是石榴。"老三说："如果是石榴，现在的季节都是青石榴，是没有成熟的。"

国王又问："你们三人又是怎样知道那个人丢失了骆驼的？又怎样知道上面骑着妇女和小孩？"老大说："我途中发现骆驼的新的蹄印，我猜想那个人是在找骆驼。"老二说："我们经过的一条小路，右边的草都被吃过，而左边的草都完好无损，所以我判断出那峰骆驼是瞎了左眼的。"老三说："在途中我发现了一个地方有骆驼跪下的痕迹，旁边的沙地上有妇女和小孩的鞋印。"国王听后，惊叹不已，他对丢骆驼的人说："他们三人不是小偷，你赶快出宫去寻找吧！"

于是国王盛宴招待了三兄弟，国王非常佩服他们三人的聪明和智慧，当众宣布聘请三兄弟留在王宫，协助国王治理国家。

他们三人根据路上有骆驼的新足迹这一结果，推断出那人丢失了骆驼，因为如果那人丢失了骆驼，路上就必定有骆驼的新足迹，这就是回溯推论术。

回溯推论的应用极其广泛，尤其是在案件的侦查工作、医学的病因探寻、科学发现与发明等各方面，都有重要的意义。

关于回溯推论术，我们必须说明几点：

(1) 回溯推论术不同于条件推论，我们不能因为它不符合条件推论的规则而视之为谬误。这种方法不仅在论辩中有用，而且在医生的诊疗实践中、在刑事侦查中、在科学家提出假设的过程中都有着广泛的用途。

(2) 回溯推论术的结论是或然的，不是绝对可靠的，但它并不是毫无根据的猜测。在特定的场合下我们可以根据当时当地以及关于特定对象的经验，而觉得某个原因有较大的可能，比如当我们看见大路、小路、菜园、屋顶到处都是湿的,我们可以推断地湿不是洒水车洒水所致,而是由于下雨的原因。

(3) 回溯推论术的论断的真假须由实践来检验。比如,国王打开箱子自然就可以验证三兄弟关于石榴的论断是否为真。

72 引用数据

数字不会撒谎

西方有句俗语:"数字不会撒谎。"这句俗语道出了数据强大雄辩力量的奥妙。**在论辩中,与其滔滔不绝地说理,不如把它量化为可以计算的理论根据,用数据语言去说服,这样能取得意想不到的论辩效果,这就是引用数据术**。

有位小学语文教师在作文讲评课上,说道:

"同学们,昨天大家写了关于放学路上的作文,这次作文写得好不好呢?我们看两个数字就知道了。我们班 50 人,写回家路上自己奋不顾身跳进水里救了失足落水小孩的有 20 人,写捡到钱包交给警察的有 21 人,同学们想想看,哪里会有那么多失足落水的小孩恰好在放学的时候让你们去救呢?路上哪里会有那么多钱包让你们去捡呢?我活了这么大年纪,上班下班走了那么多路,怎么就没有你们那么好的运气,一次也没捡到过钱包呢?"

小学生们都哄堂大笑起来。这位教师引用两个数据,就把小学生们的错误形象地揭示出来了。

引用数据之所以独具魅力,就是因为确切的数据代表着无可辩驳的事实，能使人对它深信不疑，产生一种威信效应。

再请看下一则雄辩案例：

有一次，我国望舒外贸集体有限公司（以下简称望舒）与美国洛奇教学仪器公司（以下简称洛奇）的一次交易中，望舒公司本来订购的是9台仪器，交了9台仪器的货款，但货到之后，启箱清点时只有8台，清单上写的却是9台。望舒公司怀疑是洛奇公司装箱时漏装了1台。于是，望舒公司与洛奇公司双方代表之间产生了论辩。

望舒："我们交易时说的是9台仪器，清单上也写明是9台，开箱时却只有8台，这是贵公司装箱时少装1台的结果。"

洛奇："我方在对外提供货物、装箱时，都要经过反复几次检查，根本不可能漏装。如果真是我们漏装了，我们当然会毫不犹豫地补偿你们，不过，首先得让我们搞清楚问题出在哪里，不是吗？货物运到贵公司后，开箱时虽然你们有多人在场，但问题是没有我们公司的人在场。自己给自己作证，又怎么能说明问题？谁知道究竟是本来缺少1台，还是你们运输途中保管不善丢失1台，或者是开箱后不见了1台？您让我怎么相信是我们漏装了呢？"

望舒："您说得不错，按照常理推断，也有可能是运输途中散失或者开箱后丢失的。但是，如果是运输途中丢失，包装就应该是不完整的，木箱也必然有破损，仪器才有可能在不知情的情况下丢掉。请您查看一下木箱的情况。"

洛奇仔细检查木箱的完好程度，木箱只有后来打开的痕迹，在途中散失的可能性不大。洛奇又说："您怎么证明不是你们在开箱后弄丢的呢？"

望舒："这个太简单了。木箱上标有货物的净重。如果现在的重量轻于净重，就证明是我们开箱后丢了1台，责任理应由我们自负，但是如果装箱前后的重量相等，难道还不能证明我们开箱后没有丢掉任何东西吗？”

在洛奇公司代表面前，望舒公司重新称重，正好是8台仪器的重量。洛奇公司代表，终于低下了头。

洛奇：“对于我们的失误，我非常抱歉，我们会尽快补足另一台，给你们造成的麻烦，请原谅。”

在望舒面临舌战的重重困境时，借助货物净重这一确凿无疑的数据，便把被动的局面扭转了过来。

引用数据术有着不容置疑的雄辩力量，但是必须注意的是，所引用的数据要与论题有必然联系，必须能够达到论证的目的。另外，所引用的数据还必须是准确无误的。否则，就往往造成谬误，甚至导致诡辩。

73　数学计算

三发拦截导弹成功率就是210％！

数学计算是真理的演绎，人们对数学计算有着信赖的心理。**数学计算术就是运用数学计算的方法来说服对方，使对方放弃其错误主张，接受我方观点的论辩方法**。在论辩中，如果对方思想僵化、难以说服时，运用数学计算的方法却可以顺利地达到目的。据刘向《新序·刺奢第六》载：

有一次，魏王要修建中天台，同时发布命令，有敢劝阻的，格杀勿论！一天许绾担着簸箕拿了铁锨进宫，对魏王道：“听说大王要建一座中天台,我愿添一把力。”魏王问:“你有什么力添呢?”许绾说:“我虽然没有力气,但是能够商量筑台的事。”魏王说:“你说吧!”许绾说:

“我听说天地之间相距15 000里,今天大王要筑一个半天高的台,就应当有7 500里高。像这样的高台,台基就得方圆8 000里,拿出大王的全部土地,还不够做台基。大王如果一定要造这个台,首先就要出兵讨伐各诸侯国,占领他们的全部土地。这还不够,再去攻打四面边远的国家,得到方圆8 000里的土地,才有了做台基的地方。积聚的建筑材料,众多的筑台苦役,仓库中储备的粮食,数目都要以亿为单位来计算。同时,估计方圆8 000里之外,还应当规定种植庄稼的面积,以供应造台的人食用。具备了这些条件,才能够动工建台。”

魏王默不作声,最后放弃了造中天台的打算。

魏王想造个半天高的台,在上面游玩。但经过许绾一番精确的计算后,认识到了其中的荒谬性,就只好放弃。许绾使用的就是数学计算术。

另外,当论敌用数学计算方式为其谬论辩护时,我们也可通过揭露对方数学计算方式的错误来加以反驳。比如:

清朝初期,有一年大旱,一位老农庄稼歉收,他前来找知县大人,想减征一些粮食。知县问老农:

“今年麦子收了几成?”

“三成。”老农回答道。

“棉花收了几成?”知县又问。

“两成。”

“玉米收了几成?”知县再问。

“两成。”

知县听完勃然大怒,一拍惊堂木道:“两个两成一个三成,加起来不就是七成了？七成的年景你居然敢谎称荒年？你抗交皇粮，给我拿下！”

这个县官计算农作物的收成方法是荒谬的。

事有凑巧，这种计算方法也出现在当今台湾地区的一档政论节目中。节目里，当主持人问到台军退将于北辰“天弓的拦截率有多高”时，于北辰表示：

“通常‘天弓’的拦截率一发是70%。为了以防万一，三发一起拦截，拦截率就是210%，一定拦得到！”

导弹拦截率不是这样计算的。从概率论的角度说，得出的概率必然是小于或等于1，或者说成功概率+失败概率=1。拦截率再高，也不可能超过100%。不可能三发导弹拦截一发导弹，结果拦截出两发来。

按照于北辰的计算方法，反过来测算，一发导弹不成功的概率为0.3，那么三发导弹不成功的概率为0.3×3=0.9，即90%不成功。三发导弹反而弱于一发导弹的成功率。既然如此，为何多浪费两发导弹呢？

于北辰这一奇葩计算方法招来两岸网友群嘲。许多大陆网友嘲笑说：

“怎么获得100℃的开水来泡泡面？很简单啊，找四杯25℃的水放一起，水肯定开了嘛。”

那么，导弹的拦截成功概率该怎么计算呢？

如果一枚“天弓”防空导弹的拦截成功概率为70%，那么失败概率即为30%，连续三发都失败的概率为：30%×30%×30%=0.027，也就是说三发“天弓”都没有拦截住的概率是2.7%，那么成功率=1-0.027=0.973，也就是97.3%。

如果不好理解的话，我们可以这样设想，进攻的导弹虽然是一枚，我们可以把这个导弹想象成由100个小导弹组成，第一枚“天弓”拦截了70个小导弹，但是有30个小导弹没有被拦住，第二枚“天弓”拦截漏掉的30个小导弹的70%，也就是21个，但又有9个小导弹被漏掉了，接着第三枚“天弓”上去拦截，9×0.7=6.3个小导弹被拦截了，但是有9×0.3=2.7个小导弹没有被拦截住，也就是说，三枚“天弓”过后，有2.7个小导弹没有被拦截到。这拦截失败的2.7个小导弹，占100个小导弹的2.7%，那么成功率就是1-2.7%=97.3%。

因而，计算结果应为，三枚导弹的拦截成功概率为97.3%，失败概率为2.7%。

74 数据换算

瀑布每小时的价值

数据换算术，就是把不易理解、枯燥乏味的数字变得具体可感、易于理解和掌握的事物形象的一种论辩方式。

数据可增强我们论辩语言的真实性，但它又往往是抽象的、枯燥的，通过对数据进行折算，便能化抽象为具体，化枯燥为生动，使我们的论辩语言具有非凡的说服力量。比如：

当年美国决定修建尼亚加拉大瀑布水利工程前，赞成与反对者论辩激烈。请看一位赞成者的一段辩词：

“我们听说在国内有几百万的民众是胼手胝足地过着日子，而且憔悴、显出营养不足的样子。他们缺乏面粉来充饥。可是，在尼亚加拉瀑布,每小时都要无形中消耗掉与25万块面包相等的瀑布能量。我们可以想象到:每小时有60万只鸡蛋,越过悬崖,变成一块巨大的鸡蛋饼,跌到湍流的瀑布中。如果从织机上织下来的白布能够有1 219米(4 000英尺)宽,它的价值也等于尼亚加拉瀑布所消耗的一样。……这是个多么惊人的巨大消耗啊!对于这个无形的消耗,有人主张拿出一笔款子来利用这一个巨大的水能,想不到也有人来加以反对呢!”

如果把尼亚加拉大瀑布的水力资源的价值用一个空洞的数字来表示,给人的印象也许并不深刻。论辩者采用数量换算这一形象化的技巧,把它每小时的价值转换成25万块面包、60万只鸡蛋、1 219米(4 000英尺)宽的布等等,这样就既浅显易懂,又使人感到触目惊心。又如:

“听说,光绪结婚时就耗费了白银550多万两。在当时,可买大米6亿多斤,相当于360多万贫苦农民一年的口粮。”

白银550多万两是个比较抽象的数字,运用数据换算,把它折合为360多万贫苦农民一年的口粮这一人人切实可感的数字,便形象地反映出封建帝王的挥霍程度。

使用数据换算术必须注意,换算前后的量应该是大体相等的,切不可夸张失实,否则,被对方发现反而会弄巧成拙,陷入被动。

75 史鉴法

风吹吴门女六千里

历史常常有惊人的相似之处。**史鉴法就是引用与现实有联系**

的或相似的史料，引古鉴今，论证我们观点的正确，使论敌放弃其错误主张的论辩方法。

据《贞观政要》载：唐太宗对一匹骏马特别喜爱，将它长期在宫中饲养。有一天，这匹马无病而暴死。太宗大怒，要把马夫杀掉。这时，长孙皇后劝谏道：

"从前齐景公因为马死的原因要杀马夫，晏子控诉马夫的罪行说：'你把马养死了，这是第一条罪状；你使得国王因为马的原因杀人，老百姓知道了，必定怨恨国君，这是你的第二条罪状；诸侯知道这件事，必定会轻视我们国家，这是你的第三条罪状。结果齐景公赦免了马夫。陛下读书曾见过此事，难道你忘记了吗？"

唐太宗听后，怒气全消，对皇后大加赞赏。

现实中唐太宗的马死了，唐太宗要处死马夫；历史上齐景公的马死了，要处死马夫，这是何等相似的现象！长孙皇后巧妙地引用晏子谏齐景公杀马夫这一史实，使唐太宗从愤怒中清醒过来，放弃了自己错误的主张。又比如：

清人陆以湉《冷庐杂识》一书中谈道：袁枚为江宁县县令时，城中有一姓韩的女子，被旋风卷到铜井村，离城九十里地。铜井村村民第二天送女子回家。韩女已嫁给东城李秀才的儿子为妻，李秀才不相信风能把女子吹到九十里外去，一定是韩女和别人有奸情，就向官府告状要求退婚。袁枚告诉他们说：

"古代有风吹女子到六千里外的事，你知道吗？"

李秀才不相信。袁枚就取来元朝郝文忠公的《陵川集》给他看：

"郝文忠公是一代忠臣，岂是肯用大话来欺骗人的人？当年风吹吴门女，最后此女子竟嫁给了宰相。恐怕你儿子没有这样的福分。"

李秀才听了，非常高兴，从此两亲家关系和好如初。

史鉴法往往选用与现实相似的史实两相比较，说服对方，有时也可选用与现实有联系但却相反的史实，正反比较，使对方警醒。

要用好史鉴法，就必须熟悉历史，历史似乎常常是漫不经心地重复了自己，在卷帙浩繁的历史典籍中，我们总是能够探寻到与现实相联系的史实，引古鉴今，往往能给人以深刻的启示。

76 法律为据

有法必依，违法必究

随着我国社会主义法治日趋完善，有法可依，有法必依，执法必严，违法必究已成为普遍要求。因而，**在论辩中，当发现对方有违法言行时，引用有关法律条文对其发动进攻，自然可以使我们的论辩语言具有摧枯拉朽之势，雷霆万钧之力，这就是法律为据术**。比如：

20 世纪 90 年代初，那时，由 1988 年 11 月 8 日第七届全国人大常委会第四次会议通过的《中华人民共和国野生动物保护法》颁布不久，《野生动物保护法》的宣传也不像今天那样广泛而深入人心，甚至当时有很多人对国家的这部法律一无所知。

有一天，某大学的两个女学生走进一家装饰华丽的个体餐馆。女学生甲翻开桌上的菜单，突然眼睛一亮："看！熊掌！每盘 20 元，来两盘怎么样？"

"人们都说熊掌名贵，价钱也不贵，OK！"

于是她们叫来了招待员，报上熊掌两盘，还要了些其他食品。

一会儿,菜上齐了。她们吃完之后,叫来招待员结账,招待员开出账单:

“一共4 025元。”

“什么?你没搞错吧?”学生甲几乎吓昏了。

“熊掌每盘2 000元,你看菜单。”招待员说。

学生乙翻开菜单一看,果然是2 000元,中间没小数点。这下她们急得几乎要哭了。这时,老板走出来,看了几眼付不起钱的女学生说:“没钱,就请将证件留下。”她们乖乖地交出了学生证。学生会出面跟老板交涉,看是不是能少收一点钱。老板斩钉截铁地说:“一分也不能少,如果三天之内不把钱付清,便立即向法院起诉。”两个女学生只得忍气吞声,多方筹措,凑齐4 025元,第二天把钱送去,赎回了学生证。

一星期后,有个律师知道这件事,决定为她们挽回损失。他叫这两名学生到餐馆向老板索取消费4 025元的发票,律师拿着发票来到工商局。他们研究了有关的法律条款后,便来到该餐馆。工商局的同志对餐馆老板说:

“有人指控你出售熊掌,违反了《野生动物保护法》,必须处以2万元罚款!”

老板想赖是赖不掉的,有刚开出的发票为证。老板耷拉着头,他的狼狈相不亚于一周前交不起钱的两个女大学生。他低声地说:

“我拿不出这么多钱。”

“拿不出钱就停止营业,吊销营业执照。”

“同志,事情是这样,我们这里根本就没什么熊掌,所谓熊掌都是用牛蹄筋冒充的。”老板供认道。

“既然你用牛蹄筋冒充熊掌,敲诈顾客,根据情节,也应罚款

2万元，同时将顾客的钱退回，另外还应赔偿1 000元的精神损失费！”

在以法律为武器的严厉进攻面前，老板只得乖乖地缴械投降。

今天，在国家法律的严厉打击下，“野味餐厅”已经很少见了。不过仍有极少数不法商家为谋取不义之财，为满足少数食客猎奇的需要，仍售卖野生动物。媒体也接连曝光了多起食用野味的案件，这仍需引起我们的高度重视。

77　就地取证

用现场的事物反击论敌

就地取证术就是及时抓住论辩现场的某些事物，用作论据论证我方观点、反击论敌主张的方法。由于这些事物都是论辩者在现场的所见所闻所感，是大家有目共睹的，生动具体，直观性好，一点就明，一说就透，因而具有很强的雄辩力量。比如，《百喻经》中有这样一则故事：

有许多人坐在一间屋子里，谈论某人的品行。其中有一个人说：“这个人其他方面都不坏，只有两样不好。一是喜欢发怒，二是做事鲁莽。”

不料此人正好经过门外，听到这话，勃然大怒，一脚踢门进去，挥拳便打那个说话的人，嘴里还叫道：

“我到底什么时候喜欢发怒！什么时候做事鲁莽！”

别的人都说道：“过去且不说了，现在不就证明了么？”

事实胜于雄辩。人们就地取证，证明了“这个人喜欢发怒，做事鲁莽”。

在1995年国际大专辩论会决赛关于“知难行易”的论辩中，正方南京大学队一开始就有这样一段陈词：

“洪荒久远的五十万年前，在我们脚下的这片土地上，生活着我们的祖先北京猿人。沧海桑田，斗转星移，告别了茹毛饮血的过去，他们学会了钻木取火。火的运用是跨时代的大发现。然而直到一百多年前，科学家才揭开了机械能转化为热能的规律，从而科学地说明了钻木取火的真正奥秘，这就无可辩驳地证明了我方的立场：知难行易。”

在论辩一开始，正方根据论辩赛在北京举行的这一事实，就地取证，以北京猿人学会钻木取火而直到一百多年前科学家才真正揭示钻木取火的机械能转化为热能奥秘这一事实，看似信手拈来，却又雄辩有力地论证了自己“知难行易”的观点。

运用就地取证术，必须熟悉论辩现场的情况，论辩现场的实际情况是就地取证术获得论据的唯一来源。

78 对方取证

荒唐的美国猿猴诉讼案

在论辩中，引用发生在对方领域的事例作为论据，论证我方观点，反驳对方的主张，这就是对方取证术。由于所引用的论据来自对方地域，是发生在对方身边的事物，对方无法否认它的真实性，因而在论辩中恰当引用，以子之矛，攻子之盾，给对方的打击将更为强烈。

达尔文在其科学巨著《物种起源》中，用进化论推翻了“神创论”，完成了人类认识自然界的一次飞跃。然而，在《物种起源》问世的第66年，达尔文逝世后的第43年，在号称最发达的美国，竟然发生了一场令人啼笑皆非的“猿猴诉讼案”。因在课堂上讲解达尔文进化论的被告，被推上了审判台，最后被处以100美元的罚款。

1925年5月7日，田纳西州戴顿镇地方政府向法院起诉，指控当地年轻的生物教员斯科普斯在课堂上讲授进化论，违反该州法律。控告书上这样写道：“要是人是由猿猴进化而来的，那么上帝干什么去了呢?”戴顿镇法院决定在当年7月10日开庭审理此案。

这一案件惊动了整个美国。开庭的这一天，许多有声望的教授、科学家都到庭就座，准备为被告辩护。100多名记者蜂拥而至，现场采访报道。人口不多的小镇顿时沸腾了起来。

原告的主要律师就是大腹便便、反进化论运动的领袖布莱恩。

布莱恩站起来，他一手挥舞着生物教科书，气壮如牛地谴责那些到戴顿来为被告辩护的科学家们：

“基督教徒认为上帝创造人，而进化论则确信人是从原生物演变进化而来的。《圣经》是决不会被那些千里迢迢而来的专家们赶出法庭的。他们妄想把人类祖先来自丛林的进化论，与上帝按其旨意创造人并安排于地球之上的理论，相互混淆，相提并论。”

话毕，他昂起头，两眼闪闪发光，脸上露出得意的神情。听众席上也爆发出一阵掌声。

被告的辩护人是著名的刑事律师克拉伦斯·达洛。达洛巧妙地向布莱恩反击：“众所周知，布莱恩先生可算是研究《圣经》的专家。作为《圣经》学术研究界的权威，他已名扬于世。”达洛的奉承话使法官愕然不解，使布莱恩也感到茫然。只听达洛话锋一转，选读了《创世纪》中的一段：

“上帝在第一天，创造了早晨和夜晚。请问布莱恩先生是否相信太阳是在第四天创造出来的？”

“深信不疑。”布莱恩回答说。

“那么，没有太阳，怎么会有早晨和夜晚的呢？”达洛随即追问。

布莱恩不停地擦着秃脑瓜上的汗珠，无言以对。人群里传出一阵阵笑声，就连那些虔诚的基督徒也抿嘴暗笑。达洛扫视了四周，步步紧逼，他问布莱恩是否相信夏娃的故事，布莱恩的回答当然是肯定的。

“上帝为了惩罚蛇，从那以后让蛇用腹部爬行，你相信吗？”

“当然。”回答又是肯定的。

“那么，你知道在这以前，蛇是怎样行走的吗？”

听众哄堂大笑，布莱恩则脸色铁青。

最后的判决是对被告斯科普斯处以 100 美元罚款，并偿付全部审判费用。美国南部地区的一些报刊都在大声欢呼着布莱恩的“胜利”，然而布莱恩本人却痛苦不堪，心力交瘁，仅仅在审判结束后的第二天就在这个小镇一命呜呼了。布莱恩可以说是被活活气死的，憋屈死的。

辩护律师达洛反驳布莱恩的巧妙之处就在于，以对方所崇拜的《圣经》为据，连连发问，驳得对方窘态百出、哑口无言，引来观众哄堂大笑。

2012 年伦敦奥运会上，中国小将叶诗文凭借强劲实力，力夺 400 米和 200 米混合泳金牌，还打破了奥运会纪录。记者会上，一个美国记者不怀好意地问：

“你今年只有16岁，竟然力挫众多比你年龄大的名将，年龄这么小，竟然独得两枚金牌，你是否服用过对提高成绩有帮助的药物？”

叶诗文机智地反问对方：

“如果年龄越大就越有实力，那七八十岁的老太太应该比我们更有优势！如果独得两金就要怀疑是服用禁药，那你应该去问问你们国家的菲尔普斯，他上届奥运会一个人拿了八枚金牌，嫌疑岂不是更大？”

美国记者嫉妒叶诗文为中国独得两金，质疑她服用违禁药物。聪明的叶诗文巧借对方的“美国骄傲”菲尔普斯独得八金为例，有力反击了美国记者的无礼挑衅，美国记者只好讪讪而退。

一个论辩者想要成功地运用好对方取证的技巧，论辩前就必须广泛搜集发生在对方有关方面的与辩题有关的材料，诸如对方的地理风貌、自然景物、风俗习惯、历史发展、社会生活、文学艺术等。这样，在论辩的激烈对抗中，己方因灵感的突然爆发需要引用对方的材料时，才能得心应手、运用自如。

79　现身说法

刑场自首的盗墓者

现身说法术就是用自己的亲身经历和体验晓谕对方，取得论辩胜利的方法。此术由于所叙述的都是自己的亲身经历和切身体会，因而比引用其他事物更具强大的雄辩力量。

具体来说,该怎样现身说法呢?

(1)现身说法,可以用自己的亲身经历来晓谕对方。

据《太平广记》载:唐朝僖宗光启至昭宗大顺年间,褒中县有个盗贼掘人坟墓,盗走大量的殉葬财物。案发之后,长期不能破获。州府多次催促县衙,捕役们于是抓了一个嫌疑犯严加审讯,可审讯一年多仍不得其实,于是县衙屡次动用严酷的刑罚,把那个人打得死去活来。嫌疑犯承受不住,只好供认盗墓罪行,并且还由他的家属交出了一批赃物。上下官吏都认为证据确凿,决无讹误,准备开刀问斩。行刑之日围观群众甚多,验明罪犯正身之后,便要将罪犯处死。这时,忽有一人从旁观人群中挺身而出,挽起衣袖,大声疾呼:

"王法昭彰,难道允许滥杀无辜吗?真正的罪犯本来是我。我深居众人之内,你们拿获不到,这个人有甚罪恶,偏要处他死刑?你们刀下留人,赶快把他放掉!"

这个人同时又拿出盗墓所得赃物,经过检验,与所失物品相同。出了这样一件奇事,在官府中引起极大的震动。案件上报朝廷后,皇帝下达命令,对原办官吏严加惩罚,释放了被冤枉的嫌疑犯,并录用那位刑场自首的人,让其在衙中任职。

这个人现身说法,用自己的亲身经历直接反驳了官府加在这一无辜百姓头上的罪行,有力地证明了这一百姓的清白,真是一言重于九鼎啊!

(2)现身说法,有时也可以用自己的某种切身体验来作证。

比如,在2003年国际大专辩论会关于"爱与被爱哪个更幸福"的论辩中,反方新加坡国立大学队吴天同学一开场便娓娓说道:

"当我第一次看到爱与被爱这个题目的时候,萦绕在我脑海里的一直是我的父亲。小时候冬天很冷,父亲总是为我焐热被窝,自己却冻得直哆嗦。我睡着了，还爱蹬被子，父亲就半夜爬起来帮我盖被子，这个习惯甚至一直持续到我长大，一直到我出国念书，他还时常从梦里惊醒，然后站在我空空的床前发呆。其实我的父亲很普通，可是他那深沉的父爱，真的让我觉得自己就是世界上最幸福的人。”

吴天同学所叙述的“父亲为自己盖被子”是她亲身经历的日常生活中极为普通的一件小事，但在她以朴素平淡的语言对这件小事的叙述中，却又洋溢着深沉的父爱之情，使得在场的每一位观众的心灵都受到强烈的震撼。

又如，在首届国际华语大专辩论会关于“温饱是谈道德的必要条件”的论辩中，在紧张激烈的自由辩论之后，反方复旦大学队四辩在总结陈词中说道：

“谢谢主席，谢谢各位。经过刚才的一番唇枪舌剑，我的肚子的确有些饿了，但是我仍然要把道德问题谈清楚。”

四辩巧借当时“不饱”的身体状态但仍坚持把道德问题说清楚，现身说法，又一次论证了自己的“温饱不是谈道德的必要条件”这一论点，论证得妙趣横生，恰到好处。

(3) 现身说法，有时还可以直接用自己的身体作证。

自己的身体证据确凿，不容置疑。比如，有一次，著名作家刘绍棠在某地演讲，有人发问：

“共产党这么英明伟大，为什么就不能容纳一点点自由化的东西呢？”

听罢此言，刘绍棠“呼”地站起来，大声问道：“你们看我身体怎么样？”

大家见他身材魁梧，红光满面，都说：“棒！”

“尽管我刘绍棠如此壮实，但是，要让我吃一只死苍蝇，我决不！”

这绝妙的答辩，顿时博得热烈的掌声。

刘绍棠以自己的身体作比，现身说法，说明了共产党与自由化的东西格格不入的道理，对对方论点的反驳既幽默风趣又生动有力。

80 引用名言

安乐死案的律师辩护词

引用名言就是引用名人的言论、经典著作中的语句作为论据，用来论证自己观点的正确性，驳斥对方立论的谬误的论辩方法。

名人的言论、经典著作中的语句，往往包含着深刻的哲理，是被大家公认为正确的，具有权威性。一个论辩者往往会根据人们信仰权威的心理倾向，借助于权威人士的言论来增强自己论辩语言的说服力量。

比如，在长虹杯全国电视辩论赛关于“人类社会应重义轻利”的论辩中，正方南京大学队的一节辩词如下：

“人之所以为人，以及人的自我完善从来就离不开社会的义。早在两千多年前，亚里士多德就以其深邃的思辨力告诉我们：‘人如果一意孤行，目无法律和正义，就会成为禽兽中最恶劣的禽兽。’与此相呼应，我国的荀子也感悟到：‘禽兽有知而无义，人有知且有义，故最为天下贵也。’如果人类在混沌之初，就抛弃了重义轻利的精神，那么今天，恐怕我们的辩论场还只是一座侏罗纪公园哪！”

正方队为了论证自己的“人类社会应该重义轻利”的观点，引用了古希腊伟大哲学家亚里士多德和中国古代著名思想家荀子的言论，说明了有义与无义是人与禽兽的根本区别，人如果无义，甚至连禽兽也不如。正方队由于恰当地引用名言，因而对自己观点的论证逻辑严密、雄辩有力。

即使是在严谨、理性的法庭辩论中，论辩一方引用权威名言有时也可以取得极好的论辩效果。比如：

1990 年 3 月 15 日至 17 日，在陕西省汉中市人民法院公开审理一起轰动中国法律界的“安乐死”刑事案件的法庭辩论中，原先从医而后改行的律师张赞宁毛遂自荐为被告人蒲连升、王明成做义务辩护，并且是作无罪辩护。请看辩护词结束语中的一节：

“让我用恩格斯在马克思逝世后的第二天，致他的亲密战友弗・阿・左尔格的一段话，作为我的结束语吧：‘医术或许还能保证他勉强活几年，无能为力地活着，不是很快地死去，而是慢慢地死去，以此来证明医术的胜利。但是，这是我们的马克思绝不能忍受的……受着唐达鲁士式的痛苦，这样活着对他来说，比安然死去还要痛苦一千倍……不能眼看着这个伟大的天才像废人一样强活着，去给医学增光……’”

在关于“安乐死”中国至今尚无任何立法的特殊背景下，张赞宁律师以革命导师的人生观、生命观作为其论辩理论的支撑点，寓意委婉，感情真切，并表达了他呼吁有关“安乐死”的肯定性的强烈情感，有着其独特的论辩效果。

1991 年 4 月 6 日，汉中市人民法院作出一审判决，宣告蒲连升、王明成二人无罪。1992 年 3 月 25 日，汉中地区中级人民法院二审裁定，维持一审判决。

使用引用名言术必须注意的是，名言必须和我们的论辩有联系，引用名言不能歪曲原意，不能断章取义。

81 借助权威

石动筒舌战大德法师

权威是永远具有魅力的，信仰权威是人们最自然的一种心理倾向。**在论辩的双方对垒中，根据人们对权威信赖的心理定式，借助权威人物来增强我方观点的说服力，反驳对方的主张，这就是借助权威术**。借助权威术可使我们的论辩语言具有不可抗拒的雄辩力量。

在封建社会中，皇帝就是最高的权威，对于不管如何狡猾的诡辩者，只要抬出皇帝这一最高权威，对方便会立即偃旗息鼓、缄口不言。

比如，北齐高祖的时候，有位大德法师，极喜诡辩。一次，他立了个"无一无二"的诡辩命题，声称世界上既无一的东西，也无二的东西，难住了许多著名的儒生学士。高祖听说有位名叫石动筒的人，很善辩论，于是请来与大德法师论辩。

石动筒在座前把衣服提起，问法师："看弟子有几只脚？"

法师："两只。"

石收一脚独立，另一脚后翘，又问："再看弟子有几只脚？"

法师："一只。"

石问："方才是两只，现在又是一只，怎么能说无一无二呢？"

法师立即回答："若说有两只脚是真的，就不应有一只脚；如果说有一只脚，那明明两只脚就不是真的。"

石动筒紧逼不舍，追问道："如果你认为你的论题能站住脚，那我再往下问你，你可不能不回答呀！弟子听说一天不会有二日，一国不会有二君，你能说无一吗？易有乾坤，天有日月，皇后配天子，这就是二人，你能说无二吗？"

法师只好"嘿嘿"一笑，不好再说啥了。尽管法师的辩术层出不穷、无奇不有，而一旦抬出皇帝的权威，他就无可再辩了。

82 借用故事

陈轸一则故事退敌

在论辩中，适当运用一两个妙趣横生、意味隽永的故事，往往能使人们在对故事的生动情节和感人形象的审美享受中获得深刻的启迪，增强我们论辩语言的说服力量，这就是借用故事术。请看《战国策》中的一则记载：

楚怀王有个大将昭阳，率领军队攻打魏国，把魏国打得大败，夺得8座城池，继而又移兵攻打齐国。在大军压境的关头，陈轸受命于齐王，前往拜见昭阳。

见到昭阳以后，陈轸向昭阳取得的赫赫战绩表示祝贺。接着，陈轸又问昭阳："楚国的法令，大败敌人的，可以获得什么官爵呢？"

"官为上柱国，爵为上执珪。"昭阳说。

“比这更高贵的是什么呢?”

“只有令尹了。”

陈轸说:“令尹是很高贵的,可是国王不会设置两个令尹。你愿听我讲一段故事吗?”

“行,你讲吧!”

于是陈轸便讲了起来,楚国有一个贵族在祭神之后,赏赐给门客们一壶酒,门客们说:“几个人喝它不够喝,一个人喝它又有余,这样吧,请大家在地上画蛇,先画成的先喝。”有一个人画好了蛇,拿起酒准备喝,见别人还没有画好,说:“我再给蛇画上几只脚。”脚还没画好,人家就画好了,夺过他的酒说:“蛇本来是没有脚的,先生怎么给它添上脚?”结果,那个先画好蛇的没喝上酒。

陈轸讲完了这个故事后,又对昭阳说:

“你攻打魏国,大获全胜,有这样的战绩做个大官足够了。如果你认为自己战无不胜而不适可而止,那么你还没有得到官爵就有可能战死沙场了。这和那个画蛇添足的人差不多。”

昭阳认为讲得有道理,于是拔军而去。

在齐国大军压境的危急关头,陈轸凭着他的三寸不烂之舌,利用一个精彩的故事,便说得昭阳拔军而去,解除了齐国之难。从中我们可以看出故事的雄辩伟力是不可估量的,正如刘勰《文心雕龙》中所说:

“三寸之舌,强于百万之师。”

由于故事采用的是形象思维的方法,有着具体的形象和感人的情节,有时坚甲利兵无法抵御敌人的进攻,巧用寓意深刻的故事,却可大获全胜。又如:

梵帝冈的花园里,有个商人愿意捐款,条件是要教皇改一句话。

商人:“100 万行不行?”

教皇:“不行!”

商人:“500 万行不行?”

教皇:“不行!”

商人:“1 000 万行不行?”

教皇:“不行!”

商人只好退去,这时一个侍者走到教皇身边说:“教皇,您为什么不答应他,1 000 万对我们来说可不是个小数目!”

教皇说:“你不知道,我不可能答应他!他要我每次在祈祷完之后不说‘阿门’,改说‘可口可乐’!”

美国各种报刊纷纷转载这一则幽默风趣的故事,这样就为可口可乐做了一次免费广告。

83 借用俗语

养儿不读书,不如养头猪

俗语是通俗并广泛流行的定型语句,其中大多数是由劳动人民创造出来的,反映人民的生活经验和愿望,具有简练、形象、生动的特点。在论辩中恰当地引用俗语,可以产生一种幽默风趣、出人意料的论辩效果。**论辩场上,在我们行云流水般的辩词中巧妙地引用人们熟悉的俗语,以言简意赅的俗语作为我们立论的基础,能使人们对我们的论辩深信不疑,增加对方反驳的难度,这就是借用俗语术。**

比如，在首届国际华语大专辩论会关于“温饱是谈道德的必要条件”的论辩中，反方复旦大学队在论证自己“温饱不是谈道德的必要条件”的观点时有这样一段辩词：

“即使温饱了、富足了，道德水准也并不会自然而然地就得到提高，有时甚至会倒退。中国就有句古话，叫做‘饱暖思淫欲’，而古巴比伦王国、罗马帝国的由盛及衰，正是由于举国上下，不重视道德修养与道德教化、物欲横流的恶果。日本可算是富甲天下了吧？但是政坛丑闻却不绝于耳。竹下登被贿赂蹬下了台，宇野宗佑被美色诱下了水，而金丸信呢，终究未能取信于民。”

这段辩词就是专家会诊时，在专家提出“饱暖思淫欲”这一俗语的基础上撰写出来的。它雄辩地说明了，不仅在前温饱阶段要谈道德，在后温饱阶段也应谈道德，进一步地强化了“温饱不是谈道德的必要条件”的论点。

又如，1995 年国际大专辩论会由于赛场设在北京，因而各国代表都特别注意引用中国俗语来论证自己的观点。在“治愚比治贫更重要”的论辩中有一节辩词：

反方：“中国政府也说，生存权、温饱权是人的第一权利，对方同学请回答。”

正方：“对方辩友对中国的事那么感兴趣，因而请问对方辩友，治贫会比治愚更重要，那么中国人会说：养儿不读书，不如养头猪。”

正方新加坡国立大学队巧引中国俗语，极言治愚的重要性，一言重于九鼎。

正因为俗语体现了一种人们对生活经验的精练概括，因而一个辩手尤其是外国辩手在论辩中引用对方地域俗语，往往能拉近自己与观众的心理距离,引起观众情感的强烈共鸣,博得人们热烈的掌声,发挥出神奇的论辩威力。中外辩手都不约而同地注意到了这一点。

要想通过借用俗语术取得预期的论辩效果,就必须注意俗语的思想性。有些俗语不可避免地打上了当时统治阶级思想的烙印,如果生搬硬套,便有可能适得其反。

84 借用诗词

妾身非织女,夫倒会牵牛

诗词是一种有着强烈的激情、奇特的想象、精练的语言和鲜明的节奏的文学样式,借用诗词的形式来论辩取胜的方式,就是借用诗词术。在论辩中,借助于诗词的形式,可以为我们的论辩语言增添艺术感染力。

当年曹植七步成诗就是诗词论辩取胜的典型。

三国时候,曹丕当了魏文帝,为了巩固自己的权位,对自己的同胞弟弟曹植(字子建)进行了一系列的迫害,总想找个借口把他杀掉。一天,曹丕召曹植进宫,限令他七步内作诗一首,并要求以兄弟为题,表现兄弟关系,却不许出现"兄弟"字样,如果作不出,就当处死。曹植面临生死关头,十分镇静,略为思索,便满含悲愤地吟诵起来:

"煮豆持作羹,漉豉(一作'菽')以为汁。

萁在釜下燃,豆在釜中泣。

本是同根生，相煎何太急。”

吟诵完毕，还未走完限定步数。

诗人这里借助诗的形式，运用借喻的手法，通过豆萁与豆相熬煎这一艺术典型的刻画，间接地表达了兄弟之间骨肉相戕的残酷性，也流露了自己遭受迫害的炽烈的怨恨之情，具有强烈的艺术感染力。由于诗歌符合曹丕的要求，曹丕无可奈何，只好放了曹植。又如：

据明代李诩《戒庵老人漫笔》记载，有个男子偷了别人的牛，人赃俱获，被扭送官府。然而小偷的妻子有诗才，写了一首诗，入县衙恳求赦免她因盗牛犯事的丈夫。知县叫她呈上诗来，农妇上诗曰：

“洗面盆为镜，梳头水当油。
妾身非织女，夫倒会牵牛。”

妇人诗歌诉述了自己家境的贫寒：家中买不起镜子，只好以洗面盆盛水为镜；买不起油来护理装扮头发，只好用水来当油使用。又以“妾身非织女”引出“夫倒会牵牛”的妙句，表达了对丈夫犯事的悔罪之情。知县顿生怜惜，于是免去她丈夫的牢狱之灾，让她领丈夫回家。

要运用好借用诗词术，就必须具有深厚的文学修养，特别是在一些对诗或即席赋诗的场合更是如此。

再请看唐代大诗人李白的一次论辩。

有一天，朝廷召集李白等一班翰林学士赋诗唱和，李白推说身体有病不肯吟诗。皇帝的舅子杨国忠便搬弄是非道：“曹子建七步成诗，李翰林作诗驰名，如能像曹子建那样，我定五体投地！”李白说：“作得出来又怎样？你赌什么？”杨国忠说：“我出题，只要你李翰林七步成诗，圣上和在场各位称好，我就输半帑金银与你。天子面前无戏言!”帑是钱库，拿半库金银打赌，就连皇帝也皱起了眉头。李白趁机便说：“那好，请国舅出题吧!”

杨国忠说：“就以‘天子面前无戏言’为起句，你作诗吧!”李白随即起步吟道：

“天子面前无戏言，半帑金银重如山。
国舅不会点金术，何来家私万万千?”

一首七言诗吟罢，李白只迈出三步半，在场众人齐声喝彩：“好诗!”这时，李白又启步吟出七言诗一首，博得众人更高声的喝彩：

“李白出身最寒微，家徒四壁少吃穿。
赢得国舅不赊欠，天子面前无戏言。”

没容杨国忠开口，李白要起账来了。杨国忠窘得恨不得地下裂开一条缝，好立刻钻进去。

曹植七步成诗一首，李白七步成诗两首，不愧是一代诗仙。

借用诗词术在古代用得较多，在我们今天的日常生活中较少运用，但在我们的论辩中引用古今中外的诗词名句却并不少见。论辩中恰当地引用中外名家的诗词名句，同样也可为我们的论辩语言增添诗的色彩。

85　未来施辩

新生婴儿有什么用呢?

所谓未来施辩术就是在掌握事物发展规律的基础上，对未来作

出科学的预测,通过揭示事物未来发展的必然趋势来进行论辩的方法。

一天,法拉第为了证实"磁能产生电",在大厅里对着许多宾客表演,只见他转动摇柄,铜盘在两磁极间不停旋转,电流表指针渐渐偏离零位,客人们赞不绝口,只有一个贵妇人不以为然,取笑法拉第说:

"先生,这玩意儿有什么用呢?"

"夫人,新生的婴儿又有什么用呢?"法拉第把手放在胸前,欠身回答。

人群中爆发出一阵喝彩声。

法拉第这里使用的就是未来施辩术。他不是针对电的现状来论辩,而是把它引申向未来,它就像婴儿一样,现在看不出有什么用处,但它的未来却有着强大的生命力。他的预言已完全被科学所证实。

未来之所以可以预测,这是因为,事物的发展是有规律性的,以此为根据进行论辩,当然就具有雄辩的说服力。又如:

春秋末年,晋国赵简子乘车上山游猎。车子艰难地爬行在崎岖的羊肠小道上,众臣都使劲地推车,个个汗流浃背,独有一个叫虎会的大臣,不但不推车,还边走路边哼着歌。赵简子坐在车上很不高兴:

"我上羊肠山道,群臣都来推车,唯独你边走边唱不出力,这是你做臣子的欺侮君主啊!臣欺君,该当何罪?"

"臣欺君,罪该死而又死。"虎会说。

"什么叫'死而又死'?"赵简子问。

"自己身死,妻子又死,这叫死而又死。"虎会说到这里,把话锋一转，紧接着对赵简子说，“现在你已经知道了为人臣欺主的应得之罪，那么，你是不是也想知道做君主的轻慢臣下的应得之罪呢？”

“君主轻慢臣下，又该怎么样呢？”

“做君主的欺侮轻慢他的臣下，久而久之，必然会出现这样的局面：有智慧的不肯出谋划策，没有远虑，必有近忧，国家自然就会灭亡；能言善辩的不肯做使臣，咫尺天涯，难通有无，就不能与邻国通好；能征善战的不肯破阵杀敌，将颓兵衰，弱肉强食，边界就会遭到侵犯。君主轻慢了群臣，内政、外交、国防都无人出力，败亡的局面就会随之到来，那时便会国将不国了呢！”

虎会的话，惊得赵简子通身汗湿，他如梦初醒般说：“好，好，说得好！”

赵简子急忙下令不再叫群臣推车上山了，然后摆酒设宴，与群臣会饮。

在这场论辩中，虎会高瞻远瞩，对未来的必然发展作出了科学的预测，辞富理壮，说得赵简子浑身汗湿，幡然悔悟，充分显示了未来施辩术的强大威力。

86　动之以情

林肯为烈士遗孀的辩护

人是有情感的。人类的情感就是对客观事物的好恶倾向。一个人的情感产生后，明显地表现于外部的表情之中，它又作为一种情绪刺激，被别人体验着，潜移默化地影响着别人，这就是情感的感染性。感染可以引起人们相应的情感体验,影响人的行为以及观点的变化。因而**一个论辩家要想让对方接受和信服自己的观点,不但要掌握真理,而且要善于将真理寓于情感之中,以取得最佳的论辩效果,这就是动之以情术**。

请看美国律师林肯为烈士遗孀的一次法庭辩护:

有一天,一位老态龙钟的妇人来找林肯律师,哭诉自己被欺侮的事。这位老妇人是美国独立战争时期一位烈士的遗孀,就靠抚恤金维持风烛残年。前不久,出纳员竟要她交付一笔手续费才准领钱,而这笔手续费却等于抚恤金的一半,这分明是勒索!素有修养的林肯听后怒不可遏,决意要为铲除人间邪恶奔走呼号,还民众以公道。他安慰了老妇人,决心要打赢这场官司。

林肯在出庭前,大量阅读关于华盛顿的传记和革命战争史,大大加深了他对革命战争的思考和对烈士们的强烈怀念。法庭开庭了,因为那个狡猾的出纳员是口头进行勒索的,这样原告证据不足,被告矢口否认,情况显然不妙。轮到林肯发言了,上百双眼睛紧盯着他,看他有没有办法扭转形势。

林肯用婉转的嗓音,首先把听众引入对美国独立战争的回忆。他两眼闪着泪花,用真挚的感情述说革命前美国人民所受的苦难,述说爱国志士是怎样揭竿而起,又怎样忍饥挨饿地在冰天雪地里战斗,为浇灌"自由之树"而洒尽最后一滴鲜血。突然间,他的情绪激动了,言辞有如夹枪带剑,锋芒直指那个企图勒索烈士遗孀的出纳员,最后,他以巧妙的设问,作出令人听之怦然心动的结论:

"现在事实已成了陈迹,1776 年的英雄早已长眠地下,可是他们那衰老而可怜的遗孀,还在我们面前,要求代她申诉。不消说,这位老人以前也是位美丽的少女,曾经有过幸福愉快的家庭生活,不过她已经牺牲了一切，变得贫穷无依，不得不向享受着革命先烈争取来自由的我们请求援助和保护，试问，我们能熟视无睹吗？”

发言至此结束，听众的肺腑早被感动了，有的捶胸顿足，扑过去要撕扯被告；有的眼圈泛红，为老妇洒下同情之泪；有的还当场解囊捐款。在听众的一致要求下，法庭通过了烈士遗孀不受勒索的判决。

律师林肯在这场辩论中，面对这场没有凭据的官司，他通过唤起人们对烈士的敬仰和对烈士遗孀的同情，深深地打动了人们的心，最终取得了论辩的胜利。这里使用的正是动之以情术。

再请看下面一则案例：

在一个寒冷的冬天，23 岁的美国姑娘康妮过马路时滑倒，一辆汽车刹车失灵，将其卷入后轮碾压。这一起严重的交通事故，导致康妮四肢截肢，身体只剩下躯干。她多次提起诉讼，要求这家汽车公司赔偿，但因说不清究竟是不是自己滑入后轮，屡遭败诉，濒临绝望。

著名的女律师詹妮弗听说后，主动施以援手，为康妮担任代理人。代表原告要求汽车公司赔偿康妮 500 万美元。

被告代理人是久经沙场的马格雷律师。

“康妮是想敲诈阔佬！”马格雷听后激动地说，“我们同情她的遭遇，她却想利用别人的同情来进行敲诈！康妮为什么今天不来法庭？就是因为她不敢面对大家！她知道自己的做法是不道德的。”

“我的同行已经告诉诸位，康妮今天没有到庭，这话没错。”詹妮弗指着原告席上空着的位子说，“如果出庭的话，那便是她坐的地方，不过不是坐在那张椅子上，而是坐在一张特制的轮椅中……马格雷先生多么能言善辩啊！一个缺臂短腿的姑娘竟然敲诈起一家拥有数十亿美元资产的汽车公司,这实在使我感到难过。这个女孩此刻正在家里张望着,她爱财如命,一心等着接到一个电话,通知她已经成为富翁吗?”说到这里,詹妮弗的声音突然变得低沉,“可是她成为富翁以后能干什么呢?上街去买钻石戒指吗?可她没有手啊!买舞鞋吗?她没有脚啊!添置她永远无法穿的华丽时装?购置一辆高级轿车把她送到舞会上去吗?可谁也不会邀请她去跳舞啊!请诸位想一想吧,她用这笔钱到底能换取什么欢乐呢?”

随着詹妮弗的诉说,应她的要求,大屏幕上开始放映康妮伤残生活里一天的影片。这是一个真实残忍的影片,年轻标致的康妮姑娘,无手无脚,早上被人从床上抱起,背到厕所,像一个不能独立的婴孩似的由人帮着洗漱、沐浴、喂食、穿衣……影片中满是极尽悲惨、可怜的康妮生活形象。随着片子的放映,法庭上响起了哭泣声、跺脚声和责骂声。被告律师马格雷呆坐着,没有再说一句话。而此时,詹妮弗陈述的语气依旧平静而真诚:

“相信在座的人大多数没有见过500万美元吧!我也没有见过。但是,如果我把500万美元的现钞赠给你们中的任何一位,而作为交换的条件,是砍去你的双手和双脚。这样,500万美元还算得上一笔可观的收益吗?”

最后,陪审团经过长时间的讨论后,判给高于原告诉讼请求的赔偿数目——600万美元。法庭上顿时欢呼声震耳欲聋,詹妮弗也不禁热泪盈眶。

白居易说“动人心者,莫先乎情”,詹妮弗论辩取胜的很重要的一方面是自身情感的融入。她描述着康妮的轮椅;她正话反说康妮贪财;她用大屏幕让大家看到了康妮的不幸,人们将心比心,“法庭上响起了哭泣声、跺脚声和责骂声”……而陪审团在詹妮弗的引导下，把赔偿数额追加到600万美元。

使用动之以情术必须注意：自己要有对真理执着追求的精神，对论辩问题有切肤之感，也就是说自己的主张首先要感动自己，然后才能感动别人。如果有些主张自己也不十分相信或不受其感动，却想要感动别人是办不到的。另外，如果企图通过激起听众对自己的同情和对他人的厌恶，诱使听众仇恨对方，同情自己，支持自己错误的主张，这就势必会导致诡辩。

87 劝之以利

梁朝将士盔甲的诱惑

在论辩中，针对对方的心理特点，分析某事件的利益好处，从而达到激发或中止对方某种行为的目的，这就是劝之以利术。

公元910年秋，梁太祖朱温（即位后改名朱晃）派大将王景仁统领七万军众向赵地进攻，赵王王熔派人向晋王李存勖求援。李存勖亲自领兵至野河北岸，隔河同梁军对阵。晋军见野河南岸梁军兵多将广，武器精良，盔甲光耀照人，旌旗遮天蔽日，一派威风凛凛、傲然不可侵犯的气势，不由得望而生畏。晋将周德威见士兵们窃窃私语，一个个神色忧郁不安，早已知道了原委。于是召集部属，鼓励大家说：

“梁军虽多，可全是些挑担贩卖的流浪汉，别看他们穿得整齐，却没有打仗的本领，不过是些绣花枕头罢了。我军兵力虽少，可是诸位一向英勇善战，足能以一当十。听说梁朝将士的盔甲，一件就价值纹银数十两，捉得一个就能发财致富，数万盔甲披在这些人身上,实在是一大批可观的宝贝啊,你们可不要失去发财致富的机会哩!”

经过鼓动利诱,晋军士兵怯战的情绪一下子被求战的呼声所代替。周德威选得精骑千人,针对梁军的弱点,突然发起攻击,俘虏敌军百余人,奖励了有功的将士,全军士气大振。

晋将周德威鼓舞士气,就是以“梁朝将士的盔甲,一件就价值纹银数十两,捉得一个就能发财致富”来达到目的的。

心理学认为,人有各种需求,包括生理的需求,安全和寻求保障的需求,爱与归属的需求,获得尊重的需求,自我实现的需求,认识和理解的需求,美的需求,等等,这些需求是人的行为的内驱力,而趋利避害是人的需求的心理表现,也是劝之以利术的理论基础。

88 晓之以害

你忍心你老婆年轻守寡?

晓之以害术,就是向对方揭示某种行为的严重后果,从心理上威慑对方,使对方放弃其错误主张的方法。

某村曾发生这样一件事:

村民张小秋的父亲进城卖菜,不慎被本村运输专业户的拖拉机撞成重伤,经抢救无效死亡。小张的母亲悲痛欲绝,趴在遗体上哭嚎着;乡民们无不洒下同情的眼泪,并对司机严厉指责。张小秋更是悲愤交加,一怒之下从家里拿把菜刀,要砍司机为父报仇,大家见他急红了眼,没人敢拦,司机吓得直打哆嗦。就在这要出人命的当口，民调员赶来了，只见他往张小秋面前一横，威严地喝道：

“有理说理，不准动手！把刀放下！”

说着上去一把捉住了小张的手腕，小张不依，还往前扑，声称：“杀了他，我也不活了！”民调员厉声喝道：

“你爸刚死，你也不活了！你死了，剩下你娘谁来养活？再说，你忍心叫你老婆年纪轻轻就守寡，孩子没爹？”

民调员声色俱厉，专拣最震耳、最钻心的话往外讲，直说得小张猛一愣怔，菜刀“当啷”一声落了地，小张抱头大哭起来。民调员又缓和口气说：“司机一不是坏人，二不是仇人，他也是一时的闪失，加上你爹耳背……不管怎么说，出了事咱们得依靠政府，按法律办。眼下你应该好好安慰你妈，把你父亲安葬了……”

一场即将发生的人命案就这样平息了。

民调员根据小张“杀了他，我也不活了”的话，揭示了其可能产生的触目惊心的恶果，终于制止了小张的鲁莽举动，这里使用的就是晓之以害术。

黄兴的一次脱险也是如此。

有一次，黄兴在长沙发动群众，约定某晚起义。不幸的是机密被泄露了。湖南巡抚下令关闭城门进行搜捕，隐匿者同罪。黄兴无处藏身，处境非常危险。在万分焦急的时刻，忽见一商店有许多花轿仪仗，供结婚迎亲者租用。黄兴便面见店主，直接承认自己是黄兴，想唤起他对革命的支持，无奈店主怕惹是生非，怎么说都不肯。黄兴没法，只好使出一个绝招。黄兴大喝一声：

“今天巡抚下令关闭城门搜捕我，势必抓到我，我如果被捕，一定说你是我的同党！你想免祸的话，就用花轿抬着我，配上仪仗和鼓手送我出城，只要我脱了险，加倍付给你工钱。”

话说完，店主只好照办。

黄兴晓之以害，虚构出对方是自己同党的事实，这是令对方有口难辩的事，结果黄兴凭借自己高超的智慧和杰出的口才，化险为夷，安然脱险。

89 喻之以理

蛮横的女护士低下了头

有很多论辩方法只能服人之口，不能服人之心，即可以驳得对方张口结舌、哑口无言、无辞以对，但对方内心却并不一定信服。要达到既服人之口，又服人之心的目的，就必须摆事实、讲道理，通过详尽的、严谨的、全面的说理才能奏效。**喻之以理术就是着重以全面、系统、严谨的说理来说服对方，取得论辩胜利的方法**。

这是发生在当年某医院护士值班室的一幕。

一个女护士忙着收拾打扮，准备下班。一位农村来的病人因病情发作，疼得直冒冷汗，来找护士给他打医生已经开过方的止痛针。这个女护士见快要下班又来了病人，十分恼火，拉长了脸说："你这么急干啥？告诉你离上火葬场还有一截子路呢！我可马上要下班了，等换班的人来了再打！"

那位病人听了气得直哆嗦，不禁哭丧着脸说："我们打老远的地方来这儿看病，多不容易，想不到你这姑娘态度这样差，真叫人寒心哪！你这是在我的伤口上撒了一把盐啊！"

这个护士听了这话不但不收敛，反而声色俱厉地尖声骂道："你真是瞎了眼了,谁请你来的?我们医院又不缺你这痨病鬼,你嫌我态度差,你滚出去找好的去呀!"

病人们都围了过来。在门口看了多时的检察院干部走到护士面前,温和地说:"护士同志,你快要下班了,这是事实;你要在下班前准备一下,这也情有可原。但是,你毕竟是护士,是救死扶伤的护士,更何况还没有下班。假如你处在病人的位置,设身处地地想一想,你应该觉得,你这样对待病人的态度是很不应该的,也是医护人员的职业道德和工作纪律所不允许的。"

一席话,说得女护士脸红一阵白一阵。一会儿她眼珠一转,又张开嘴开始回击:"我看你是狗咬耗子——多管闲事。"

检察院干部义正辞严地说:"请你千万别忘了,我们的医院是人民群众自己的医院,医生和护士应当是全心全意地为人民服务的白求恩和南丁格尔。你作为护士,只有尽心尽职救死扶伤的义务,而决不拥有对病人不负责任、耍态度、耍特权的权利!如果你觉得在这儿憋气、难熬,辞职不干的大门始终是敞开着的。但你既在这里工作,又在工作时间内,却恶语伤人、不尽职守,这不仅令人失望,而且是令人愤慨了。护士同志,请你扪心自问,你这样做,岂不伤天害理、问心有愧吗?"

在场的群众,包括这个女护士都被检察院干部这有理有力、不卑不亢的话震住了,全场鸦雀无声。检察院干部又进一步说:"护士同志,你可能知道,万一由于你的过错出了医疗事故或其他事件,那么还必须依照事故的轻重和责任的大小,对你进行行政处分、经济处分,直到依法追究你的刑事责任,这绝不是危言耸听,这在我们这里也是有先例的!"

女护士一声不吭,终于低下了头,为那位病人打了针。

对于蛮横无理的女护士，检察院干部用以牙还牙术、归谬术、类比术等方法将其制服，但这只能服人之口，而不能真正使对方心服；检察院干部摆事实、讲道理，以理服人，雄辩有力，正气凛然，终于使得巧舌如簧、利语如刀的女护士赧然自惭，心服口服。

90 正反比较

国王高贵还是士高贵？

正反比较术就是将两个相对或相反的事物并举出来，造成一种强烈的对比，使真的、善的、美的显得更真、更善、更美，使假的、恶的、丑的显得更假、更恶、更丑的一种论辩方法。

据《春秋列国志传》载：春秋时期，齐国大夫宁戚去宋国见宋桓公。深深行礼后，宋桓公却不动声色，置若罔闻，非常傲慢。宁戚见此情景，抬起头来，长长地吸了口气，说："宋国真危险啊！"

宋桓公说："您这话什么意思？"

宁戚问："您和周公相比，谁更贤明？"

"周公是圣人，我怎敢和圣人相比！"宋桓公答道。

宁戚接着说："在周最强盛的时候，听说有人来见他，即使正在嚼着饭，周公也急忙把饭吐出来，去会见客人。即使这样，他还怕失礼。可是，您怎么做的呢？宋国这样衰落，国内接连发生杀死国君的事情。您的王位并不可靠，就算您像周公那样礼贤下士，有本事的人恐怕也不愿意到您这儿来，何况您还这样傲慢呢！宋国的处境还不危险吗？"

宋桓公赶忙致歉说:“我没有治国经验,先生请不要介意。”

宁戚将宋的衰落与周的强盛,宋桓公的傲慢与周公的谦逊放在一起,造成一种鲜明的对比,使对方受到强烈的震撼,这里使用的就是正反比较术。

运用正反比较术取胜的关键就在于显示比较事物的强烈反差,制造鲜明的形象,这样才能取得良好的效果。又如:

《战国策·齐策四》载有这样一则论辩:

战国时期,有一次齐宣王召见颜斶。

齐王对颜斶说:“你过来!”

颜斶同样对齐王说:“你过来!”

齐王很不高兴。齐王左右的人指责颜斶说:“齐王是国君,你是国君的臣下,你这样跟齐王说话成什么体统?”

颜斶不慌不忙地说:“我到国君面前去是趋炎附势,国王到我面前来是礼贤下士。与其让我趋炎附势,不如让齐王礼贤下士。”

齐王怒容满面,气势汹汹地质问:“到底是国王高贵还是士高贵?”

颜斶说:“士高贵,国王不高贵。从前秦国出兵攻打齐国,他们的军队路过士人柳下惠的墓地时,发出一道命令说:‘有到柳下惠墓地五十步范围内打柴煮饭、割草喂马的,死无赦!’后来与齐国军队交战时,秦军又发出了一道命令:‘有能割下齐王脑袋的,封他万户侯,同时赏黄金万两!’从这两道军事命令就可以看出,一个活着的国君的脑袋,还比不上死掉了的士人坟堆上的一根柴草!”

颜斶通过“趋炎附势”与“礼贤下士”的对比;“士人坟头的柴草”与“活着的齐王的脑袋”对比,造成一种强烈的反差,论证了他的“士高贵、国王不高贵”的观点。几句话说得齐王张口结舌、无言以对。

91 相关比较

原始人使用的语言

相关比较术，就是通过相关或相似的两类事物的比较，使人们提高对某一事物的认识，提高明辨是非曲直的能力，进而达到论辩取胜目的的论辩方法。

比如，某中学初中有个班级有这样一个怪现象：下课铃一响，一伙男同学从教室里冲出去，顿时，“嗷——嗷——”的怪叫声响彻整个大楼。每当看到这种怪现象，有些老师就大声训斥，然而效果并不好。一位团委书记经过分析思考，决定使用另外一种教育方法。一天，她在上课时对学生讲：

“同学们学过人类发展的历史，那么，应当知道我们人类的祖先——原始人，在群居时代是怎样生活的，对吗？那时候，没有火车和飞机，没有手表和电视机，没有课本和课堂，也没有用来表达复杂思维的工具——语言。那么，人类的语言是怎样产生的呢？”

讲到这里，她扫视几个男同学，微微一笑，继续用平稳、镇静的语调讲述着：

“你们经常发出的‘嗷嗷’叫声，就是原始人最初使用的单音节语言。他们用这种叫声保持着围猎时的联系，表达丰收时的喜悦。之后，在长时期的生产劳动中，由单音节语言发展成为多音节语言。历史经过百万年的演变，人类终于摆脱了愚昧，创造了高级语言，用以交流思想，表达感情，开创了人类的文明时代！历史推进到20世纪 80 年代，人类的文明早已经给社会带来巨大变化。请看，在同学们身上，裤缝烫得笔直，衬衣白得发亮，鞋子一尘不染，说明你们都在追求文明，追求美。然而，有人在今天却仍然使用着原始人单音节的语言，表达自己的思想感情，这不令人奇怪吗？这不是一种返祖现象吗？这不是愚昧的开始、文明的倒退吗？”

同学们听后陷入了沉思，教室里静悄悄的。

下课了，同学们走出教室，有几个男同学仍习惯地“嗷——嗷——”叫着。这时，“返祖！返祖！”同学们的指责声随之而起。怪叫声骤然停止了，那几个男同学满脸通红。

这位团委书记利用同学们的“嗷嗷”怪叫声与原始人蒙昧时代单音节简单语言相比较，使同学们认识到这是一种愚昧、野蛮的行为，是一种返祖现象，这就使同学们清楚地认识到自己行为的荒唐可笑，使这种怪现象顺利地得到了制止。这里所使用的就是相关比较术。

92 人身施辩

孔明一段利辞气死汉贼

人身施辩术就是在论敌观点的荒谬性非常明显而正面进攻一时难以取胜时，变换斗争手法，转而针对论敌的思想、品行、身份、历史等方面发动进攻，制服对方，取得论辩胜利的方法。比如：

三国时期，孔明与曹真对阵于祁山之下，曹真的军师王朗跃马阵前，大谈天数有变，识时务者为俊杰，企图诱降孔明。因为王朗是汉朝老臣，孔明的反驳便直指他的身份和地位：

“吾素知汝所行：世居东海之滨，初举孝廉入仕；理合匡君辅国，安汉兴刘，何其反助逆贼，同谋篡位！罪恶深重，天地不容！天下之人，愿食汝肉！……汝既为谄谀之臣，只得潜身缩首，苟图衣香，安敢在行伍之前，妄称天数耶，皓首匹夫！苍髯老贼！汝即日将归于九泉之下，何面目见二十四帝乎！”

这一番声色俱厉的话，辩锋直指王朗不忠不孝，人品低下，根本不具备辩说天命、时务之正大道理的资格。王朗听罢，气满胸膛，大叫一声，死于马下！一场辩论，竟骂死个“汉贼”，由此可见人身施辩术的巨大威慑力量。

人身施辩术是一种强有力的论辩方法，这是因为，一个人的思想、品行、身份、历史等因素对听众的心理定式有着重要的影响作用，在论辩中使用人身施辩术，能够破坏论敌的自尊心理，使对方自惭形秽，陷入无地自容的窘境，失去反击能力，这时制服论敌将如同瓮中捉鳖，手到擒来。

特别是当我们遭受到对方的人身攻击时，有时不妨以人身施辩术来对付之。比如，清兵南下时，南明弘光小朝廷的礼部尚书钱谦益率先投降。他的外甥女因夫死再嫁，按当地习俗，再嫁的婚礼上不能有鼓乐。钱谦益见了外甥女，便说道：

“前次贺喜，鼓乐喧天，今日贺喜，冷冷清清，两次婚礼，竟有如此差异！”

外甥女知道舅父嘲笑她改嫁之事，于是针锋相对地说：

“想舅父前次来贺，身着纱帽圆领（明朝官服）；如今却是朝珠补挂（清朝官服），两次贺喜也竟是这样不同！”

钱谦益当即羞愧万分，无言以对。

钱谦益以夫死改嫁之事嘲笑对方，外甥女一时难以反驳，便转而使用人身施辩术，揭露对方投降叛国的老底，难怪此语一出，对方便噤若寒蝉了。

使用人身施辩术时应特别注意，如果明明知道自己的观点是错误的，真理在对方的手中，却偏要捕风捉影，造谣中伤，以搞臭对方为目的，这属于人身攻击式诡辩。我们千万要注意不要滑到人身攻击的道路上去。

93 虚无施辩

玉手摇摇，五指三长两短

从虚无中引出论据展开论辩的方法，我们称之为虚无施辩术。

相传苏东坡被贬到黄州做团练副使时，在当地开课讲学，培养出许多知名学子。朝廷派来一名考官，名为巡视讲学，实为察看动静。

考官来后，想把苏东坡的名声压下去。一天清早，他对苏东坡说："苏学士名扬四海，想必高足也是满腹文章，我要见识见识，请找几名前来面试。"苏东坡即刻挑了十名学生来见考官。考官指着外面的宝塔出了上联：

宝塔尖尖，七层四面八方。

结果学子们都对不出来，一个个满面羞惭，低头摇手。考官带着嘲笑的口吻说："苏学士，这……"苏东坡却不慌不忙，示意他们已经对出来了，对的下联是：

玉手摇摇，五指三长两短。

考官无言以对，只好自我解嘲说：“苏学士真是名不虚传，佩服佩服！”

本来学子们个个低头摇手，什么都没对出来。可苏东坡却从这答案为零的虚无中引出“玉手摇摇，五指三长两短”的对句，回答了考官的难题。虚无施辩术需要极大的聪明才智，需要丰富的联想与想象思维能力。

清朝乾隆年间，四川才子李调元任广东学政。有一天，文人墨客们邀李调元郊游。他们来到一个地方，有山有水，风景幽静，但小路突然中断，前头悬崖如削，只有溪水仍在路旁崖下潺潺流着，崖上刻有“半边山”三个字，崖下路旁立一石碑，碑上刻字一行：

半边山，半段路，半溪流水半溪涸。

同行者解释说：“这是宋朝苏东坡学士、黄山谷和佛印三人同游此地时，佛印为苏东坡出了上联，苏东坡对不上，只好请黄山谷将此上联刻碑于此，以示自仰，兼求下联。”那人说完后，笑对李调元说：

“学政才思敏捷，能否代贵同乡苏学士一洗此羞？”

李调元当然明白，那人欲借此挫辱于他，于是不慌不忙笑着说：“这下联，苏学士早已对好。”众人惶惑不解。他接着说：“其实，苏学士请黄山谷写字刻碑于此，正是为了联对，这叫意对。”接着书出了下联：

一块碑，一行字，一句成联一句虚。

众人听后，觉得无可非议，连声赞叹。

本来，苏东坡当时并未对出下联，他对的下联为零。但李调元却从这为零的下联中巧妙施辩，凭空引出一句下联而让众人折服，这里使用的也是虚无施辩术。

现实世界之外的虚幻世界，是个无限广阔的世界，能给人们的虚无施辩术提供纵横驰骋的天地。

有几个朋友正在聚餐，餐桌上有一盆鸡蛋。有个人提出问题：

“鸡蛋和鲸鱼有个非常相似之处，你们知道是什么吗?”

鸡蛋就在眼前，人们尽自己所能展开联想，可怎么也想不出来鸡蛋和鲸鱼有什么相似的地方。最后还是由出题人揭晓答案：

“鸡蛋和鲸鱼都不会爬树。”

当然，只要你的思维足够灵活，还可从虚无中想出无数千奇百怪的答案。

94 限制辩题

从无话可说到口若悬河

在论辩中，当我们面对不利的辩题时，为了转被动为主动，可以对辩题进行巧妙的限制，使其变成于我方有利的辩题，进而占据论辩的主动权，取得论辩的胜利，这就是限制辩题术。比如：

在一次以“中学生异性交往弊大于利”为辩题的论辩赛中，某队抽到了正方，无疑，这是个难题。因为在现代人的观念里几乎无须论证，总是利大于弊，而不可能是弊大于利。面对难题，他们采用了限制辩题术，将辩题限制为：

“中学生异性交往任其发展必定弊大于利。”

这样，由于在“交往”前并未加任何限制，似乎不改变辩题的质，同时“交往”后面的“任其发展”四字很有迷惑性——既可理解为“任其自然，不需横加指责”之意，这恰恰是符合对方的观点的，对方对此不易启口；另外还包含有“发展到极端”而过“密”的意思，甚至还可理解为“缺少必要的教育与指导”，这样就使他们在论辩时游刃有余了。他们的辩词是这样的：

“我方认为，在男女已经普遍平等的今天，在我们从幼儿园到中学，男女同学已经普遍交往的今天，中学生异性交往问题上已经出现了另一种倾向，即出现了不少早恋甚至性罪错。这正是今天这个辩论问题的价值所在，如果不是在这点上，我们就不需要辩论这个问题，就像谁也不会争论幼儿园的男女小朋友交往好不好的问题。所以，我们认为‘中学生异性交往利与弊’的问题辩论价值就在于‘任其发展’好不好上。”

这一限制确实很巧妙，既限制得天衣无缝，让人看不出有改变辩题的痕迹，又使自己从原来的无话可说而变为口若悬河、滔滔不绝。他们在后来的辩词中又说道：

“在谈到异性交往能发展友谊时，对方同学绘声绘色地为我们描绘了一幅美丽和谐之友谊图。遗憾的是，这幅画只是表现了白天，那么到了晚上会是怎样的图景呢？我想诸位一定见到过：在学校大楼的黑影下，在公园假山的树丛中，在人头攒动的电影院内，有一些男女中学生在交往，在发展‘友谊’，难道他们是在解数学题吗？难道他们是在讨论报效祖国吗？我想谁也不会这样认为的。难道对方辩友就是如此欣赏这样的友谊吗？”

本来不利的辩题，通过这样巧妙的限制，反而变为理直气壮、胜券在握。

95 主旨把握

始终保持方寸不乱

在论辩中，论敌面对不利的辩题，往往故意施放一些烟雾，惑人视线，转移话题，把论辩引向与主旨无关的方面。如果我们为图一时痛快，步步紧逼，穷追猛打，就会在论敌布下的浓雾中迷失方向，使论辩陷入歧途而受制于敌。因此，**当论敌企图转移辩题时，我们就必须保持清醒的头脑，沉着冷静，牢牢把握住论辩的主旨，任他花样翻新，千变万化，都保持方寸不乱，这样就能在任何复杂的论辩形势下稳操胜券，这就是主旨把握术**。

在首届国际华语大专辩论会关于"温饱是谈道德的必要条件"的论辩中，正方英国剑桥大学队所要论证的：没有温饱就绝对不能谈道德。这显然有很大的难度，因为只要举出一个不温饱也谈道德的人存在，就可将其驳倒。面对难题，正方于是将辩题限定为"谈道德不能脱离温饱"，这明显地改变了辩题的原意。对此，反方复旦大学队把握主旨，紧扣辩题，向对方一再发起攻势。

一辩："……对于今天的辩题，我方只需论证没有温饱也能谈道德，而对方要论证的是，没有温饱，就绝对不能谈道德。而这一点对方一辩恰恰没有自圆其说。"

二辩："……我再次提醒对方辩友，你们今天所要论证的是没有温饱就绝对不能谈道德。不管这种道德是保证温饱的道德还是保证不了温饱的道德。"

三辩："今天为什么我方观点跟对方会出现定义上如此巨大的差别呢？是因为对方辩友将温饱这个衣温食饱的概念混同于生存。如果照此办理的话，这个世界上就不存在不温饱的人了，因为他们都不生存不活着了。"

四辩："……对方犯的第三个错误就是'避实就虚'，对方始终告诉我们温饱能够给谈道德提供更好的条件，但是没有说不温饱的情况下绝对不能谈道德。"

在这场论辩中，反方复旦大学队由于紧紧扣住对方辩题"没有温饱就绝对不能谈道德"进行辩论，因而使得对方改变辩题的企图未能奏效。相反，如果不是这样，论辩就可能陷入迷途。

96 釜底抽薪

将论敌的论据驳倒

在论辩中，论敌提出与我方相反的论点，要使其论点成立，就必须提出相应的论据加以论证。这就如同一锅水，要使水沸腾，就必须有柴火在锅底燃烧。要制止水沸腾，可以有两种方法，一种是扬汤止沸，一种是釜底抽薪。扬汤止沸，虽然也能使水暂时不沸腾，但不一会儿又会沸腾依旧；而将锅底的柴火抽去，水就自然沸腾不起来了。论辩也是如此，**我们只要将论敌的论据驳倒，其论点自然也就站不住脚了，这就是釜底抽薪术**。比如：

某盗贼翻墙入室，窃得现金两万余元，未及逃走，主人归家发现，于是堵截盗贼，盗贼随手拎起一张椅子砸向主人，夺门而出，逃跑中被群众抓获。公诉机关以抢劫罪对盗贼提起公诉。被告人的辩护律师辩护说：

“我们认为被告人的行为仅仅是盗窃罪，不能构成抢劫罪。椅子并没有砸到被害人，被害人一点伤害也没有，这只是被告人声东击西，引开被害人逃跑的方法。”

公诉人说道：“抢劫一定要伤害被害人吗？《中华人民共和国刑法》第二百六十三条——抢劫罪，是以非法占有为目的，对财物的所有人或者保管人当场使用暴力、胁迫或其他方法，强行将公私财物抢走的行为。使用暴力并不一定要产生后果。没有碰到被害人就能忽略被告人使用暴力的行为吗？如果说椅子没有砸到被害人，就不能判定被告人使用暴力，那么杀人未遂者就没有罪了，这显然与法律规定矛盾。所以，公诉人认为，被告人的行为属于使用暴力入户抢劫，辩护人的辩护不符合事实。”

在这场精彩的法庭论辩中，被告人的辩护律师企图以“椅子没有砸中”被害人证明被告人只是盗窃罪而不构成抢劫罪。公诉人对被告人的辩护律师论据严加驳斥，一举驳倒，证明被告人的行为已经构成抢劫罪。

再请看一件强奸案的法庭辩论。

辩护人：“我认为被告人张某不是强奸，理由是，1. 张某没有明显地使用暴力，不属于违背妇女意志。2. 陈某她是自己跟着去公园的，这说明她也同意。3. 事后女方还约定了下次见面的时间，而且她也真的去了。”

公诉人：“我认为这三点理由都不能成立。法庭调查证明，被告人张某拦截陈某之后，首先提出搞对象，陈某没有答应。随后，被告人抢下女方的书包，锁了她的自行车。这时，女方宁可不要书包和车子也要离开。走了一段路后，被告人又将其拦截回来，并上去用拳猛击女方一下。在这种情况下，女方孤立无援，迫不得已被被告人挟持到公园。我们试想，深更半夜，一个十八九岁的女孩子，面对这种强暴还能做些什么呢？难道这种屈从能说明女方同意了吗？至于女方答应被告人约定的再次见面时间，那是出于无奈，实是缓兵之计。否则，第二次她为什么让父亲、哥哥在一旁做护卫，当场将被告人抓住呢？被告人张某敢于去第二次约定的地点，更加说明他肆无忌惮，目无国法。"

公诉人在这段论辩中所使用的就是釜底抽薪术。针对辩护人的三条论据逐条进行反驳，推理严密，层次分明，最终赢得了法庭辩论的胜利。

在论辩赛中也是如此。当对方使用的论据虚假，针对其论据的虚假性进行揭露，这具有极强的攻击力量。比如，在 1993 年首届国际华语大专辩论会关于"艾滋病是医学问题，不是社会问题"的论辩中，正方二辩在自由辩论中说道：

"……1987 年中国预防医学科学院副院长就告诉我们，他们的研究人员已经分离出一种艾滋病毒，已经开展艾滋病病原和分子生物学研究，已经得出了研究的结果，而且是有效的。"

正方以此攻击反方的医学对艾滋病尚无解决办法的观点，而这一论据是虚假的，于是反方四辩当即对此反驳道：

"中国著名的艾滋病研究专家康来仪先生就说，刚才那个所谓研究结果到现在没有办法可以证明。"

这样就给了对方心理上的一个巨大冲击，在此之后，正方代表便不再引用报刊上发表的有关研究成果的报告了。

97 反驳论证

都灵大教堂圣物的真伪

论敌为其错误的论题辩护，往往要列举出一定的论据来证明其论题成立，这中间就要运用一定的论证方法。**当论敌运用错误的论证方法为其谬误辩护时，我们要反驳对方，可以通过指出其论证的错误，指出论据与论题之间没有必然联系来达到目的，这就是反驳论证术。**

让我们来看看下面一段论辩中各人所使用的论证方法：

意大利的都灵大教堂内珍藏着一件圣物，相传是耶稣遇难后包裹尸体的细亚麻布。600多年来，信徒们一直就它的真伪问题争论不休。某年，神学院的5名学员来到这里，他们看了这块裹尸布后，各自发表了自己的见解。

甲："我认为这件圣物是真的。如果是假的，它就不可能在600年内一直被我们的教友所敬奉。"

乙："我也认为它是真的。耶稣钉死在十字架上，死时手腕与大腿流了不少血，现在我亲眼看到它上面有斑斑血迹，可见它是真的了。"

丙："我认为它是假的。据专家认定，细亚麻布直到公元2世纪才出现，而耶稣是在公元1世纪受难，可见这块细亚麻布不可能是圣物。"

丁："我说不上它是真还是假，最好用'碳-14同位素'测定一下它的年份，如果确实是公元1世纪的织品，那就可以肯定它是圣物了。”

戊：“我同意乙的看法。另外再补充一点，最好能够用仪器测定一下它上面血迹的年份，若与耶稣遇难的年份相近，那就更有说服力了。”

从论证的角度分析，以上5人的议论中，只有丙的论证方法是正确的，而其余4人都是错误的。他们使用的是条件推演的方法，但甲的条件命题的前提是假的，而乙、丁、戊使用的则是条件推演中的肯定后件的错误形式。比如：

如果是圣物，上面就有血；

它上面有血；

所以，它是圣物。

这种论证方法是错误的。

我们要达到反驳论证的目的，可以直接指出对方推论的错误，也可以模仿对方的错误推论形式，推出令对方感到难堪的结论。

98 擒贼擒王

直接反驳论敌的论题

我们在与论敌的交锋中，驳倒了对方的论据或论证，并不能就此断定对方的论题必然是虚假的，只能说明对方的论题不可靠。而要彻底驳倒对方，还必须对对方的论题进行彻底反驳，这就如同打仗，一举将贼首擒获，敌人便会溃不成军。**擒贼擒王术正是通过对**

论敌的观点直接进行反驳借以驳倒论敌的方法。

俗话说，事实胜于雄辩，使用擒贼擒王术，最有效的办法是针锋相对地列举大量确凿无疑的事实，在铁的事实面前，任凭对方信口雌黄、摇唇鼓舌也无济于事。比如，70 多年前，美帝国主义的发言人艾奇逊在为帝国主义和蒋介石在中国的黑暗统治辩护时，胡诌中国革命的发生是由于人口太多的缘故。对此，毛泽东同志反驳道：

“革命的发生是由于人口太多的缘故吗？古今中外有过很多的革命，都是由于人口太多吗？中国几千年以来的很多次革命，也是由于人口太多吗？美国 174 年以前的反英革命，也是由于人口太多吗？艾奇逊的历史知识等于零，他连美国的独立宣言也没有读过。华盛顿、杰斐逊们之所以举行反英革命，是因为英国人压迫和剥削美国人，而不是什么美国人口过剩。中国人民历次推翻自己的封建朝廷，是因为这些封建朝廷压迫和剥削人民，而不是什么人口过剩。俄国人所以举行二月革命和十月革命，是因为俄皇和俄国资产阶级的压迫和剥削，而不是什么人口过剩，俄国至今还是土地多过人口很远的。蒙古土地那么广大，人口那么稀少，照艾奇逊的道理是不能设想会发生革命的，但是却早已发生了。”①

毛泽东同志通过列举大量的历史事实，对艾奇逊的“中国革命的发生是由于人口太多”的论题进行了彻底的、有力的反驳，这里使用的正是擒贼擒王术。

实施擒贼擒王术，我们也可以通过实践来检验论敌的论点，因为实践是检验真理的唯一标准，同样它也是检验某个论题真伪的标准。又比如：

---

① 毛泽东：《唯心历史观的破产》，收《毛泽东选集》第四卷，北京：人民出版社 1991 年版，第 1514—1515 页。

有个人拜访一位将军，他拿出自己发明的士兵制服给将军看，说这制服是防弹的。

“那好啊，你穿上它！”

将军说着，按铃叫来了随从：“你去叫上校带上枪到这儿来。”

将军回头一看，防弹衣的制作者已无影无踪，再也没有见他回来。

防弹衣防不防弹，用枪弹一检验便可立见分晓，防弹衣的制作者不敢用子弹来检验，足以证明他所说的不过是骗人的假话而已。

第四节　辩证逻辑妙法

在论辩中，我们需要抽象逻辑思维，同时还需要具体辩证思维。

唯物辩证法认为，一切事物都是充满矛盾的，矛盾着的事物的两个方面又是对立统一的。同时，任何事物总是和外界事物有着千丝万缕的联系，是永恒地运动、发展、变化着的。辩证逻辑就是把握客观事物的矛盾、对立与统一，以及事物的联系、运动、发展与变化的逻辑方法。

99　具体分析

树上还剩几只鸟？

具体分析术，就是在论辩中要求在明确的条件下，在具体的环境中对有关问题进行论辩的方法。

请看孟子与淳于髡的一场辩论。

淳于髡问：“男女授受不亲，这是礼制所规定的吗？”

孟子答:“当然是礼制规定的。”

淳于髡:“假使嫂嫂掉在水里,做小叔的看见了,能不能用手去拉她呢?”

孟子说:“嫂嫂掉在水里而不去拉她,那简直变成了没有人心的豺狼了。男女授受不亲,这是正常的礼制。嫂嫂掉在水里做小叔的用手去拉她,这是一时变通的方法。”

淳于髡反问:“现在,全天下人民非常痛苦,已和掉在水里一样了。可您却不去援救他们,这是什么缘故呢?”

孟子答:“天下人民受着水淹般的痛苦,要用‘道’去援救;嫂嫂掉在水里了,要用手去援救。你难道让我用手去一个一个地援救天下人吗?”

孟子论辩取胜就是因为使用了具体问题具体分析的方法。“男女授受不亲”这是礼制的一般规定,但在嫂嫂掉入水里的具体情况下,做小叔的却又必须去拉她。如果不去拉她,那做小叔的却又变成了没有人心的豺狼。

列宁说,世界上“没有抽象的真理,真理总是具体的”①。这是因为,任何事物都是不同规定性的统一,是多样性的统一。离开多样性的统一就不能很好认识事物的本质。就拿春天下雨来说,如果抽象地议论是好是坏是很困难的。因为对于春天播种来说这是好事,而对于外出旅行者来说,却又是坏事;同样对于农民播种来说,绵绵春雨是好事,洪水成灾却又是坏事。因而只有具体地分析研究与该类事物有关的其他情况,才能作出正确的断定。

然而,有的人却脱离事物具体的环境与条件,仅仅抽象地讨论问题,这是很难达到准确认识事物目的的。比如:

---

① 列宁:《列宁全集》第7卷,北京:人民出版社1990年版,第407页。

有个小学在招生时，出了这样一道测验题："鱼缸里有7条鱼，死了2条，还有几条鱼？"

有的孩子答："还有5条！"

有的孩子答："还有7条！"

结果老师给答还有7条鱼的孩子满分，给答还有5条鱼的孩子零分。有个孩子瞪大眼睛问老师：

"您说的是还有几条活鱼，还是死鱼呀？还是死鱼活鱼一起算哪？"

对于"还有几条鱼"的答案之所以不同，并不是由于小朋友不懂算术，而是由于题目不明确、不具体，并没有指出是活鱼，还是死鱼活鱼一起算，因而那个小朋友完全有理由要求对方使用的概念必须明确具体。

因为熊孩子们有过这种被不明确、不具体问题折磨的经历，所以他们在碰到类似问题时，会特别强调具体问题使用具体分析的方法。

某日，老师在课堂上想考一考学生，问道："树上有10只鸟，开枪打死一只，还剩几只？"学生反问："是无声手枪吗？""不是。""枪声有多大？""80～100分贝。""那就是说会震得耳朵疼？""是。""在这个城市里打鸟犯不犯法？""不犯。""您确定那只鸟真的被打死啦？""确定。"

老师已经不耐烦了："拜托，你告诉我还剩几只就行了。"

"OK，树上的鸟里有没有聋子？""没有。""有没有关在笼子里的？""没有。""边上还有没有其他的树，树上还有没有其他的鸟？""没有。""有没有残疾的或饿得飞不动的鸟？""没有。""树上有没有鸟窝，里面有即将出壳的小鸟？""没有。""有没有是情侣的，一方被打中另一个主动要陪着殉情的?”“没有。”“打鸟的人眼有没有花?保证是10只?”“没有花,就10只。”

老师已经满脑门是汗,且下课铃响,但学生继续问:“有没有傻得不怕死的?”“都怕死。”“会不会一枪打死两只?”“不会。”“一枪打仨呢?”“不会。”“一枪打四只呢?”“更不会。”“所有的鸟都可以自由活动吗?”“完全可以。”

于是学生满怀信心地答道:“如果您的回答没有骗人,打死的鸟要是挂在树上没掉下来,那么就剩一只,如果掉下来,就一只不剩。”

老师强忍几乎倒地的眩晕感,颤抖地说:

“你们不用读小学了,直接去考研究生吧!”

100 具体同一

最好的菜同时又是最坏的菜

客观世界是非常丰富和具体的,每一具体的对象都包含着差别和矛盾,我们要正确地认识客观事物,取得论辩的胜利,就必须把握事物的差别和矛盾。像这样,**在思维中包含着对立面的同一,包含着多样性的同一,包含着差异性的同一,这就是辩证逻辑学的具体同一律,将具体同一律运用于论辩中,就是具体同一术**。

著名的古希腊寓言家伊索,年轻时给贵族当过奴隶。

有一次,他的主人设宴请客,客人都是当时希腊的哲学家。主人命令伊索备办酒肴,要做最好的菜招待客人。于是伊索专门收集各种动物的舌头,准备了一席“舌头宴”。开席时,主人大吃一惊,

问:“这是怎么回事?”伊索回答说:

“您吩咐我为这些尊贵的客人办最好的菜,舌头是引领各种学问的关键,对于这些哲学家来说,‘舌头宴’难道不是最好的菜吗?”

客人们都被伊索说得频频点头,哈哈大笑起来。主人又吩咐伊索说:“那我明天要再办一次宴席,菜要最坏的。”到第二天开席上菜时,依然全是舌头。主人一见此状,便大发雷霆。伊索却镇定地回答道:

“难道一切坏事不是从口而出的吗? 舌头既是最好的,也是最坏的东西啊!”

主人被弄得无言以对。

从一个方面去考察讨论,舌头是最好的;从另一方面去考察讨论,它又是最坏的,舌头是“好”与“坏”的统一体。伊索正是把握了“舌头”这一事物的矛盾属性进行辩论,因而征服了对手,并给了人们以深刻的理性思考。

王安石在《知人》中说:“贪人廉,淫人洁,佞人直。”

意思是说,越贪婪的人,越伪装清廉;越荒淫的人,越扮作纯洁;越奸诈的人,越标榜正直。作者深刻地揭示了这类心怀叵测之人将尖锐对立的贪与廉、淫与洁、佞与直的品质,集中在他们自己身上,是复杂的矛盾统一体。他们表面是人,背后是鬼。而世人每每不辨其真伪,反以廉、洁、直而托之以信诚,委之以重任,其结果必然是乱身、乱家、乱国、乱世。作者有着政治改革家的敏锐和文学家的笔力,语辞犀利,一针见血地揭示了这类人的虚伪、矛盾本质。

同样,我们要想在论辩赛中永远立于不败之地,更需要运用具体同一术。

1993 年首届国际华语大专辩论会决赛的辩题是“人性本善”,

反方复旦大学队所要论证的是“人性本恶”，他们关于“人性”的把握便可称得上运用具体同一术的典范。

复旦大学队认为，人性是由自然属性和社会属性组成的，自然属性指的是无节制的本能和欲望，这是人的天性，是与生俱来的；人性本恶是指人性本来的，先天就是恶的；而善则是对本能和欲望的合理节制。这种表现人的恶的无节制的本能和欲望使得人们有自私的属性，但是人人皆自私又导致人人都不能自私，因而制约、权衡中产生了节制，这种节制便是人性中的善。人的本性是恶的，但这种本性的恶又可以导致善，人性正是恶与善的矛盾统一体。我们既要肯定人的本性是恶的，又不能否定人性中的善，所以复旦大学队便能在论辩中灵活机动、左右逢源。

相反，正方台湾大学队由于使用的是机械的、片面的、僵化的思维模式，他们看到的只是人性中的善，一味地回避、否认人性中的恶，后来当复旦大学队连续 5 次追问“善花是如何结出恶果”的时候，便陷入穷途末路的境地。

不错，形式逻辑认为，在一个思维过程中不能对同一对象作出不同的断定，但这是有一定条件的，它是针对同一时间、同一对象、同一方面来说的。形式逻辑不可能认识事物的矛盾、发展和对立，有着极大的局限性。如果我们论辩仅仅是停留在形式逻辑机械的、僵化的基础上，就势必会陷入唯心主义形而上学的泥坑。而作为一个论辩者要能高瞻远瞩，在论辩中永远立于不败之地，就必须掌握具体同一术这一锐利的武器。

101 辩证概念

江楼月啊，爱你又恨你

宋代诗人吕本中在《采桑子·恨君不似江楼月》中写道：

恨君不似江楼月，
南北东西，南北东西，
只有相随无别离。

恨君却似江楼月，
暂满还亏，暂满还亏，
待得团圆是几时？

这是一首作者抒发对心上人怀念之情的词作。我们可能都曾有过这样的经历，小时候在月明星稀的夜晚，行走在乡间小道上，抬头仰望夜空的一轮圆月，可以发现，我们走到东，月亮也跟到东，我们走向西，月亮也跟到西，天上明月和我们紧密相随。四处漂泊、行踪不定的作者在月下怀念他的妻子，不禁想到，如果妻子能像天上的月亮和自己紧密相随该多好啊，然而妻子不是月亮，自己和妻子聚少离多，想到这心中不免充满忧伤。

自古月有阴晴圆缺，风轻云淡的月圆之夜，长空皓月，碧天银辉，多美啊！人们把月圆当作团圆，表达对家人团聚的美好愿望。然而，月亮圆了，很快便转为亏损。到下次月圆之夜，又是一段难以煎熬的漫漫期待。和妻子的团聚，就如同天上月圆的时间那么短暂，想到这，无限惆怅不禁涌上心头。

这里的“江楼月”便是辩证概念。江楼明月，既是可爱的，又是可恨的，是可爱与可恨的矛盾统一体。作者对明月既充满了爱，又充满了恨，作者在这爱恨交加的反复咏唱中，淋漓尽致地抒发了对妻子缠绵悱恻的思念之情。

又如，元朝姚燧《凭阑人·寄征衣》：

欲寄君衣君不还，不寄君衣君又寒。

寄与不寄间，妾身千万难。

写的是一个思妇，丈夫离家，或征战，或行役，天气转凉了，妻子就给丈夫寄寒衣。可是，在寄的时候，妻子又犹豫了，给你寄冬衣，怕你不想把家还；不给你寄冬衣，又怕你过冬要受寒。是寄还是不寄，让我千难又万难。寄寒衣的背后，是妻子对丈夫深深的思念。

具体辩证思维阶段研究的概念是与抽象思维阶段形式逻辑研究的概念不同的。形式逻辑的概念仅仅对事物的本质属性加以反映，它舍弃了事物的具体性、个别性及其发展变化，这种概念叫抽象概念；辩证逻辑研究的概念是建立在具体同一的基础上的，它结合研究概念的具体内容，包含着差异、矛盾、对立，是复杂多样的辩证统一体，这种概念就叫具体概念或叫辩证概念。

在论辩中，我们要想牢牢掌握住论辩的主动权，就必须注意概念的差异、矛盾、对立与统一的辩证特性，这就是辩证概念术。

请看在“逆境对人的成长是否有利”的辩论中的一段舌战交锋：

反方：“灾难、挫折、失败，对人的成长当然是不利的。当年日寇侵略我国，‘华北之大，已放不下一张安静的书桌’，青少年到处流浪，无学可上，对他们的成长利在哪里？”

正方：“灾难、挫折、失败是坏事，但它反过来促进人们觉醒、团结、打拼，也是好事。抗战时期，北大、清华、南开艰难迁校到昆明，组成西南联大，照样培养人才啊。”

反方：“战争时期的大学，草舍平房，十分简陋，难道比现代化的正规大学更有利于人才的培养吗？”

正方：“‘艰难困苦，玉汝于成。’逆境，在某种意义上讲更有利于成才。正是草舍平房的西南联大，培养出世界华人第一位诺贝尔奖获得者杨振宁，培养出邓稼先等新中国研发‘两弹一星’的元勋，直到现在国内还没有任何一所大学取得过这样骄人的成就啊！”

在这场辩论中，反方仅仅强调逆境对人成才的不利一面，难免具有片面性；正方则善于用辩证的观点去看待逆境，灾难、挫折、失败是坏事，但它反过来促进人们觉醒、团结、打拼，也是好事，而且指出正是草舍平房的西南联大培养出杨振宁、邓稼先等杰出的科学家，十分具有雄辩力量。

102 辩证命题

长江水面的宽与窄

辩证命题就是反映客观事物的内在矛盾及其发展变化的命题。在论辩中应用反映事物的内在矛盾及其发展变化的辩证命题来论证自己的观点、反驳论敌的主张，这就是辩证命题术。比如：

清末的陈树屏机智善辩。有一年，他做江夏县（今武汉市江夏区）知县的时候，张之洞时任湖广总督。张之洞与抚军谭继洵关系不太融洽。有一天，陈树屏在黄鹤楼宴请张、谭等人。座客中有人谈到江面宽窄的问题，谭继洵说：

“江面水宽为五里三分。”

“不，应该是七里三分。”张之洞故意唱反调。

结果双方争执不下，都不肯丢自己的面子。陈树屏知道他们是故意借题发挥，为了不使宴会煞风景，扫了众人的兴，于是灵机一动，从容不迫地拱了拱手，言辞谦和地说：

“江面水涨就宽到七里三分，而水落便是五里三分。张督抚是指涨潮而言，而抚军大人是指落潮而言，两位大人都没有说错，这有何可怀疑的呢？”

长江水面不是凝固不变的，而是不断地发展变化的。水涨、水落，江面的宽窄就不同。陈树屏正是把握了客观事物的内在矛盾及其发展变化，作出了一个恰当的辩证命题，因而平息了宴会上的一场争吵，博得了人们的喝彩。

再请看蔡元培与黄仲玉婚礼上的一则论辩。

1901 年冬，蔡元培与知书达理的黄仲玉女士在杭州结为伉俪，举行文明婚礼。婚礼以论辩会代替闹洞房，着实使人感到新鲜。

婚礼上来宾们侃侃而谈，就社会问题展开讨论。首先，由陈介石引经证史，阐明男女平等的要义。然后由宋平子辩难，他主张实事求是，勿尚空谈，应以学行相较，他的原话是：

“倘若黄夫人的学行高出于蔡鹤卿，则蔡鹤卿当以师礼待黄夫人，何止平等呢？反之，若黄夫人的学行不及蔡鹤卿，则蔡鹤卿当以弟子视之，又何从平等呢？”

陈、宋二人相持不下，宾客都想听听新郎的高见，蔡元培说：

“就学行言，固然有先后之分；就人格言，总是平等的。”

此言一出，皆大欢喜，举座欣然。

蔡元培使用的便是辩证命题。人与人之间，既是平等的，又是不平等的。在人格上，人都是平等的；在学行上，又有先后高下之分。蔡元培的话极富辩证色彩。

103 辩证推论

公仪休拒鱼

辩证的推理就是反映概念的矛盾运动系统的推理。**在论辩中，应用反映概念的矛盾运动的推理来论证我们的观点，反驳对方的观点，这就是辩证推论术**。

请看公仪休拒鱼的一次论辩。据《韩非子·外储说右下》载：

公仪休担任鲁国的相国，他非常喜欢吃鱼，人们知道了他的这一嗜好后，便争着买鱼送给他。公仪休则一概不收，并将鱼退了回去。公仪休的弟子见状，非常奇怪，问道：

"您喜欢吃鱼，可人们送鱼给您，您却一条也不收，这是为什么呢？"

公仪休回答道：

"正因为我喜欢吃鱼，所以我不收人家的鱼。如果我收人家的鱼，拿人家的手短，吃人家的嘴软。我手短嘴软，就无法公正地执行国家的法律；无法公正地执行国家的法律，就无法保住自己的相位；无法保住自己的相位，到时人们不再送鱼给我，我自己又无法抓到鱼，所以即使我喜欢吃鱼还是吃不到鱼。如果我不收人家的鱼，那么我可以保住自己的相位；保住了自己的相位，我反而可以长久地吃到鱼。”

公仪休关于拒鱼、吃鱼的论辩就使用了辩证推论术。由喜欢吃鱼为前提，他却得到拒鱼的结论；由接受人家的鱼，却又导致无法吃到鱼的结果。由某个前提出发又推出了他的反面的结论，这就鲜明生动地揭示了这些事物概念之间的矛盾运动的过程，有着极强的感人力量，是一般的平庸推论所望尘莫及的。

辩证推论与形式逻辑的推论不同。形式逻辑的推论仅仅从形式上进行研究，不涉及推论的具体内容；它仅仅从静止的观点进行研究，不研究事物的发展变化；它仅仅是孤立地进行研究，不研究推理之间的联系。而辩证的推论则是结合具体的内容，用发展的观点、联系的观点对推理加以研究的。因而辩证的推论能更准确、更全面地认识客观事物，有利于我们取得论辩的胜利。又如：

一次，有个学生问古希腊哲学家捷诺：“老师，您的知识比我们多许多倍，您对问题的回答又十分正确，可是您为什么对自己的解答总是有疑问呢？”

捷诺顺手在桌上画了大小两个圆圈，并指着它们说：

“大圆圈的面积是我的知识，小圆圈的面积是你们的知识。我的知识比你们多。但是这两个圆圈的外面，就是你们和我无知的部分。大圆圈的周长比小圆圈的长，因而我接触到的无知的范围比你们的多。这就是我为什么常常怀疑自己知识的原因。”

捷诺的答辩是极富辩证性的。一个人有了一定的知识，接触和思考的问题越多，就越会觉得自己有许多问题尚不明白，感到知识贫乏；相反，一个人缺乏知识，发现和思考问题的能力就低，就越觉得自己知识充足。

我们要使自己的论辩深刻、有力、新颖，就必须掌握辩证推论术。辩证推论术能使我们的论辩语言富有深邃的哲理性，增添一种迷人的理性色彩。

104 普遍联系

丢失一个钉子，亡了一个帝国

辩证唯物主义认为，客观世界中一切事物和现象都是直接或间接地处于种种相互联系之中，其中没有任何孤立存在的事物。

在西方有一首民谣："丢失一个钉子，坏了一只蹄铁；坏了一只蹄铁，折了一匹战马；折了一匹战马，伤了一位骑士；伤了一位骑士，输了一场战斗；输了一场战斗，亡了一个帝国。"

一个钉子和一个帝国看起来毫无联系，但通过一些中介，如蹄铁与战马，战马与骑士，骑士与战斗等，两者之间就发生了紧密的联系，而人们正是忽视了它们之间的某种客观联系才导致了"亡了一个帝国"的悲剧。

因而，**我们必须学会用全面的、整体性的观点来观察事物**。**在研究个别事物时，不可忽视它同周围有关事物的相互联系和相互作用；在研究某一部分时，不要忽视它同整体以及整体中其他部分之间的联系**。**只有这样，才能正确地认识客观事物，夺得论辩的主动权，这就是普遍联系术**。

下一案例中律师的辩护，能给我们这方面以深刻的启示。

1985 年 8 月 22 日，太原市中级人民法院开庭审判杀害丈夫的路福连。路福连不满 17 岁时就由其父母做主，介绍人说合，村干部作保，以出具假证明，签订文约等手段，被迫与农民王银栓结婚。一年多来，路福连多次要求离婚，没人支持，终于萌发邪念将其亲夫毒死。

在法庭上，律师徐毅申辩道：

“通过法庭调查，我们清醒地了解到了被告人毒死被害人的动机、目的以及经过和后果，我不再重复了。我要说的是：由于被告人和被害人的结合，一开始就建立在父母之命、媒妁之言的封建思想基础上，完全违背了我国《婚姻法》第三条的规定：‘禁止包办、买卖婚姻和其他干涉婚姻自由的行为’，破坏了建立幸福家庭的条件。又有一纸违背女方意愿的婚约像枷锁一样把路福连和被害人套在一起，剥夺了被告人和被害人结婚、离婚的自由权利，使路福连感到无法解脱，这是路福连走上犯罪道路的一个重要原因。无可否认，被告人毒死被害人是要承担法律责任的。但本辩护人认为，像被告人这样一个只有小学文化程度，涉世不深的青年，她该得到法律保障的合法权益没有保障，本来可以解除的痛苦没有能够解除，不能说这些与这起完全可以避免的惨案无关。是买卖婚姻、包办婚姻毁掉了王银栓的生命，断送了路福连的青春。非法拼凑这个家庭的被告人的父亲以及大队干部，对本案的严重后果都有不可推卸的责任。姑念被告人现在不到 18 岁，就面对绝非寻常可比的封建残余势力，本辩护人希望法庭对被告人从轻处罚。”

徐毅律师在这一节法庭论辩中，并不是仅仅孤立地、片面地针对被告人毒死亲夫必须承担法律责任这一点来论辩，而是把它放在事物的相互联系中去考察，其中揭露了被告人毒杀亲夫悲剧的实际罪魁——封建包办婚姻，鞭挞了落后势力的残余——被告人的父亲和作保的农村干部，又揭示了路福连这个既是杀人案的被告人又是封建恶势力的牺牲品的痛苦无援的悲惨遭遇。正是因为律师从事物总的联系中进行设辩，因而激起了旁听群众对封建残余的憎恨和对被告人的同情，取得了良好的论辩效果。

105 能动转化

他在沙漠云影下埋了罐银币

一天，穆萨来到离库法城不远的沙漠上，看见阿卡巴在满头大汗地挖沙，便惊奇地问道："你干什么啦？"阿卡巴着急地说："两年前我把一罐子迪尔汗银币埋在这里，现在我急着用钱，想把它挖出来。可我挖来挖去，罐子连影儿也找不着呀！"穆萨听了说："你当初埋罐子的时候，你记得有什么标志吗？"阿卡巴答道：

"我记得清清楚楚，我埋罐子肯定就是这个地方，当时，我埋罐子的地方，正好上空有一朵云哪！云彩的影子，正罩在埋罐子的地方，现在云彩的影子却不见了，真急死人！"

"你这个笨蛋，天上的云彩是随风飘动的，太阳的影子也不是固定不变的，你以瞬息变化的事物做记号，怎能再找到你的银币呢？"

这与刻舟求剑的寓言故事如出一辙。

客观世界是永恒地运动、发展、变化着的，人类要认识和改造客观世界，就必须认识客观世界的运动、发展和变化。**能动转化术就是用客观世界的运动发展变化的原理进行论辩的方法**。

请看东方朔与汉武帝的一次论辩。

有一次，汉武帝到上林苑游玩，看见一棵好树，问东方朔树叫什么名字，东方朔随口答道："叫善哉！"汉武帝让人记下这棵树。过了几年汉武帝又问这棵树叫什么名字，东方朔随口答道："叫瞿所！"汉武帝有些不高兴地说："你欺骗我已经很久了——同一棵树，为什么前后名字不一样呢？"

东方朔答辩道：

"马，大的时候叫'马'，小的时候叫'驹'；鸡，大的时候叫'鸡'，小的时候叫'雏'；牛，大的时候叫'牛'，小的时候叫'犊'；人，刚生下不久叫'儿'，年纪大了称'老人'；这棵树以前叫'善哉'，现在叫'瞿所'，长少生死，万物成败，难道是固定不变的吗？"

汉武帝心悦诚服地笑了。

东方朔列举了大量事例，论证了事物的发展变化，事物发展变化了，指称它的名称也就可能发生变化。由于他把握了事物的发展变化进行答辩，因而其论辩呈现出一种独特的艺术魅力。

106 相对静止

既经济又不疲惫的旅行方法

物质世界是绝对运动和相对静止的辩证统一。就整个物质世界来说，没有不运动的物质，因而物质的运动是永恒的、无条件的、绝对的；就物质的具体存在形式来说，它又有相对静止的一面。某一事物在一定条件下，还没有发生质的变化之前，这一事物仍然是这一事物，因而呈现出相对静止的面貌。如果否认事物相对静止状态，就会把运动物体歪曲成瞬息万变、无从捉摸的东西，就会取消事物质的规定性，混淆事物之间的区别。

比如，巴黎报纸上曾登过一则广告，上面写道：

“每个人只要花25生丁(100生丁等于1法郎)就可以得到既经济又没有丝毫疲惫痛苦的旅行方法。”

有个人按照广告刊登的地址寄去了25生丁。不久，他收到一封回信：

“先生，请您安静地躺在您的床上，并且请牢记：我们的地球是在旋转着的。在巴黎的纬度——北纬49度上，您每昼夜要跑数万千米。假如您喜欢观看沿路美好的景致，就请您打开窗帘，尽情地欣赏星空的美丽吧！”

安静地躺在床上，就只能是处于相对静止状态，可是广告者却以地球在旋转为由，把这种相对静止说成是乘坐地球在旅行，在运动，这是以事物的绝对运动来否认事物的相对静止状态，是荒谬绝伦的。

正因为事物有相对静止的一面，有其质的规定性，才使得我们有可能对不同的事物之间以及一个事物的不同发展阶段相区别。客观事物的这种相对静止性、质的规定性，是人类思维规律同一律、矛盾律、排中律的基础，也是我们进行论辩，反驳论敌的锐利武器。**在论辩中，以事物相对静止性、质的规定性来论证我方观点、反驳论敌主张的方法，就是相对静止术**。比如：

一个客人来到帽子店，老板递给他一顶帽子。

客人说：“帽子小了点。”

老板说：“这样刚好啊！好的帽子戴了以后，就会慢慢松一点。”

不一会儿，又来了一个顾客，老板递给他一顶帽子，发现帽子大了点。顾客说：“帽子大了。”

老板说:“这样刚好啊！好的帽子洗洗水就会紧的。”

后来第三个顾客来到帽子店，选了一顶帽子，大小正好。客人说:“不错，正合适。”

老板说:“啊！太合适了，不大也不小，好的帽子是决不会走样的。”

这个老板的话是荒谬的，同样一种帽子，它有其质的规定性，而老板却先后作出了三种不同的断定：一下子说会变大，一下子又说会变小，一下子又说不变，这就否定了作为他的帽子这一事物的质的规定性，违反了思维规律，从某方面来说也否定了作为他的帽子这一事物的相对静止性。

在论辩中我们必须注意，我们不能夸大事物相对静止的一面，把相对静止绝对化，否则就会犯形而上学的世界不变论的错误；同样地，我们也不能否定事物发展中的相对静止。

第二章

雄辩与语言魔法

语言是思维的工具，是思想交流的工具，论辩、逻辑都离不开语言。论辩是人类语言绽开的一支奇葩。

古往今来，多少口若悬河的舌战大师，用语言创造了无数的辉煌与壮丽：孔子的言简意远、循循善诱，孟子的锋芒毕露、大气磅礴，庄子的恣意纵情、奇特浪漫，韩非子的驳难离析、淋漓尽致……金舌卷动之际，珠连玉接，霞光映射，潮呼浪涌。

语言是人类的骄傲！

第一节　机智提问

论辩是代表不同思想观点的各方互相辩驳的语言交锋过程，论辩中的问是论辩过程的一个不可或缺的有机组成部分，它并不仅仅表现为消除疑惑，更多的是作为攻击论敌的一种强有力的武器。在论辩中，我们如果能抓住论敌的矛盾，针对论敌的致命点发问，即可置论敌于死地。因而，擅长论辩者都善于发问，我们要提高论辩能力，就不能不研究论辩中问的技巧。

107　是非问句

“上帝能造出一块他自己举不起来的石头吗？”

是非问句就是使用语气词“吗”的问句，提问者把一件事情的全部说出来，要求对方作出肯定或否定的回答。

欧洲中世纪的经院哲学家们宣扬说：“上帝是全能的，我们这个世界就是由上帝创造出来的。”对此，高尼罗问道：

“上帝能造出一块他自己举不起来的石头吗?”

对于这个问题,经院哲学家被问得目瞪口呆。因为,如果回答说上帝能造出一块他自己举不起来的石头,那么就有一块石头是上帝举不起来的,这样上帝就不是全能的;如果回答说上帝不能造出一块他自己举不起来的石头,那么就有一块石头上帝造不出来,上帝也不是全能的。不管怎样,上帝都不是全能的。近千年来,这个问题如此尖刻地摆在神学家们面前,他们始终无法回答。

“上帝能造出一块他自己举不起来的石头吗?”就是是非式问句,高尼罗巧用一个是非式问句就无情地揭穿了神学家们上帝万能的谎言!

是非问句的答案是“是”或“否”,看似简单,但巧妙使用,却可以使对方进退两难,一举置论敌于死地。

108 特指问句

“上帝坐的是什么牌子的车子?”

特指问句用疑问代词提问,句中的疑问代词就是要求对方回答的内容。

有一天,口若悬河的推销员向一位少妇推销《幼儿百科全书》,说这套书能解答孩子们提出的任何问题。这时,恰巧少妇的小儿子亨利来了。推销员随即拍拍小亨利的头说:

“小朋友,你随便问我一个问题,让我给你妈妈示范一下,看我怎么从书上找到你想知道的答案。”

小亨利:“上帝坐的是什么牌子的车子?”

推销员收拾起他的书,一声不吭地走了。

小亨利以幼儿特有的天真风趣,设置了“上帝坐的是什么牌子的车子?”这一特指问句,要求对方针对句中疑问代词车子牌子是“什么”作出回答。因为世界上根本就没什么上帝,更谈不上上帝坐什么牌子的车子,推销员答不上来。这样,小亨利的一个巧妙的特指问句便把口若悬河的推销员难倒了。

首届国际华语大专辩论会有则辩题是“艾滋病是医学问题,不是社会问题”,反方复旦大学队所要论证的则是“艾滋病是社会问题,不是医学问题”。事实上艾滋病既是医学问题,又是社会问题,因而双方要论证自己的观点把对方驳倒都有一定的难度。正当双方论争得难解难分时,反方复旦大学队二辩突然发问:

“我倒想请对方辩友回答我一个很简单的问题,今年‘世界艾滋病日’的口号是什么?”

正方四位辩手不知道这一问题,面面相觑,为不至于在场上失分太多,正方一辩站起来胡乱答道:“今年的口号是‘更要加强预防’,怎么预防呢?要用医学的方法去预防啊。”

反方二辩:“错了!今年的口号是‘时不我待,行动起来’,对方辩友连这个基本问题都不知道,怪不得谈起艾滋病问题来还是不紧不慢的。”

复旦大学队的问句“今年‘世界艾滋病日’的口号是什么?”使用的是特指问句式,其中的疑问代词“什么”就是要求对方回答的内容。由于这里巧妙发问,于是在对方的阵线上打开了一个缺口,从而瓦解了对方的坚固防线。

特指问句要求对方对某一问题作出全面的、准确的叙述,对于一些看似简单的问题对方如果答不上来或出现失误，往往会令对方气焰顿挫、败下阵来。正因为特指问句有其独特的论辩效果，因而每一支论辩队都总会事先准备一些问题作为论辩场上奇袭论敌的独门暗器。

巧妙发问是一种不容忽视的战胜论敌的语言技巧。在论辩中，我们如果能针对论敌的致命点发问，即可置论敌于死地。

109 选择问句

要求从几种情况中作出选择

选择问句就是把几种情况列举出来，要求对方作出选择的论辩问句形式。

在第二届亚洲大专辩论会关于“儒家思想可以抵御西方歪风”的论辩中，反方复旦大学队有位队员向对方发问：

“我请问对方同学，如果有人持刀抢劫你的钱包，你是对他念一段《论语》呢？还是让警察把他抓起来？”

复旦大学队为了反驳台湾大学队“儒家思想可以抵御西方歪风”的观点，这里列举了两种情况让对方选择，对方如果选择前者会显得迂腐可笑，选择后者却正好论述了己方的观点，这里使用的就是选择问句式。

巧妙地使用选择问句，对方只需从现有的答案中作出选择，但不管怎样选择都会感到尴尬。

110 直问技巧

这世界上有没有外星人呢?

直问就是开门见山、单刀直入地提问。这种提问不迂回、不绕弯,直接抓住论敌要害一针见血地设问,可以使我们的论辩产生一种咄咄逼人的气势和力量。

直问是攻击论敌的一种有效武器,因而一个论辩队要想夺得论辩的胜利,赛前就必须准备大量的问题以备论辩场上随时向对方发难。

1995 年国际大专辩论会决赛关于“知难行易”的论辩中,正反双方就使用了大量的直问形式展开激烈的交锋。

反方:“如果按对方辩友所说的‘知难行易’原则出现后,那接下来的步骤,应该是很简单的。那两千年前柏拉图告诉我们的理想国的境界,为什么到今天还是没有出现理想国啊?”

正方:“对方辩友,那是因为我们还没有找到达到理想国正确的方法和途径,还是知之不深哪! 对方辩友刚刚又说,知是很容易的话,那么我们请问对方辩友,这世界上有没有外星人呢? 我们怎么样去和外星人做交流、做朋友呢?”

在这里,反方台湾辅仁大学队为了反击正方南京大学队“知难行易”的观点,以两千多年前柏拉图提出的理想国为什么到现在还没有实现来向正方发问,击中要害。正方为了反驳反方的“知易行难”的观点,则以有没有外星人、应该怎样和外星人做交流、做朋友来直问反方，气势逼人。

在“知难行易”的辩论中，正方南京大学队光是在自由辩论阶段就有不少足以难倒反方的问题。比如：

“说一说就等于知得深、知得透吗？那知了在树上还叫知了知了，对方辩友你认为这知了知了什么呢？”

“对方同学说知很容易，那么请你告诉扎伊尔人民如何去防治那可怕的埃博拉病毒，那可是比艾滋病更可怕啊！”

“我请问对方辩友，你说知很容易，我要对方辩友轻轻松松解释给大家听，到底是鸡生蛋呢，还是蛋生鸡？为什么人类探讨了这么久还是没有一个正确的答案哪？”

像这样的难题还有不少。正是正反双方这种抓住对方要害以大量的难题互相发动轮番攻击，因而构成了这场自由辩论中激动人心的交锋过程。可以设想，赛前如果不准备足够的难题来诘问对方（当然有的难题也可以在论辩场上灵机一动而临时构思出来），这样在对方强大攻势面前就只能是毫无招架之力而败下阵来。

111 迂回设问

齐宣王只好顾左右而言他

在论辩中，我们有时需要单刀直入，有时又要巧于迂回。

当我们估计到直线进攻会受到阻碍难以达到目的时，就必须避开论敌辞锋，闪开论敌所期待的进攻路线和目标，从看来毫无关涉的问题入手，以迂为直，然后突然转入我们原先准备的问题，一下将

论敌制服，这样看来漫长的迂回道路，却又成了取胜的捷径，这就是迂回设问术。

请看孟子与齐宣王之间的一次论辩。

孟子问："假如你有一个臣子把妻子儿女托付给朋友照顾，自己到楚国去了。等他回来时，他的妻子儿女却在挨饿、受冻，对这样的朋友该怎么办呢?"

王答："和他绝交。"

孟子问："假若管刑罚的长官不能管理他的部下，那该怎么办?"

王答："撤掉他!"

孟子又问："假如一个国家里政治搞得不好，那又该怎么办呢?"

齐宣王这时只好"顾左右而言他"了。

孟子批评齐宣王不会治国，假如一开始便提出第三个问题，这必然引起齐王的愤怒，导致论辩的失败。而孟子则由小至大，由远至近，迂回曲折地提出问题，最后触及论题的本质，结果使得齐宣王无言以对，只好岔开话题。

使用迂回设问的方法往往可以缓和论辩的气氛，消除对方的戒备心理，让对方放松警惕，为我们最后给论敌的致命一击创造有利条件。

112 反问制敌

平添一种凌厉逼人的气势

反问就是一种用否定的问句表达肯定的意思或肯定的问句表

达否定的意思的语意确定的一种问句形式。巧用反问，可以给我们的论辩语言增添一种凌厉逼人的气势而使对手折服，攻击力量远远比平铺直叙强烈得多。

在20世纪30年代，国民党逮捕了邹韬奋、史良等七位主张抗日的爱国人士，这就是轰动一时的“七君子事件”。国民党费尽心机，抓住他们和共产党、张学良有过公开电信来往而大做文章，竭力想强加于他们一个联合共产党反对政府的罪名。

在法庭上，邹韬奋义正辞严地反问：

“我们打电报请张学良抗日，起诉书说我们勾结张、杨兵变，我们发了同样的电报给国民政府，为什么不说我们勾结国民政府？共产党给我们写公开信，起诉书说我们勾结共产党；共产党也给蒋委员长和国民党发公开信，是不是蒋委员长和国民党也勾结共产党？”

旁听席上一片笑声。

邹韬奋这里使用的就是反问句式。邹韬奋针对论敌的要害，几声反问，辞锋犀利，锐不可当，直逼得检察官支支吾吾，有口难言。

反问句式如果能和排比的方式结合起来，用一组反问组成排比，这样既具有反问句的语气坚决，又具有排比的波澜壮阔，能使我们的论辩语言产生一种排山倒海的气势和力量。

请看话剧《红色风暴》中律师施洋在法庭上为无辜工人的辩护。

京汉铁路总局警务处长魏学清的父亲，急于去新市场看女伶——风骚泼旦“夜明珠”的上场戏，不顾铁路行车规章，迫令工人黄得发、江有才开压道车冒进，造成黄得发跳车负伤、江有才被魏处长父亲拖住冤死的惨剧。真正的杀人凶手正是魏处长那个已经死去了的父亲，但反动当局却要工人黄得发、江有才负法律责任。对此，律师施洋在法庭上愤怒地揭露了真正的杀人凶手，并对造成工人家破人亡惨剧的魏处长之流提出了血和泪的控诉：

“工人弟兄们，哪个父亲不爱孩子？哪个儿子不爱父亲？父亲被谋杀了，做儿子的能俯首帖耳不表示抗议吗？不能！但江有才的儿子还未满周岁，他不会说话，他生在穷苦的工人家里，吃不饱，穿不暖，他现在病在母亲的怀抱里，除了干嚎之外，做不出任何表示。工人弟兄们，哪位妻子没有丈夫？哪一个丈夫没有妻子？她没有丈夫，她的丈夫江有才被魏处长的父亲谋杀了，她难道甘心俯首贴耳地不表示反抗吗？不能！但是，她毕竟不敢有所表示，她从小受尽了有钱有势人的压迫，她从小过着牛马不如的生活，她体弱，她胆怯，她现在除了悲痛啼哭之外，做不出任何的表示。这难道是公道的吗？我们难道不应为死者申冤吗？我们难道不应该要求魏处长父亲的孩子魏处长负责赔偿死难家属的一切损失吗？”

施洋的辩护词就使用了反问与排比，慷慨激昂，催人泪下，具有一泻千里的气势和震撼人心的鼓动力量。

113　明知故问

披香殿是隋炀帝修建的吗？

在论辩中，为了说出自己一些难以说出的话，不妨装作自己不懂的样子，以问为借口，将问题提出来，这时尽管是十分难说的问题，也会变得易如反掌，达到自己预期的论辩目的，这就是明知故问术。

齐国国君齐景公的一匹最心爱的马突然得暴病死了。齐景公知道后暴跳如雷，下令当场肢解马夫，并大声说："谁敢为他辩护就杀死谁！"

相国晏子对于齐景公这种无端杀人的乱法行为，十分不满。为了解救马夫，劝谏齐景公，他急中生智，走上前去一把揪住马夫的头发，右手举起刀，仰面问齐景公道：

"大王，有个问题不太清楚，要向你请教，古代尧舜这些贤明的君主肢解人时，不知是从哪个部位开始下刀的？"

好大一会儿，齐景公才明白，晏子原来是在讽喻自己，他只得挥手说道："相国，别指桑骂槐了，我不肢解他就是。"

晏子知道，古代尧舜这些贤君是不会肢解人的，但他明知故问，这样便暗示齐景公，肢解人是古代贤君所不为的，要做贤君就不能肢解人。晏子明知故问，巧妙地达到了论辩目的。

实施明知故问术，关键是要明明知道却又装作不知道，而且要装得像，不知者不为罪，这样有些十分难说的问题也就很好开口了。

又如，唐高祖武德四年（621），国家还未统一，李世民带领将士正在前方浴血奋战，而唐高祖李渊却盖起了极为豪华的披香殿。唐谏议大夫苏世长在庆善宫披香殿陪唐高祖进餐，酒喝得正酣畅，苏世长却突然向唐高祖问道：

"这座披香殿是隋炀帝修建的吗？"

唐高祖说："你的劝谏好像很直率，但实际上很狡诈，你难道不知道这座殿是我修的，却故意说是隋炀帝修的？"

苏世长回答说："我实在是不知道是陛下修的，我只看见披香殿奢侈得像殷纣王的倾宫和鹿台一样，就断定不是兴天下的君王所修的，所以误认为是隋炀帝干的。假若真是陛下修的，那实在是不妥了。我以前在武功旧宅侍奉陛下的那会儿，看见的住宅仅能遮风挡雨,那时陛下已很满足了。如今续用隋宫留下的宫室,已经够奢侈,可又建新的,陛下怎能避免重犯隋炀帝的过失呢?”

唐高祖再三肯定了苏世长的话。

唐高祖修披香殿,苏世长当然知道,但他明知故问,劝谏得恰到好处。

114 以问制问

阁下为何不下地狱?

以问制问术,是指当我们面临一个难以回答或不愿回答的问题时,不妨反问对方一个令其难以回答的问题,令对方措手不及,这就会使对方当即陷入被动,使我方成功地掌握住论辩的主动权。

有一天,一个白人牧师向一位黑人领袖提出诘难:

“先生既有志于黑人解放,非洲黑人多,何不去非洲?”

黑人领袖当即反问一句:

“阁下既有志于灵魂解放,地狱灵魂多,何不下地狱?”

牧师的诘难显然包含了卑劣的人身攻击,黑人领袖如果对这一问题陈述理由,如实作答,恐怕正好令对方得意忘形。于是黑人领袖对此避而不答,转而向对方提出一个令其难以回答的问题,这样既维护了自身的尊严,又揭露了牧师的肮脏灵魂,令牧师有口难言,狼狈不堪。黑人领袖使用的就是以问制问术。

比如,清代有个叫毕秋帆的人,常常通过对人发难来取乐。一天,他与一位老僧发生了这样一场辩论:

毕秋帆:“《法华经》可曾读过?”

老僧微笑作答:“读过的。”

毕秋帆:“请问方丈,一部《法华经》有多少个阿弥陀佛?”

老僧略一思忖,笑道:“荒庵老衲,学识浅薄,大人是天上的文曲星,造福全陕,自有夙悟。不知一部‘四书’有多少个子曰?”

毕秋帆听后,半晌不语,只得强笑以掩窘态。

毕秋帆的提问是个钻牛角尖的怪问,即使对《法华经》倒背如流的人,恐怕也不一定会去统计到底有多少个阿弥陀佛,对这一问题自然也就难以作答。可是如果回答“不知道”,这只能证明自己被耍弄了,显出自己的愚蠢,于是老和尚巧妙地构造了一个类似的难题反弹给对方,以问制问,构成问句对抗,这样既解脱了自己的窘境,又为难了对方。

在论辩赛中常常会用到这种方法与对方构成对抗。在首届国际大专辩论会关于“艾滋病是医学问题,不是社会问题”的辩论中,谈到该用什么方法才能解决艾滋病的问题时,有这样一段辩词:

正方:“光用社会的方法也不能解决,彻底解决的方法是从医学来,不是从社会!”

反方:“单靠医学能解决艾滋病吗?”

正方:“光靠社会能解决吗?”

事实上,单靠医学或者单靠社会都不能解决艾滋病的问题,因而当反方用“单靠医学能解决艾滋病吗?”这样的问句来发难时,正方自然也可用类似的形式“单靠社会能解决吗?”来加以反击,并由此构成问句的对抗形式来与对方相抗衡。又比如,在第三届上海市大学生辩论赛关于“环境问题是科学问题”的论辩中的这样一节辩词:

反方:“众所周知乌鸦吃腐肉是为了生态平衡,是遵守了自然法则,那么也就是说乌鸦吃腐肉也是一个科学问题啰?”

正方:“难道乌鸦吃腐肉是社会问题吗?”

在这场辩论中,正方的立场为“环境问题是科学问题”,反方的立场为“环境问题是社会问题”。反方以乌鸦吃腐肉可维护生态平衡但却不是科学问题为内容向正方发问,正方同样也以乌鸦吃腐肉不是社会问题为内容构成问句向对方展开反击,从而构成尖锐的问句对抗。

115 诱导询问

你借助月光看清了凶手?

所谓诱导询问,是指为了获得某一符合自己需要的回答,而在所提问题中添加有暗示被询问者如何回答的内容而进行的提问。

请看唐诺凡法官的《法庭中的机智》一书中,关于亚伯拉罕·林肯首次为谋杀案被告人的辩护:

盖瑞森被控于 1837 年 8 月 9 日晚上在野营布道会射杀拉克伍,在逃离杀人现场时,为苏维恩所目击。这个证人宣称他认识双方当事人,亲眼见到盖瑞森开枪,看到他逃逸。这一证词对被告人是致命的。

林肯律师为被告人盖瑞森辩护,他静静地注视态势强悍的证人,缓缓地询问证人。

林肯:“在看到枪击之前你与拉克伍在一起吗?”

证人:“是的。”

林肯:“你站得非常靠近他们?”

证人:“不,约有6米(20英尺)远。”

林肯:“在宽阔的草地上?”

证人:“不,在林子里。”

林肯:“什么林子?”

证人:“榉木林。”

林肯:“8月树上的叶子相当密实吧?”

证人:“相当密实。”

林肯:“你认为这把手枪是当时所用的那把吗?”

证人:“看起来很像。”

林肯:“你能看到被告人开枪射击,能看到枪管等等情形?”

证人:“是的。”

林背:“那么,你如何看到枪击事件?”

证人:“借着月光!(傲慢地)”

林肯:“你于晚间10点看到枪击,在榉木林里,你看得到手枪枪管,看到那人开枪,你距他6米(20英尺)远,你看到这一切都借着月光?”

证人:“是的,我之前就已告诉你。”

这一系列询问,将该证人的证词一步步锁定在“我亲眼看到被告人开枪射击;枪击发生在榉木林里;我看到了枪管;我看到的这一切是借助于当晚的月光,当时是晚上10点”。

这时,林肯律师从大衣口袋抽出一本蓝色封面的天文历,慢慢地翻开,呈堂作证,给陪审员及法官看,慎重地从其中一页当中念道:

“那天晚上看不见月亮,月亮要到次晨一点才升起。”

林肯又指这个作伪证的证人才是真正的凶手，他说："除了让自己摆脱嫌疑的动机之外，还有什么动机会促使他作伪证，剥夺一个未伤害过他的人的生命？"林肯在他的陈述中如此果断地强调，于是法官下令拘押苏维恩，在过度刺激下苏维恩完全崩溃，且招认是他自己开了致命的枪。

林肯这一精彩盘问使用的就是诱导询问。在论辩中，如果发现对方在弄虚作假，不妨采用诱导询问的方式，诱导对方说出于我方有利的证词，从而一举将论敌制服。

116　以问侦破

那你讲讲老马识途的故事吧！

在论辩中，为了达到了解论敌意图的目的，我们在不暴露自己真实意图的前提下，向对方提几个问题，迫使对方回答，从中了解对方的实情，这种方法就是以问侦破术。

请看下面这则案例。

20 世纪 50 年代我国一个老预审员在讯问一美国间谍时，有这样一段对话。

预审员："你说说你的生活经历吧。"

间谍："……1948 年到北京，向著名教授学习，准备写博士论文。"

预审员："你研究什么题目？"

间谍："研究管子。"

预审员:“那你给我讲讲老马识途的故事吧!”

间谍:……(怔怔地,说不出一句话来)

预审员:“你说是研究管子的,但连老马识途的故事都不知道。你在中国绝非单纯地研究学问吧!”

预审员的一句问话,便彻底地揭穿了间谍的谎言。

要用好以问侦破术,就必须注意选择能一针见血地击中对方要害的问题。

117 细节盘问

在盘问细节中制服论敌

当论敌为了掩盖破绽、逃避打击而编造谎言,企图蒙混过关时,我们不妨从盘问细节入手,抓住对方的矛盾,寻找突破口,这样往往能将论敌的阴谋戳穿,达到克敌制胜的目的,这就是细节盘问术。

请看一件凶杀案的审讯记录。

在一起凶杀案中,案犯A在偷窃某仓库物品时,被值班守夜人员发现。在搏斗中,守夜人员咬伤了A的耳朵,A杀死了守夜人。A跑回家后,立即与其妻B统一了口径。初审时,A与B的陈述完全一致,但经公安人员几次在细节方面反复询问,立即使其谎言不攻自破。

审讯记录(一)

公安人员:你的耳朵是怎么伤的?

A:昨晚和我老婆打架被她咬伤的。

审讯记录(二)

问:你丈夫的耳朵是怎么回事?

B:昨晚和他打架我咬的。

审讯记录(三)

问:你和妻子是什么时间开始吵架的?

A:晚上十点多钟,当时我看了一下表。

问:为何事而吵架?

A:因为邻居来串门的事。

问:你的耳朵是在炕上被咬的,还是在炕下被咬的?

A:(迟疑)在……炕上,当时我们已经睡下。

审讯记录(四)

问:你和丈夫什么时候开始吵架?

B:八九点钟。

问:为何事而吵架?

B:因为邻居来串门的事。

问:你是在炕上还是在炕下咬他的耳朵的?

B:(不语)在……炕下。当时还没睡觉呢。

从上述四份审讯记录中我们可以发现,尽管A与B曾事先统一过口径,订立了攻守同盟,但是公安人员从细节方面加以盘问,很快便发现了破绽:咬破耳朵的时间八九点钟与十点钟有矛盾;咬破耳朵的地点在炕上与在炕下有矛盾,以及他们睡觉与还没睡觉的供证也有矛盾。公安人员正是对这些细节上的裂痕穷追不舍,才很快破了案。

细节盘问术可以适用于针对不同对象的盘问,也可适用于同一个对象的前后盘问,不管哪种情况,都应特别注意对方在细节方面所出现的矛盾。使用细节盘问术时,语言节奏要以缓慢为主,好似涓涓流水,做到平稳,不露声色,这样可以让对方的意志松懈而忽略在细节方面的重要性。

118 精神助产

苏格拉底受到助产士的启示

古希腊苏格拉底同别人辩论的时候,往往采取一种特殊的形式,他不像别的智者那样称自己知识丰富,而是说自己一无所知,对任何问题都不懂,只好把问题提出来向别人请教。但当别人回答他的问题时,苏格拉底又表示不满意,对别人的答案进行反驳,弄得对方矛盾百出,使对方承认自己错了。这样反复多次,最后通过启发、诱导别人把苏格拉底的观点说出来。但苏格拉底却说这个观点不是自己的,而是对方心灵中本来就有的,只是由于肉体的阻碍,才未能明确地显现出来,他的作用不过是通过提问帮助对方把观点明确而已。这正像苏格拉底当助产婆的母亲一样,虽然年迈体弱不能再生育,却能助产接生,因此,他将自己的这种论辩术称为“精神助产术”。

精神助产术是苏格拉底在讲学和辩论时常采用的方法。苏格拉底通过对话或提问来揭露对方在认识上的矛盾,从而引出每个人心目中的真理。下面我们举一例来说明苏格拉底是怎样施行精神助产术的。

一次,尤苏戴莫斯告诉苏格拉底,像欺骗偷窃之类都是不正义的。于是他们之间展开了一场论辩。

苏:“如果在作战时欺骗敌人,怎么样呢?”

尤:“这却是正义的,不过我说的却是我们的朋友。”

苏:“如果一个将领看到他的军队士气消沉,就欺骗他们说,援军就要来了,因此制止了士气的消沉,我们应该把这种欺骗放在哪一边呢?”

尤:“我看应该放在正义的一边。”

苏:“又如一个孩子需要服药,却不肯服,父亲就骗他,说这种东西很好吃,而由于用了这欺骗的方法竟使孩子恢复了健康,这种欺骗的行为又应该放在哪一边呢?”

尤:“我看应该放在正义这一边。”

苏:“又如一个人因为朋友意气沮丧,怕他自杀,而把他的刀剑一类的东西偷去或拿去,这种行为应该放在哪一边呢?”

尤:“当然,也应该放在同一边。”

苏:“就是说,就连对于朋友也不应该在无论什么时候都坦率行事的?”

尤:“的确不是。如果你准许的话,我宁愿收回我已经说过的。”

苏格拉底在与尤苏戴莫斯的一问一答之中,反复运用启发、诱导的方式,终于使对方放弃了他原来的观点,双方取得了统一的认识,从而使自己获得了论辩的胜利。

苏格拉底的“精神助产”这一论辩方式,在我们今天的论辩中也值得借鉴。

第二节 巧妙回答

一个高明的论辩者不仅应该善于问，通过问来控制对方，还应该善于答，通过巧妙的答来突破对方的控制，使对方的控制失效，问句落空，由被动转为主动。因而要提高论辩能力，论辩者就必须研究答的技巧。

119 借言答辩

借用他人的言论来作答

在论辩的某些场合，论辩者不是直接用自己的话来与对方争辩，而是借用他人的言论来作答，这就是借言答辩术。借言答辩术往往表现为借助论敌提供的话进行反击，以子之矛，攻子之盾。

捷克人居住的某城里住着三个兄弟——三个年轻的商人。有一次他们三人准备到很远的地方去做生意，他们就把钱交给了一个诚实的农民保管，并且说定：只有他们兄弟三个一起来取钱时，才能把钱交还。他们到了很多地方，做了很多生意，陆续回到了家里。然而老三先来到农民这儿，施展种种骗术，拿了钱逃走了。老大老二知道后，十分生气，就告到了法院。法官判决要农民赔钱，不然就要他拿出全部家产作抵押。农民心里难受极了。一个邻居见此情形，对他说："你不用怕，我去法庭为你辩护。"

农民、商人各自带着自己的辩护人来见法官。商人的律师紧扣原来的约定坚持要农民赔偿钱财。这时，农民的辩护人站起来说：

"法官先生，商人的钱就在农民的口袋里，他可以马上还给他们，只是他们之间有这么一个约定：只有他们兄弟三人一起来的时候，才能把钱交还。这样吧，让他们兄弟三人一起来，他们马上就可以把钱取回去。"

法官要老大、老二去找老三，而老三早已无影无踪。最终，两个商人什么也没捞到。

农民的邻居巧借对方的话题：只有三个人一起来，才可以把钱交出来，而现在只来了两个，当然也就不必把钱拿给他们。就这样，农民打赢了这场官司。在这种情况下，巧借对方论题进行反驳不愧是一种有效的制胜方法。

120 借问答问

少了你地球转不转呢?

在论辩中，不妨用论敌的问题反击论敌，本来是论敌用来为难我们的问题，我们巧妙地将这一问题接过来反投向对方，使难题转

移到对方的头顶，这样战局立即就会得到扭转，这就是借问答问术。

有一个工程师在单位里受排挤，要求调动工作。这个单位的领导人不仅不从自己身上找原因，反而振振有词地说：

“走就走，少了你地球就不转啦？”

“是的，少了我地球照样转。不过请问，少了你地球转不转呢？”工程师反问道。

这一问妙极，既然少了我地球照样转，少了你地球也照样转，少了任何一个人地球都照样转，那么对方攻击别人“少了你地球就不转啦？”显得毫无意义，如同说了一句废话。工程师这里巧借对方问话，一举便击中了对方的要害。

使用这种方法就像将敌人扔过来的手榴弹抓起来反投过去一样，结果是在敌人的头顶开了花。使用时必须当机立断，不可拖延，稍有迟疑，就有失败之嫌。

121 返还答辩

将对方污蔑之词返还给对方

在论辩中，我们必须善于将对方抛出的种种污蔑不实之词，巧妙地反还给论敌，这就是返还答辩术。

过去有个药铺老板每到除夕晚上，就点上香向菩萨祷告：

“大慈大悲的菩萨，愿您保佑男女老少都多病多灾，让我好发一笔大财！”

这话被一个下人听到了。不久老板的母亲得了病，躺在床上哼

哼叽叽的。下人对老板说:“这下老太太病得不轻,这全是托菩萨的洪福!”老板大怒。下人又说:

“老板息怒,您不是求菩萨保佑男女老少都得病吗?这下菩萨显灵了。”

这个下人巧借老板的话来反击老板,老板只能哑口无言。

有一次,阿凡提害眼病,看不清东西。国王还取笑他道:

“你不论看什么,都把一件东西看成了两件,是吗?你本来穷得只有一头毛驴,现在可有两头了,阔起来了。哈哈!”

“真是这样,陛下!”阿凡提说,“比如我现在看您就有四条腿,和我的毛驴一模一样呢。”

国王借阿凡提害眼病,用“只有一头毛驴看成了两头”来讥讽阿凡提贫穷;阿凡提则借此嘲笑“看国王有四条腿,和毛驴一模一样”,把国王的讥讽嘲笑返还给了对方。又如:

父亲:“你为什这么笨?”

儿子:“遗传的。”

父亲:“你这么笨,真是小猪罗。你知道什么是小猪罗吗?”

儿子:“知道,是猪的儿子。”

儿子巧妙地把父亲的话返还给了父亲。

说明一点:本来“小猪罗”是骂人的话,但在这里的是“风趣式反语”,在家庭内,在父子亲人间常用。风趣反语是为了风趣、幽默、诙谐而说的反语,字面上是贬义,实际上是表达褒义。比如:

> 几个女人有点失望,也有些伤心,各人在心里骂着自己的狠心贼。(孙犁《荷花淀》)

“狠心贼”本是骂人的话,但在此处并无责骂之意,相反更能表示爱的深沉真挚,这其中有对丈夫的埋怨,但更多的是爱恋、惦念、亲昵、喜欢之情。

122 蝉联答辩

大概是只有两个人的比赛吧!

在论辩中,我们有时可以顺着对方的话来发挥,形成与对方语意的对抗,揭示出对方的实质,这就是蝉联答辩术。

请看病人与护士之间的一则对话。

病人:“请把我安排在三等病房,我很穷。”

护士:“没有人能帮助您吗?”

病人:“没有,我只有一个姐姐,她是修女,也很穷。”

护士:“修女富得很,因为她和上帝结婚。”

病人:“好,您就把我安排在一等病房吧,以后把账单寄给我姐夫就行。”

在这段对话中,病人顺着护士的话“修女富得很,因为她和上帝结婚”,要求对方把账单寄给上帝。护士当然不会同意将账单寄给虚无缥缈的上帝,这样就深刻揭示出护士言论“修女富得很”的荒谬本质。

又比如,某人喜欢打乒乓球,可球艺并不怎么行,甚至可以说是很差,可他却吹牛说:

“你可别小看我,我参加乒乓球比赛得过亚军呢!”

有人回答道:“这是可能的,大概那是在只有两个人参加的比赛吧!”

对这个人的吹牛,直接进行反驳说:“你的球艺很差,根本不能得什么亚军”,这也许可以达到反驳对方的目的,但这样却太尖刻,“火药味”太浓。如改用蝉联答辩的形式,顺着对方的话意来应答,然后巧妙地说是在“两个人的比赛中得了亚军”,同样也可以达到否定对方话语的目的,但却多了一层曲折,有活泼感,也透露出一种机智。

123 相反应对

这是维护什么尊严?

相反应对术,就是处处从对方说话的反面进行应答,并进行透彻精辟的分析,迫使对方接受我方观点的论辩方法。比如:

1923 年 2 月,夏明翰因为叛徒的告密而被捕。他毫不屈服,在审讯中用自己的机智和敌人针锋相对。

敌主审军官问:“你姓什么?”

“姓冬。”夏答。

“胡说,你明明姓夏。为什么胡讲?”

“我是按照你们的逻辑在跟你们讲话。”夏明翰答道,“你们就是这样,把黑说成白,把天说成地,把杀人说成慈悲,把卖国说成爱国。我姓夏,当然要说成冬了。”

“有无宗教信仰?”敌主审军官又问他。

“我们共产党人不信神,不信鬼,不像你们一手捧《圣经》,一手举屠刀。”

夏明翰为了揭露反动派的恶行,痛斥他们的卑劣,揭露敌人的荒谬，处处用咄咄逼人的言辞，从对方说话的反面进行应答，这就是相反应对术。应用这种技巧，要善于听清对方原话，及时辨明其真实意图，然后从反面给予鲜明有力的答复。

再请看某辩护律师在一起流氓案审判中，为年轻女护士柳某所作无罪辩护的一段精彩论辩。

辩护律师："原判决认定被告人以'色情勾引'留学生，毫无根据。被告人与卡尔之间虽有越轨行为，但并不能改变正当恋爱的性质。这种恋爱关系符合国家关于中国人同外国人结婚问题的规定，合法。起诉书提出柳某与卡尔之间书信往来频繁，我认为，通信本身并非违法行为；相反，公民通信自由受法律严格保护，书信往来频繁也不是什么过错。至于被告人与亚诺的关系，已有大量的证据证明亚诺是个与留学生身份极不相称的地道流氓。他趁被告人与卡尔联系最困难的时候，用极其卑鄙的手法奸污了被告人。他的这些丑恶行径完全不能归咎于被告人自身的错误，相反正好说明被告人的不幸、无辜和被损害的事实。"

公诉人："是黑的终究变不成白的，不管辩护人说得怎样天花乱坠，被告人的流氓行为造成了极坏的国际影响是不容置疑的事实。"

辩护律师："从某种意义上来说，真正有损国家声誉的是那些把中华妇女视为草芥的执法者。在中国的土地上，中国妇女被外国人凌辱，作为中国执法者不但不维护她的合法权益，反而高声喊打，落井下石，如同加害者所希望的那样，试问这是维护哪家法治？维护什么尊严？"

在这场论辩中，双方表现出极其尖锐的矛盾对抗，辩护律师处处从对方说话的反面进行分析论辩，最后连连反问，使得公诉人语艰汗颜、败下阵来。

面对律师的正义辩护，审判长最后宣判："被告人无罪，当庭释放！"

当然，相反应对的目的是为了坚持真理。如果明明知道自己错了却又死硬偏执，这就往往给人留下恶劣的印象。恩格斯那样一位伟人尚且因为曾经嘲笑过关于哺乳动物可以产卵的说法而主动"向鸭嘴兽道歉"①，我们如果有错误，又为什么要固执对抗呢？

124 模糊答辩

外交的最高技巧

一般来说，论辩语言应该准确，不能含糊，但这并不是绝对的。**在某些特殊的论辩场合，对于一些难以精确作答而又不能不答的问题，运用一些具有模糊性的语言，反而可以使自己在咄咄逼人的发问者面前进退自若，化解被动局面，这就是模糊答辩术**。

在首届中国名校大学生辩论邀请赛中有道辩题是"流动人口的增加有利于城市的发展"，在这场辩论中复旦大学队持正方立场，主张流动人口的增加有利于城市的发展。

反方："请对方辩友正面回答，你们为城市的发展选择何种模式？"

正方："健康的发展模式，而这个健康的模式就离不开流动人口的增加。我请问对方辩友，你们既不让流动人口增加，又不让流动

---

① 马克思，恩格斯：《马克思恩格斯全集》第39卷，北京：人民出版社1960年版，第411页。

人口减少,你到底让流动人口怎么办呢?"

复旦大学队如果一本正经地回答自己对城市发展模式的选择,既费时费力又有受制于人的感觉,而选用"健康的发展模式"这一模糊语言,便作出了完美的答辩。

模糊答辩由于所使用的是模糊语言,具有伸缩性强和变通性大的特点,因而它在外交的场合经常被使用,古今中外概莫能外。正因为模糊答辩在外交中的独特作用,因而被外交家称为"外交的最高技巧""使对方拿不定主意的原则"。

125 怪问怪答

用奇怪语句回答奇怪的问题

在论辩中,当对方提出一些奇怪荒谬的问题,如果按正常的方法或从正面回答是难以奏效的,这时,我们可以把对方的话作为背景,采用同样奇怪的语句回答,以怪答制怪问,这就是怪问怪答术。

据《三国志·秦宓传》载,三国时,吴国使者张温出使蜀国,曾与秦宓有一段精彩的论辩。

张温问:"天有头乎?"

秦宓答:"有头。"

"头在何方?"

"在西方,诗云:'乃眷西顾'。以此推之,头在西方也。"

张温又问:"天有耳乎?"

秦宓答:"天处高而听卑。诗云:'鹤鸣九皋,声闻于天',无耳何能听？”

张温问：“天有足乎？”

秦宓答：“有足，诗云：‘天步维艰’，无足何能步？”

张温又问：“天有姓乎？”

秦宓答：“岂得无姓？”

“何姓？”

“姓刘。”

“何以知之？”

“天子姓刘，以故知之。”

张温的问题提得实在奇怪，而且稀奇古怪的问题接踵而来，如果按正常的方法去回答或反驳，谁都难以说清楚，秦宓便用怪答来对之，对答如流，妙语连珠，表现了他非凡的应变才能。

使用怪问怪答术，对于论敌的怪问，应根据问话内容而随机应变，以歪对歪，不必拘泥于常理，只要能自圆其说就行。

126　闪避答问

太阳正圆着呢！

在论辩中，对于论敌提出的某些问题，我们难以回答，或不愿回答，或不屑于回答时，我们有必要采用一些巧妙的方法来加以回避，这就是闪避答问技巧。

《吕氏春秋·淫辞》中记载了庄伯与父亲的这样一则答辩。

那时没有钟表，便以太阳的方位来判定时间的早晚。楚国的柱

国庄伯想知道现在是什么时候了,便对父亲说:

“您去外面看看太阳。”

“太阳在天上。”父亲说。

“您看看太阳怎么样了?”

“太阳正圆着呢!”

“您去看看是什么时辰?”

“就是现在这个时候。”

尽管儿子庄伯是柱国,即全国最高武官,地位显赫,但父亲毕竟是父亲,儿子随意支使父亲,父亲当然不高兴了。因而对儿子庄伯的要求不愿答复,使用闪避答问术一概加以回避。

有些问题我们不屑于回答,不妨用闪避答问术来回避。比如,有一个打扮时髦的富商妻子,来拜访一位名作家,她问道:

“什么是开始写作的最好方法?”

“从左到右。”作家回答。

对于这样一个饱食终日、无所事事的阔太太,作家不屑于回答,因而使用闪避答问术表达了对对方的嘲讽。

闪避答问术的主要作用在于防御而不在于进攻,但也往往能表现出论辩者灵巧的应变能力和巧于周旋的聪明才智。一个论辩家不但要善于进击,还必须善于有效地保护自己,因而就很有必要掌握闪避答问术这一论辩防身的技巧。

127 借代闪避

第二次世界大战是好是坏?

借代就是不直接说出某一事物的名称,而用另外一种与该事物密切相关的事物来代替的修辞方式。**在论辩中,当碰到一些难以回答而又不得不回答的提问时,我们不妨用借代的方法,借用其他事物来代替我们所要讨论的问题,这样便可以达到回避对对方问题实质性回答的目的,这就是借代闪避术**。

据说,有人曾向耶稣提出这样一个问题:

"我们应当向凯撒大帝纳税吗?"

耶稣一听,马上明白提问者的诡诈。因为如果说"没有纳税的必要",这个人即可以叛国罪告发耶稣,后果不堪设想;如果说"应该纳税",就会使他的弟子失望,表明他是屈从皇家权力的人,而当时民众都在重压下挣扎呻吟,痛苦万状。这时,耶稣向旁边的人借了一枚罗马金币,然后问发问者:

"金币上面的画像是谁?"

"是凯撒大帝。"

"那么属于凯撒的东西就应该给凯撒,属于神的东西就还给神吧!"

耶稣在对方的狡诈发问面前,使用的就是借代闪避术。他借用一枚罗马金币来代表对问题的答复,而对问题的实质则不直接作出肯定或否定,这就巧妙地达到了回避的目的。

要使用好借代闪避术，关键是要注意因时因地因事选择好恰当的可以用来代替的事物。比如，有一次，英国一家电视台采访中国作家梁晓声。记者在双方进行一些交谈后，突然提出一个问题：

“没有‘文化大革命’，可能也不会产生你们这一代青年作家，那么‘文化大革命’在你看来究竟是好是坏？”

梁晓声略为一怔，未料到对方竟会提出如此难以回答的怪题。他灵机一动，立即反问：

“没有第二次世界大战，就没有以反映第二次世界大战而著名的作家，那么，您认为第二次世界大战是好是坏？”

对于对方的难题，梁晓声巧借第二次世界大战来作答，反而把难题转移到了对方头上。

128 转意闪避

“我在蓄络腮胡子！”

转意闪避就是故意歪曲对方问话的原意，然后进行回答，借以达到回避对方问话目的的答辩方法。

小仲马是一个极富幽默感的作家。有一次，一个爱缠人的人想知道小仲马最近在做什么。小仲马回答道：

“难道你没有看见？我在蓄络腮胡子！”

对方问话的原意显然不是在于打听小仲马是不是蓄络腮胡子，但是小仲马巧转话意，一句变答，便轻而易举地摆脱了对方的纠缠。

又如，国外有一个导游陪同旅游团到某一个历史名城参观。

“请问有什么大人物诞生在这个大城市吗?”游者问。

导游一下子茫然了,因为他根本不知道。然而,一个导游陪同参观团参观古城,却连古城历史上有哪些名人都不知道,这是一个很难堪的事情,但他非常机敏地说:

“不!先生,这个城市里诞生的都是婴儿。”

旅游团里的人们哈哈大笑,导游巧转语意摆脱了窘境。

在日常生活中可能碰到这种情况:孩子问妈妈关于生殖的深层问题,这问题认真说不行,不可正面回答;胡言乱语,显然有失科学性。怎么办?请看下面一则对话:

孩子:“妈妈,我是你生下的吗?”

妈妈:“是呀。”

孩子:“你怎么生的?”

妈妈:“在医院生的。”

孩子:“人是怎么来的?”

妈妈:“看猴吧,孩子,猿猴是人类的祖先。”

非常明显,这个小孩询问妈妈“你怎么生我的”“人是怎么来的”等问题,用意是在于打听生育分娩的具体过程,这种问题是不便向小孩直接挑明的。于是,这位妈妈便采用了转意闪避术,将对方问话的原意改换为“在什么地方生的”“人是由什么演变而来的”,然后用“在医院生的”“人是由猴子变来的”等来回答,这就巧妙地达到了回避对方问话实质的目的。

使用转意闪避术必须注意,语言表达要委婉含蓄,隐蔽自然,不留斧凿痕迹。

129 类别闪避

全国需要修多少厕所？

一次，一个被周恩来总理接见的美国记者不怀好意地问：

“中国现在有四亿人，需要修多少厕所？”

这纯属无稽之谈，可是，在这样的外交场合，又不便回绝，周总理轻轻一笑，回答道：

“两个！一个男厕所，一个女厕所。”

对于这个外国记者的提问，周总理既没有直接拒答，来个“无可奉告”，更没有指责对方动机不良，而是采用厕所的种类来作答。这样既拒绝了对对方的无聊问题的回答，又不破坏招待会的和谐气氛，显示了周总理非凡的应对才能。

有的概念是以事物的个体为反映对象的，比如，“我班有40名学生”，这里的“学生”是以学生的个体为反映对象的。有的概念反映的是事物的类别，比如，“我班的学生有两类：男学生和女学生”，这里的“学生”反映的是学生的类别。反映事物个体的概念与反映事物类别的概念是不相同的，不容混淆。但是，在某些特定的论辩场合，为了回避对方提问，不妨故意混淆它们之间的区别来达到目的。**类别闪避术就是将以事物个体为反映对象的概念转换为以事物类别为反映对象的概念来回避论敌的方法**。

同样地，刘墉与乾隆皇帝之间的一次论辩也是如此。

一天，乾隆皇帝闲来无事，想刁难大臣刘墉，问他：

“京师九门每天出去多少人？进来多少人？”

刘墉一伸两个指头：“俩人儿！”

“怎么只俩人儿？”

刘墉说：“万岁，我说的不是两个人，而是两种人：一是男人，一是女人，这不是俩人儿吗？”

乾隆又问：“你说全大清国一年生、死各多少人？”

刘墉答：“回奏万岁，全大清国，一年生一人，死十二人。”

“照此下去，岂不是没人了吗？”

刘墉说：“我是按属相来说的。比方说，今年是马年，无论生一千、一万、十万、百万，都属‘马’，故此说一年只生一人。而一年当中，什么属相的人都有死的，不管死多少，总离不开十二属相，所以我说一年死十二人。”

刘墉由于巧用类别闪避术，有效地达到了回避对方难题的目的。

130 条件闪避

设定条件来回避对方提问

条件闪避术就是通过设定某种条件来达到回避对方提问目的的方法。

有些语句脱离一定的条件，单独地来看，它是假的，但是，通过设定一定的条件，把它放在一定的条件下来讨论，它又可以是真的。因而，当我们要回答一些难以回答的问题时，可以通过设定条件来缩小我们语句的适应范围，从而达到回避对方提问的目的。比如：

南齐王僧虔是晋代王羲之的四世族孙，他的行书、楷书继承祖法，造诣很深，是当时著名的书法家。南齐太祖萧道成也擅长书法，而且不乐意自己的书法低于臣下。一天，齐太祖提出，一定要与王僧虔比试书法的高下。君臣两人都认真地各写完一幅楷书后，齐太祖得意地问王僧虔：

“你说说，谁第一，谁第二？”

王僧虔眉头一皱，计上心来，便从容答道：

“臣的书法，人臣中第一；陛下的书法，皇帝中第一。”

齐太祖听了，只好一笑了之。

王僧虔要么回答“齐太祖第一”，要么回答“自己第一”。若回答齐太祖第一，既违背事实，又贬低了自己；若回答自己第一，又会得罪皇帝。于是他巧妙地设定条件，把它分别放在“人臣”与“皇帝”的条件下来讨论。自己的书法在以人臣为对象的条件下来说，是第一；陛下的书法在以皇帝为对象的条件下来说，也是第一。这样便回避了尖锐的矛盾，既没贬低自己，又使君王得到满足。

131 循环闪避

獐边是鹿，鹿边是獐

有些语句，甲句需要乙句来解释，可是后来乙句又倒过来需要甲句来说明，这就是语句的循环。在论辩中，巧妙地利用这种语句的循环现象，有效地达到回避论敌提问的目的，这就是循环

闪避术。

王安石的儿子王元泽（王雱）年幼时，有个客人送给他们家一头小鹿和一头小獐，同关在一个笼子里。客人问王元泽：

“你知道哪只是獐，哪只是鹿吗？”

王元泽从未见过鹿和獐，沉思良久，答道：

“獐边上的是鹿，鹿边上的是獐。”

客人对王元泽的答复大吃一惊。

王元泽回答哪头是鹿时要用獐来说明，而指出哪头是獐时又倒回来要用鹿来解释，这就构成了循环。王元泽对于这个难以回答的问题使用循环语句便巧妙地应付过去了。又如：

甲：“小弟弟，你今年几岁了？”

乙：“比去年大一岁。”

甲：“那你去年几岁啊？”

乙：“比今年小一岁。”

这个小朋友也许不想回答对方的问题，便用一组循环语句巧妙地加以回避。

有的语句兜的圈子小些，有的兜的圈子还可以大些。比如，有个叫卡巴延的人正在挖洞穴，西拉赫走到他面前问：

“卡巴延，你干嘛要挖洞啊？”

“种香蕉。”

“种香蕉干嘛？”

“吃呗！”

“为啥要吃香蕉？”

“为了得到力气。”

“得到力气有啥用？”

"挖洞。"

由"挖洞"这一语句开始，经过一系列的问答后，结果又回到了"挖洞"这一语句，这就构成了循环。西拉赫如果还要坚持他的无聊的提问的话，卡巴延自然不过是将上述语句重复一遍而已。这样便达到了回避对方提问的目的。

为应对爱刨根问底的发问者，巧妙地构造循环的语句来回答，有着独特的回避效果。

132 重言闪避

峰从飞处飞来

在杭州西湖的飞来峰下面，有一座冷泉亭。人们游览了灵隐寺、飞来峰等处以后，常常来到这座亭里休息。在冷泉亭上，有这样一副明代董其昌的题联：

泉自几时冷起？峰从何处飞来？

由于对联是两句问话，于是许多游人写了不少答联。有一天清代著名学者俞樾偕其妻女来到此地，女儿俞绣孙答了一联：

泉自禹时冷起，峰从项处飞来。

对此，俞绣孙解释道："泉自禹时冷起，是指冷泉从大禹治水时候开始变冷的；峰从项处飞来，是指峰从项羽那儿飞来。项羽曾唱：'力拔山兮气盖世'，如果不是项羽将山拔起，峰怎么会飞来？"

这种答联未免牵强附会，并不十分可信。而俞夫人的一副答联，谁也无法指出其为假：

泉自冷时冷起，峰从飞处飞来。

这副对联使用的便是重言命题的形式。

重言命题又称为永真命题，它不管在任何情况下都是真的。尽管它在任何情况下都是真的，可是又不可能提供给对方所希望得到的知识，因而它被认为是无意义的。**在论辩中，当我们面对一时难以回答或不愿直接回答而又不得不回答的问题时，不妨采用重言命题的形式。这样既不至于说假话，又可以巧妙地达到回避对方提问的目的，这就是重言闪避术。**

在日常生活的答辩中，你不妨一试。比如：

(1)“你是谁家的孩子?”

“我是我爸爸妈妈的孩子。”

(2)“你什么时候结婚?”

“我结婚的时候结婚。”

(3)“你去什么地方?”

“我去我将要去的地方。”

这种答话毫无意义，却又永远为真。

133 两可闪避

反复无常的共生双体鱼

在论辩中，当对方要求我们从两种情况中作出选择，不管选择哪一种，都会令我们为难，这时，不妨将两种情况同时加以选择，以

达到回避对方的目的，就是两可闪避术。

有个渔夫捕到一条非常美丽的鱼，这种鱼他以前从未见过。他想：要是把这条鱼拿到市场上去卖，也得不到多少钱，还不如把它献给国王，如果他喜欢，说不定能领到一笔赏钱呢。拿定主意后，渔夫就把鱼送到宫里，献给了国王。

国王见到这条既奇怪又美丽的鱼，心里十分高兴，便下令赏给渔夫一百枚金币。国王身边的一个大臣，看到渔夫得了那么多钱，心里很不痛快。他附身在国王的耳边悄悄说："陛下，为这么一条鱼而赏给渔夫一百枚金币，实在是不值啊！"

"君无戏言，我既然已经说出口了，就不能再收回了。你叫我怎么办呢？"国王低声对大臣说。

大臣眼珠转了一下，马上有了主意：

"这个容易，陛下可以问问这个渔夫，这鱼是公的还是母的。如果他说是母的，您就要说是公的；如果他说是公的，您就要说是母的。无论怎么说，您都可以把账赖掉。"

听完大臣的建议后，国王非常高兴，便问渔夫："你能告诉我这鱼是公的还是母的吗？"

"尊敬的陛下，这是一条反复无常的共生双体鱼！"渔夫答道。

渔夫的回答可谓天衣无缝，国王无奈只好赏给他一百枚金币。

国王的问话"这鱼是公的还是母的"，是要渔夫从中作出选择，不管选择哪一种，国王都会把账赖掉。渔夫识破了大臣的诡计，回答"这是一条反复无常的共生双体鱼"，对这两种情况同时加以选择，这样便使对方的诡计落了空，又给了对方的反复无常以微讽。又如：

甲："我喜欢吃甜味的食品。"

乙:“我喜欢吃酸味的食品。丙,你呢?”

丙:“我喜欢吃糖醋食品,像糖醋鱼、糖醋排骨,又酸又甜的。”

这里丙使用的便是两可闪避术。

134 借口闪避

我感冒伤风了,闻不出味来

通过寻找某种借口来达到回避难题的方法,便是借口闪避术。

有这样一则民间故事:

森林大王狮子饿了,想吃其他野兽,但得找个借口,便张开血盆大口问狗熊:“你闻闻,我口里是什么气味?”狗熊闻出一股食肉动物特有的腥臭味,回答说:“有一股臭味。”狮子怒道:“你诽谤我,不是好东西!”于是将狗熊吃掉了。

第二天,狮子又饿了,又如法炮制地问猴子。有了昨天狗熊被吃掉的教训,猴子便乖巧地说:“啊呀,好一股香味,好闻极了!”狮子怒道:“我食肉,又不刷牙,口里怎么会有香味?你这不说真话的家伙,留你何用?”于是又将其吃掉。

第三天,狮了又饿了,还是如法炮制地问兔子。兔了假装闻了闻,说道:

“报告大王,昨夜我感冒伤风了,现在鼻子仍然不通气,实在闻不出什么气味来。等我过几天好了再来闻吧。”

狮子找不出什么借口,只好将兔子放了。

兔子面对狮子“我口里是什么气味”的提问,回答香不行,回答臭也不行，于是找了个借口，“我感冒伤风了，闻不出味来”，便巧妙地达到了回避难题的目的。

135 空话闪避

小姑娘长大是妇女

空话闪避术就是用一些信息度为零的话来回答对方的提问，这种话往往是空而不假。比如：

有人向瑞士著名教育家彼斯塔洛奇提出这样一个伤脑筋的问题：“您能不能看出一个小孩长大后成为什么样的人？”

“当然能，”彼斯塔洛奇很干脆地答道，“如果是个小姑娘，长大一定是个妇女；如果是个小男孩，将来准是个男人。”

小姑娘长大后是妇女，小男孩长大后是男人，这是众人皆知的事实，这种话对一般人来说所提供的信息等于零，是一句废话，但它又是真的，提问者的用意显然不在于此。彼斯塔洛奇正是用这种空而不假的话回避了对方提出的只有占卜先生才能回答的怪问。

特别是在外交场合，当对方提出一些棘手的问题，你不回答不行，实打实地回答也不行，这时空话闪避术便大有其用武之地。比如，在一次记者招待会上，一名外国记者问王蒙：

“请问50年代的王蒙与80年代的王蒙有什么相同与不同？”

“50年代我叫王蒙，80年代我也叫王蒙，这是相同之处；不同的是，50年代王蒙20多岁，而80年代的王蒙50多岁。”王蒙答道。

记者提的问题，时间跨度大，三言两语一时难以讲清楚，因而王蒙使用空话闪避术，用一些众所周知的空而不假的话来回避记者的潜在用意，显示了作家的机智幽默，同时又调动了人们欢悦的情绪。

空话闪避术是外交场合常用的方法，因而这种空话被外交家们称为“伟大的空话”。

136 假话闪避

用竹竿捅下了 U-2 飞机

假话闪避术就是用说假话的形式来回避论敌问题实质的方法。

在一次中外记者招待会上，一个西方国家的新闻记者提出这样一个问题：

“最近，中国打下了美制 U-2 型高空侦察机，请问，使用的什么武器？是导弹吗？”

对于这个涉及国防机密的问题，时任国家副总理陈毅并没有以“无可奉告”顶回去，而是风趣幽默地举起双手在空中做了一个动作，然后有几分俏皮地说：

“记者先生，我们是用竹竿把它捅下来的呀！”

一句话引起一阵哄堂大笑。

陈毅用众所周知为假的话语，幽默而又风趣地达到回避对方提问的目的。

一般来说，假话是丑的表现，我们反对讲假话。但这并不是绝对的，假话有时候却是善良、智慧的表现，假话闪避术中的假话就是如此。

第三节 语义辨析

语义是语言表达式所代表的意义。

现代语义学比传统语义学有了很大的发展，传统语义学只研究词的词汇意义和词义的变化，使语义学成了词汇学的一个分科。现代语义学无论在深度和广度上都超过了传统语义学，它一方面朝纵深发展，进入了语义的微观层次，产生了义素和语义场的研究；另一方面，它又扩大了研究范围，跨进了句子领域，研究句义结构。语义学的研究成果无疑是我们提高论辩中语言表达能力的宝贵财富。

137 言语歧义

烧得通红的铁与一块钱

自然语言具有歧义性，有时同样一句话，可以表达这样一种含义，又可以表达另一种含义，利用自然语言的这种歧义现象来论辩取胜的方法，就是言语歧义术。

一个小孩站在铁匠铺旁边，看铁匠打铁。铁匠有些讨厌他，便夹出一块烧得通红的铁，凑到小孩面前吓唬他。小孩眨了眨眼说：

"你给我一块钱，我就敢用手抓住它！"

铁匠听后，马上拿出一块钱给了小孩，小孩接过钱抓在手上，放进兜里走了……

"用手抓住它"的"它"，指的是什么？铁匠认为是指烧红的铁，小孩却是指一块钱，这就产生了歧义，铁匠因此中了小孩的计。又比如：

有个老方丈问众僧："有一个偈子的内容是，绵绵阴雨两人行，奈知天不淋一人？你们能说出其中的道理吗？"一个和尚说："这是因为有一个人穿了蓑衣，另一个没穿。"又一个和尚说："这是下的局部性阵雨，所以一个挨了淋，另一个没挨淋。"还有一个和尚说："这是因为一个人走在路当中，另一个则走在屋檐下。"互相争论，没有结果。最后老方丈解释说：

"你们众人都执着于'不淋一人'的文字，当然就无法发现真相了，说是'不淋一人'，那不是说两个人都淋湿了吗？"

这里的"不淋一人"就是有歧义的，它可表示为有一个人没淋湿，也可表示为不会只淋湿一个人，而是两人都淋湿了。老方丈正是利用这种歧义将众僧难倒。

巧妙借助歧义语句，还可以使我们在论辩中处于主动，左右逢源。

一个星期天，小吴和未婚妻小刘、小刘的母亲一起泛舟湖上。突然，小刘的母亲问小吴："如果此刻风起船翻，我们母女同时落水，而客观上只能一个一个地被救上来，你先救谁？"

机智聪明的小吴稍一思索，顺口答道："先救未来的妈妈！"

小吴这里的答辩“先救未来的妈妈”便是一个歧义语句。它可以表示先救小刘，因为小吴和小刘结婚后，就会生小孩，小刘是未来的妈妈；它也可以表示先救小刘的母亲，因为小吴和小刘结婚后，小吴称呼小刘的母亲为妈妈，是未来的妈妈。小吴使用的歧义语句灵活机动、左右逢源，难怪小刘和她母亲听了，都满意地点了点头，会心地笑了。

语言的歧义是一种客观存在的语言现象，巧妙地借助语言的歧义性，可以使我们的论辩语言变得曲折多姿，给人以长久的思索与回味的余地。

138 语义精确

“那么就让我老死吧！”

语义精确术就是要求我们的论辩语言必须精密、准确，避免被人钻空子、找岔子。比如：

有个国王命令处死一个小偷，小偷请求国王宽恕。国王说：“你犯了大罪，我怎么能宽恕你呢？我只同意你选择一种死法。”

“那么就让我老死吧！”小偷高兴地说。

国王的本意是让小偷现在就死，但他提供的前提是个模糊的语句，可以被理解为一个穷尽一切死法的析取命题，当然包括将来老死的析取支。由于提供前提的语言模糊，被小偷钻了空子，小偷当然高兴了。

我们要防范这种诡辩，就要求我们的语言必须精确，尤其是在司法论辩的场合。正如孔多塞所说：

“希腊人滥用日常语言的各种弊端，玩弄字词的意义，这种诡辩却也赋予了人类的精神以一种精致性。”

139 精密释义

在心口处割一刀，取一磅肉

精密释义术，就是指通过赋予某些词语以精确的含义来制服论敌，达到论辩取胜目的的方法。让我们先来看看莎士比亚剧本《威尼斯商人》中的一场精彩的法庭论辩吧。

安东尼奥是个年轻的商人，常常借钱给有困难的人，并且不收利息；而高利贷商人夏洛克却非常刻薄、凶恶、令人讨厌。由于安东尼奥经常指责夏洛克不该收人家这么高的利息，因而夏洛克对他怀恨在心，蓄意报复。

安东尼奥有个朋友叫巴萨尼奥，因为没钱结婚，向安东尼奥借钱。可是安东尼奥的钱都用于购货了，船只在海上还没有把货运回来，身边没钱，安东尼奥只好向夏洛克借3 000金币。夏洛克一见报复的机会来了，就假惺惺地说：

“你以前骂我不该收人家的利息，好，现在我借3 000金币给你，并且不要你一点利息。但我们要到律师那儿开玩笑似的签个条约：‘到期如果不还，就由夏洛克在安东尼奥身上靠近心口所在处割一刀，取一磅肉。’”

可是，到了还钱这天，安东尼奥接到消息，他的船只在海上遇上风暴全部沉入海底。安东尼奥没钱还债，狠毒的夏洛克将他告到法院，坚持要按条约办事，从安东尼奥靠近心口处割一刀，取一磅肉。法庭上，公爵劝说夏洛克放弃这种做法，丝毫无效。这时巴萨尼奥的妻子鲍细亚女扮男装，从她的律师朋友那里弄来介绍信，以律师秘书的身份来到法庭。这个案子就由鲍细亚来审理。鲍细亚劝说夏洛克放弃这种残酷的做法，可夏洛克心狠似铁，他只要求依法办事，绝不做任何让步。这时，鲍细亚说：

"根据条约，安东尼奥的这磅肉就判给你了，你准备好刀子去割肉。"

夏洛克得意洋洋，举起了锋利的尖刀。安东尼奥解开衣服，露出了胸脯，准备从容就死而不连累任何朋友。

鲍细亚又说："夏洛克，请一个外科医生来替他把伤口堵住，费用由你负担，免得他流血而死。"

夏洛克说："条约上没有这一条，我做不到！"

正当夏洛克要去割肉时，鲍细亚说：

"且慢，这条约上也并没有允许你取他一滴血，只是写明一磅肉，所以你割肉时要是流下一滴血，你的土地财产就要全部充公！同时只准割一刀，也不准超过或不足一磅的重量。要是你一刀割下来的肉比一磅稍微轻一点或重一点，即使相差只有一丝一毫，就要拿你抵命，你的财产全部充公！"

显然这是不可能的，夏洛克一下子泄了气，他请求不割肉而要钱。法官说："法庭已经判决，不能更改。"夏洛克要求撤诉，不打官司了。鲍细亚援引法律条文说，任何企图用直接或间接手段谋害任何公民，且查有实据者，财产半数充公，半数归受害人，生命由本城公爵处置。夏洛克落入了法网。

鲍细亚由于给“一磅肉”这个概念以最精确的含义，因而终于挽救了一个善良的青年人的生命，给了凶残狠毒的夏洛克应有的惩罚。

精密释义术在司法诉讼中是一种非常有用的方法，在那样的场合里，常常必须对法律条文、证人证言、合同条约等反复进行推敲，给出最精密的、确切的含义，有时甚至会因为对某个字词认识的不同而牵涉全案，决定当事人的生死命运。

140 义素分析

“消除”与“遏制”的区别

现代语义学对词义即义位的微观探索主要表现在义素分析上。**义素是义位的构成成分，将义位分析成更小的构成成分即义素，通常称为义素分析法，将这种方法运用于论辩中，就是义素分析术**。

比如，“单身汉”的语义可分析为“男性”“成年”“无偶”“人”等义素组成。义素分析术是一种简单而精确的分析词义的方法，有助于我们辨析词与词的语义关系，特别是能将一些意义相近的词区别开来，这在论辩中有着重要的作用。

请看长虹杯全国电视辩论赛关于“法治能消除腐败”的辩论中，正反双方关于“消除”一词的语义分析：

正方：“……而社会领域的消除，不能简单地理解成绝对为零，而是一个越来越少，趋向于零的过程，直到腐败作为一个普遍性的社会问题已不存在，个别现象即使偶有发生也能及时发现及时处理。”

反方：“我们必须看到，法治只能遏制腐败，而不能消除腐败。正所谓无法不足以治天下，天下非法所能治也……对方又说，消除不能理解成绝对为零，而是作为一种现象不存在，零星个别的腐败存在也叫作消除。那我感到奇怪了，假如我们北京大学的校长在此宣告：我们北京大学已经消除了考试作弊的这种丑恶现象，只是还有个别同学在实在不会的情况下才偶尔互相抄一下，难道这叫消除吗？”

反方中山大学队在这节辩词中，首先指出对方将“消除”改换为“遏制”的错误，并紧紧扣住“消除”与“遏制”的区别，对它们进行了精确的语义分析，具体来说就是：

消除：[……＋使某现象为零]

遏制：[……－使某现象为零]

其中“＋”表示具有某义素；“－”表示不具有某义素。也即“消除”的关键是具有“使某现象为零”的义素，而“遏制”则不具有这一义素，再加上以大学考试作弊这一具体事例来形象类比，具有极强的征服力量。

我们需要说明一点，在论辩中运用义素分析法，我们的立足点在于语言的实际运用，强调把握不同义位中的那些具有区别特征作用的义素，因为如果要将义位中的一切义素都罗列出来既无必要，也会因认识水平和知识范围的限制而不可实现。

另外，义素分析法还可以说明词与词之间的语义组合是否有效。词语的搭配不但受语法规律的支配，还受语义条件的限制，要求搭配在一起的词语的义素之间没有矛盾的义项。

请看 1995 年国际大专辩论会关于“社会秩序的维系主要靠法

律”的论辩中的一段辩词：

正方：“对方辩友一再强调道德教化的作用，如果道德教化真的是这样神通广大的话，我们来看一下吧，东郭先生对狼也是循循善诱、仁至义尽，可是结果呢？还不是差点被狼吃了吗？”

反方：“首先必须指出对方辩友的一个错误，东郭先生的故事告诉我们，狼是不可教化的，可是没说人是不可教化的呀！”

在这场辩论中，正方队的立场是社会秩序的维系主要靠法律，反方队的立场是主要靠道德。正方队为了反驳反方的观点，使用东郭先生与狼的故事来非难反方的道德教化的力量。反方则使用义素分析的方法，分析了“人”和“狼”的不同义素：

人：[……+可以被教化]

狼：[……－可以被教化]

这说明，“道德教化”与“人”的语义可以组合，因为人具有可以被教化的义素；“道德教化”与“狼”的语义却不能组合，因为狼具有与道德教化相矛盾的义素，是不能被教化的。由于反方精确地分析了这之间的语义搭配关系，因而对正方的反驳击中要害，恰到好处。

141　巧释词义

为什么把人走的路叫马路

自然语言是含混的，同样自然语言中的词也是含混的，这种含混性主要表现在词的多义性方面，同样一个词往往可以表示出不同的含义，词的这种多义性为我们在论辩中根据不同的场合、不同的对象、不同的需要选择恰当的词义提供了有利的条件。**巧释词义术正是通过巧妙地赋予某个或某些词语以特定意义来制服论敌、取得论辩胜利的方法**。

一次，一个被周恩来总理接见的美国记者不怀好意地问：

“总理阁下，你们中国人为什么把人走的路叫作马路？”

周总理听后没有急于用刺人的话反驳，而是妙趣横生地说：

“我们走的是马克思主义之路，简称马路。”

周总理通过对“马路”一词的巧妙解释，有力地回击了那个记者居心叵测的发问。又如：

某校举办作文竞赛，一个获一等奖的学生在颁奖大会上朗读作文。他正在满怀激情地朗读时，忽听下面有人嘀咕：

“哼，那作文是抄的！”

顿时，同学们一阵交头接耳。这时这名学生却突然大声说：“是的，是‘抄’的！”

全场哗然！老师一惊：“作文比赛是一项严肃的活动，不允许任何弄虚作假的行为，假如你的文章是抄的，核实后将取消评奖资格……”

全场又一阵骚动。但是，这名学生却坦然地说：

“请允许我把话说完，文章是抄出来的，这不容置疑。我说的抄，是经过自己深思熟虑打好腹稿之后，再抄到草稿纸上加以润色，最后把定稿抄到规定的稿纸上。我抄的正是我自己独特的思想，难道这种‘抄’不对吗？”

一阵静默之后，全场响起热烈的掌声。这名学生接受了老师颁发的奖品。

“抄”这个词语可以表达“抄袭”的意思，也可表达“抄写”的意思,这名学生赋予它的是后一种意义。在当时的场合,申辩、争吵都将无济于事,而这名学生运用巧释词义术很快就平息了一场风波,摘取了一等奖的桂冠。

巧释词义术能充分显示一个雄辩家灵巧的应变能力。在论辩中偶尔出现语言失误,巧释词义术可以帮助我们摆脱困境,渡过难关。再如:

在日本,一位政治家在演讲时,遭到台下政敌的恶意挑衅:

“你作为一个政治家,应该考虑到国家的形象,可是听说你竟然和两个女人有过关系。对此,你作何解释?”

顿时,所有在场的观众都屏声敛气,等着听这位政治家的桃色新闻。

“阁下说得不错,”这位政治家并没有感到窘迫难堪,而是十分轻松地说道,“不止两个女人,到目前为止我跟四个女人有过关系。”

这种直言不讳的回答让举座哗然,那位政敌更嚣张地喊:

“既然如此,你还有什么资格演讲?”

这位政治家示意台下安静,然后微笑着说:

“尊敬的阁下与观众朋友,这四个跟我有过关系的女人,一个是从小把我带大的母亲,一个是跟我相濡以沫的妻子,另外两个则是我的宝贝女儿。是她们的默默支持,让我一步步到达了事业的巅峰,我当然要有所回报,爱她们、照顾她们,这种血浓于水的关系,不仅曾经、现在,就是将来也要继续维系下去,难道我这样做也错了吗?”

结果,那个政敌无言以对,而观众席上则响起了雷鸣般的掌声。

通常情况下,“和某个女人有过关系”,是指不正当男女关系,是绯闻。面对政敌带有人身攻击色彩的言语挑衅,政治家却夸张地说有过关系的"不止两个女人,是四个女人",并对此赋予独特的含义,是"母亲、妻子、两个女儿"的亲情关系,化危机于无形,不仅顺利瓦解了政敌的阴谋诡计,也为自己赢得了更高的人气。

要使用巧释词义术取胜,就必须在论辩的关键时刻,能迅速洞悉某些特殊词语可能表达的多种含义,选取其中于我方有利的义项,作出出乎论敌意料之外的解释,夺得论辩的主动权。

142 反话正说

楚王的爱马死了

反话正说术,就是用正面的语句表达反面的意思。

据《史记·滑稽列传》载:楚庄王非常喜爱马。他的马穿的是锦绣衣服,住的是华丽的宫殿,睡的是精致的床铺,吃的是蜜饯的枣干。由于条件太优越,他的马越长越肥,有一匹竟因太肥而死去。楚庄王难过极了,要满朝文武大臣为马举哀,要把马装进棺材用埋葬大夫的礼节来埋葬。左右大臣纷纷劝阻大王,大王一概不从,并传下令来,有谁敢来劝阻的,格杀勿论!

楚国有个叫优孟的人,听说这件事后,他闯进王宫,仰天大哭,哭得死去活来。楚庄王大吃一惊,问他哭什么。优孟一把鼻涕一把眼泪地说:

"马是大王最心爱的东西,我们楚国这样一个堂堂的大国,要什么有什么,而仅仅用埋葬大夫的礼节埋葬,实在太委屈这匹马了,有失我们楚国的体面。依我看,还是应该用埋葬国王的礼节才好,用洁白的玉石雕刻一具内层棺材，用花纹很美的梓木做外层棺材，调遣大批士卒挖掘坟坑，发动京城的男女老幼来挑土堆坟。出丧那天，让齐国、赵国的国君在前面引幡招魂，韩国、魏国的国君在后面护送，再修一座富丽堂皇的祠堂，用整牛整羊来长年供奉它的牌位，还要追封它为万户侯！这样，让天下各国的人们知道，我们大王是把人看得很下贱，而把马看得很高贵！”

国王听到这里，不禁感到羞愧满面，忙问：“我的过失难道会有这么严重吗？那我现在应该怎么办呢？”

“这很好办，”优孟说，“请大王以六畜的礼节来埋葬它，用炉灶做它的外层棺材，用铜锅做它的内层棺材，用姜、葱、木兰等香料做它的陪葬，用大米饭做祭品，用火光做它的衣服，让大家的肚肠做它的坟墓，这样埋葬就可以了。”

楚庄王于是让人把马剖开煮熟吃掉了。

优孟劝谏楚庄王使用的就是反话正说。在人们劝谏无效时，他顺着楚庄王的意思说下去，要求庄王用埋葬国王的礼节来埋葬马，这就充分揭示了楚庄王做法的荒谬性，终于使他醍醐灌顶，幡然醒悟。又如：

五代后唐庄宗爱好打猎。一天，唐庄宗来到某县围猎，大队人马乱踩民田，当地县官闻讯赶来，拦马劝谏。唐庄宗火冒三丈怒斥县官，县官吓得抱头逃窜。这时，一个叫敬新磨的优伶，急忙率领同伴穷追，把那县官抓了回来，捋袖摩拳痛骂道：

“你身为县官，难道不知道我们的天子喜欢打猎吗？你为何要唆使老百姓种田而向皇上交租税呢？你难道不会让老百姓都饿死，而使这里的田地都空出来，供给我们的皇上驰骋打猎用吗？你真是罪该万死！”

敬新磨说完，请求唐庄宗立即把那县官处死。唐庄宗听了以后，不由大笑，放了县官，并下令人马不准再践踏农田。

在唐庄宗火冒三丈时，敬新磨顺着唐庄宗的意思，要求县官让老百姓饿死，空出土地让国王打猎。正话反说，反而使唐庄宗认识了错误，迷途而知返。

正话反说，从表面来看，似乎是对对方的肯定与称赞，但是联系特定的语言环境，表达的却是对对方的讽刺与嘲弄，具有极强的幽默、讽刺意味。应用反话正说必须注意，语义应该明确，使人们结合特定的上下文的语言环境，一看就知道是在反话正说。如果说得含糊不清，人们按字面的意思去理解，效果就会适得其反。

143 谐音巧辩

"紫袍"与"金带"之对

汉语中存在着许许多多的同音词，它们的意义不同读音却相同。**谐音巧辩术，就是根据这种音同或音近的条件，构成一语双关来达到论辩取胜目的的方法**。

清代才子纪晓岚伴乾隆皇帝微服南巡。有一天俩人走得口干舌燥，路见一棵梨树，纪晓岚摘下一个梨子，急不可待地自己吃了起来，乾隆对此颇为不满，问道：

"孔融四岁能让梨。爱卿得梨为何让也不让，自己便吃了？"

纪晓岚略为一怔，随即解释说："梨表离也。臣奉命伴驾，不敢让梨。"

乾隆听罢,又说:“那咱们分吃了也好哇?”

纪晓岚说:“哪敢与君分梨(离)呀?”

乾隆终于没有怪罪他。又走了一程,见路边有一棵柿树。纪晓岚这次赶紧挑了一个熟透的摘了下来,切成两半分而食之。

“怎么这柿子就可以分吃了呢?”乾隆边吃边问。

纪晓岚解释说:“柿表事也。臣伴君行,有事(柿)共参(餐)嘛!”

纪晓岚就是借助“梨”与“离”、“柿”与“事”音同来达到巧辩的目的。

由于谐音可以取得一语双关的效果,给人以广阔的想象和联想的天地,因而它还可使我们的论辩妙趣横生,耐人寻味。有则故事谈到:

有个财主和先生商定,第二天让先生面试财主孩子对对子。先生便预先嘱咐学生道:“明天考试时,我出‘紫袍’,你对‘金带’,可别忘了。”次日,财主与先生对饮,财主请先生出对试一试。先生出“紫袍”,学生对“金带”。先生大喜,说:“你看,你孩子能对了。”

可财主也不是容易被蒙骗的,说:“师生可能暗中商定,得我亲自出才算。”即出“和同”二字,这学生仍以“金带”对。先生赶紧说:“你将‘分派’二字字音吐清楚便是。”

财主说:“对,‘分派’自然不错,但由老师代讲了,我还是不信。”又指碗内金针菜出“黄花”,这孩子仍以“金带”对。财主说:“这回可露底了吧?”先生忙说:“东家,您老耳朵听力不好,他刚才是说‘青菜’。”

财主说:“金带和青菜,果然容易听错,我再出一对,如能对便不错。”随手指佐味的“花椒”出对,回答还是“金带”。财主说:“这回可掩盖不了吧?”先生答道:“哪里呢?他刚才是说‘荆芥’。”

财主无奈，又指堂上所画吕仙像，出“神仙”。这个弟子仍对“金带”。先生赶紧以“精怪”搪塞过去。

财主穷追不舍，又指墙上春帖“丙辰”年号。这个学生照答“金带”不误。先生最后以“丁亥”代对之，终于使财主再也提不出问题。

上面的“分派”“青菜”“荆芥”“精怪”“丁亥”都与“金带”之音相近。先生巧妙地利用这一点，灵活应对，表现出高超的应变能力。

144 同义替换

“陛下将比您所有的家属都长寿”

思维和语言并不是一对一的。有时同一个语词、语句可以表达不同的思维内容，有时同一个思维内容又可以用不同的语言形式表达。虽然这不同的语言形式可以用来表达同一个思维内容，但表达的效果却又并不完全一样。**同义替换术就是根据论辩需要选用不同的语言表达形式来表达同一个思维内容，以取得论辩胜利的方法**。

请看阿凡提为皇帝圆梦的故事。

有个皇帝梦到有人拔掉了他所有的牙齿。醒后，皇帝要丞相为他解梦。丞相说：

“陛下全家将比陛下先死。”

皇帝大怒，把丞相杀掉了。皇帝又要阿凡提为他解梦，阿凡提说：

“陛下将比您所有的家属都长寿。”

皇帝高兴起来，赐给阿凡提一件锦袍。

丞相与阿凡提所表达的思想内容是一样的，就是皇帝后死，家属先死。但是由于使用的语言形式不同，表达的效果就不同。“陛下家属将比陛下先死”，国王认为是在诅咒他的家属早死，结果丞相被处死；阿凡提说“陛下比您所有的家属都长寿”，给人的感觉是赞美国王长寿。表达效果竟然会有如此巨大的差别。

某学院的一名学生，第一次陪外宾赴宴就遇到了麻烦。

“这是什么？”外宾指着盆里的菜问道。

那是两个剥了壳的鸡蛋，经过厨师的艺术处理，如同艺术品一般精美。偏偏“egg”鸡蛋这个词怎么也想不起来，他灵机一动，笑着回答：

“这是公鸡夫人的孩子。”

语毕，同桌的外宾不由得鼓起掌来。这个学生巧妙地同义替换，反而使自己一时的忘词变成众人赞叹的幽默。

使用同义替换术在很多场合下可以满足我们回避忌讳的需要。

传说乾隆皇帝到镇江金山寺游览，方丈派了一个能说会道的小和尚做向导。小和尚陪同乾隆上山时，说了一句：“万岁爷步步高升。”

乾隆有意想试试他的口才，下山时问小和尚：“你在上山时说我步步高升，现在你看怎么样？”小和尚不假思索，立即答道：

“万岁爷后步比前步更高。”

小和尚为了避免“步步下降”这种触犯忌讳的语句，改变了观察事物的角度，用后步与前步相比较来分析：后步既可指下山时在后面的脚步，又可指皇上的未来前程，用这样暗含双关的语句代替步步下降，巧妙地渡过一道难关。

同义替换术是一种有趣的语言技巧，它可以使我们的语言丰富多彩，充满魅力，在论辩中不妨使用。

145 一语双关

“那畜生为什么不下马呢？”

双关，指的是利用词语同音或多义等条件，有意使一个语句在特定的语言环境中同时兼有多种意思，表面上说的是甲义，实际上说的是乙义的一种修辞方法。比如：

从前，有个县官带着几个随从骑着马到王庄去处理公务，走到一个岔道口，不知应该朝哪个方向走。正巧一个老农扛着锄头走来，县官在马上大声问老农：“喂，老头，我问问你，到王庄怎么走？”

那老农夫头也不回，只顾赶路。县官大声吼道：

“喂！老头，你是聋子吗？我在问你话呀！”

老农停下来说：“我没有时间回答你，我要去李庄看件稀奇事！”

“什么稀奇事？”

“李庄有匹马下了头牛。”老农一字一板地说。

“真有这样的事？马怎么可能下牛呢？”县官疑惑地问。

“世界之大，无奇不有，我怎知道那畜生为什么不下马呢？”老农认真地回答道。

老农的一句“我怎知道那畜生为什么不下马呢”便是双关手法，表面上说的是“李庄有匹马为什么不下马”，实际上表达的是嘲讽县官向老人问路却不下马的粗俗无礼行为，表现了高超的语言艺术。

在论辩中,不妨巧妙地使用双关手法,使语言表达得含蓄、幽默,并且能加深语意,给人以深刻印象,这就是一语双关术。又如:

英国牛津大学有个名叫艾尔弗雷特的学生,因能写点诗而在学校小有名气。一天,他在同学面前朗诵自己的诗。有个叫查尔斯的同学说:

“艾尔弗雷特的诗我非常感兴趣,它是从一本书里偷来的。”

艾尔弗雷特非常恼火,要求查尔斯当众向他道歉。查尔斯想了想说:

“我以前很少收回自己讲过的话,但这一次,我认错了。我本来以为艾尔弗雷特的诗是从我读的那本书里偷来的,但我到房里翻开那本书一看,发现那首诗仍然在那里。”

查尔斯的“那首诗仍然在那里”,表面上是指那首诗没有被人偷走,实际上却正好进一步肯定了艾尔弗雷特那首诗是抄袭的含义,这种嘲讽和揶揄的程度更深了一层。

在论辩中,你想使自己的语言含蓄、幽默,给人以深刻印象,不妨使用一语双关术。

146　分清褒贬

“信口开河”与“出口成章”

语言学中的同义词,虽然表达相近或相似的事物,但所显示的感情色彩却又可能不同。有的表达的是肯定和赞许,带有喜悦的感情,这种词叫褒义词;有的表达的是否定或贬斥,带有憎恶的感情,

这种词叫贬义词。在论辩中，我们要取得最佳的效果，就必须分清词义的褒贬。

论辩时，我们对喜爱的事物必须用褒义词，对憎恶的事物用贬义词。如果不注意词义的褒贬，则往往会事与愿违，适得其反。比如：某人在一个群众场合宣讲口才的重要性时说：

“提高了口头表达能力，一辈子都受用无穷！你一旦获得机会，因为善讲，就能信口开河，娓娓动听，天花乱坠，头尾贯通，牛鼻子就牵在你手里啦！如果让你去当教师，保证你的学生会佩服得五体投地……”

讲到这里，台下哗然，此人却莫名其妙，后来一打听，人们告诉他，“信口开河”是贬义词，此处应用“出口成章”“头头是道”；“天花乱坠”也是贬义词，用得不恰当；更不能把群众比作拴了鼻子的笨牛。这个宣讲者的失败，从反面告诉了我们，在论辩中决不能不注意词义的褒贬。

147 语言暗示

听说冤死的人面容异常

论辩者不是鲜明地表述自己的观点，而是用含蓄的语言有意识地向他人发出信息，使对方迅速地、无意识地领会其中的潜在含义，从而达到控制对方的反应行为的目的，这就是语言暗示术。

可以用来暗示的内容有很多，我们可以用事件的结果来暗示。

比如，清代恭忠亲王有一次叫戏班人演武打戏。他忽发奇想，说:“你们到台下来打!”台下是石阶,铺满锦石,一翻筋斗,腰骨就要受伤。演员们瞻前顾后,不寒而栗。亲王仍一股劲地催促,还命令手下取出银两作为赏钱,可演员们谁也不敢上前。此时,老资格的武打演员孙菊仙正站在亲王身边,审时度势,他成竹在胸,笑嘻嘻地说:

“你们好好打吧,打完了,王爷不但赏你们一人一个银锞子,还要赏你们每人一贴膏药呢!”

在石阶下演武打戏就会受伤,受伤后就得贴膏药,孙菊仙巧用事态的结果“膏药”来暗示,使得恭忠亲王听了,无可奈何,只得干笑几声作罢。

有时也可以用事件的原因来暗示。

唐德宗时,大将刘玄佐屡立战功,性情豪爽。他在镇守卞州时,有人向他进谗言,说军将翟行恭如何如何。刘玄佐一听就火了,立即把翟行恭拿下,要杀掉他,没有人敢为翟行恭辩解。这时,有个叫郑涉的士人听说了这件事,马上要求见刘玄佐。他对刘玄佐说:“听说翟行恭已依法受刑,请将尸首让我看一看。”

刘玄佐听了非常奇怪,就问为什么要看尸首。郑涉回答说:

“过去我曾听人家说,冤死的人面容异常。可是我从来没有见过,所以想借来看一看。”

郑涉想看尸首的原因是“冤死的人面容异常”,这样一暗示,刘玄佐便省悟过来,命人把军将翟行恭放了。

语言暗示术在论辩中可以产生意料不到的论辩效果,它可以使得对方在自我意识不到的情况下,受到心理上的控制,达到操纵和控制对方言行的目的。但是必须注意的是,我们必须掌握对手理解能力如何,因为语言暗示是靠弦外之音、言外之意来达到目的的,如果对手没有足够的理解能力或我们的暗示过于深奥难懂，就起不到应有的效果。

148 别解句意

吴国灭亡是因为屡战屡胜

别解句意术，就是根据我们论辩的需要对某一语句作出别出心裁的解释，以此取得论辩胜利目的的方法。使用别解句意术，对某一语句作出异乎寻常的解释，往往可以使我们的论辩语言新奇有力。

请看李克与魏文侯的一次论辩。据《吕氏春秋·适威》载：有一次，魏文侯问大臣李克："吴国灭亡的原因是什么？"李克马上回答："是因为屡战屡胜。"魏文侯一下子迷惑起来。李克接着解释道：

"屡战，人民就要疲困；屡胜，君主就会骄傲。以骄傲的君主去统治疲困的人民，这就是它败亡的原因。"

"屡战屡胜"一般认为是导致国家兴盛的原因，而李克在这里却通过巧妙解释，得出使吴国灭亡的结论，别出心裁，生动有力，这就是别解句意术。

使用别解句意术，对某一语句作出出乎对方预料之外的解释，也往往可以表达出对对方的讽刺与嘲弄。比如：

威尔逊任新泽西州州长时，他接到来自华盛顿的电话，说新泽西州的一位议员，即他的一位好朋友刚刚去世了。威尔逊深为震动，立即取消了当天的一切约会。几分钟后，他接到了新泽西州的一个政治家的电话。

“州长，”那人结结巴巴地说，“我，我希望代替那位议员的位置。”

“好吧。”威尔逊对那人迫不及待的态度感到恶心，他慢慢地回答说，“如果殡仪馆同意的话，我本人是完全同意的。”

语句“代替那位议员的位置”可以表示“代替那位议员的位置去当议员”，也可表示“代替那位议员在殡仪馆中的位置”。威尔逊选取了后者，给了那个野心家以迎头痛击。

要用好别解句意术，这就要求我们必须具有丰富的想象思维和发散性思维的能力，能够透过某一语句表面的含义迅速洞悉其可能隐含着的特殊的语意，然后选择符合我们观点的某一意义对语句作出巧妙的解释，进而达到论证我方观点以及嘲讽、谴责论敌的目的。

149　语义流变

你是人还是东西？

人们在论辩过程中，总是将不同的语词、短语通过不同形式的组合而构成句子、句群、篇章来表达自己的思想观点。**有些语词的意义往往会随着组合形式的不同、语言环境的变异而呈现出一种流变性，我们要恰当地表述自己的思想，准确地把握对方的观点，就不能不注意语义的流变性，这就是语义流变术**。

语义的流变性大致有以下几种情况：

(1) 由原义转化为异义。

某些相同的短语、句子，在不同的组合过程中，在不同的语境中，可以转化为不同的含义。请看下面一则论辩：

儿子："爸爸，'干净'一词怎么讲？"

爸爸："是指很整洁、很卫生的意思。你看咱们家打扫得怎么样？"

儿子："不对，书上说，'解放军叔叔把敌人彻底干净地消灭掉'，难道是说把敌人消灭得很整洁、很卫生吗？"

爸爸："你说怎么讲？"

儿子："就是一个不剩。"

爸爸："胡说，难道叫我把屋里的东西打扫得一点也不剩，才叫卫生？"

这父子俩不懂得"干净"在不同的语境中，意义是会发生流变的。在打扫卫生的语境中，"干净"是很整洁、很卫生的意思；在解放军叔叔消灭敌人的语境中，"干净"是一个不剩的意义。由于他们不懂语义的流变，因而发生了一场无谓的争论。

(2) 由原义转化为反义。

在某些特定的场合，有些语词、语句的表达形式却会变成它的意义的反面，比如，常见的反语便是如此。在论辩中，注意认识和把握语义由同义转变为反义这一现象，恰当地运用反语手法，可以使我们的辩词增添一种强烈的讽刺色彩。

比如，在长虹杯全国电视辩论赛关于"烟草业对社会利大于弊"的论辩中，当正方队谈到有8 000万农民吃烟草饭的时候，反方南开大学队答辩道：

"对方辩友，烟草业不仅解决了8 000万人的吃饭问题，我们更要看到的是什么？烟草业带动了医院的发展，带动了救火车的发展，甚至带动了马路上戴着红袖标告诉你不要随地扔烟头老大爷的发展呐!”

这里使用的便是反语,具有一种极强的讽刺色彩。读者不妨设想一下,如果这节辩词换成平铺直叙的说法:抽烟会使人生病,会引发火灾,烟头会影响环境卫生等等,那么这种强大的讽刺力量便会立即烟消云散。

(3) 由原义转变为毫不相关的意义。

有时,某些词、语句在不同的组合过程中,语义甚至会变得与原义毫不相干,语义流变的这种情形我们更不可掉以轻心。比如下一则论辩:

甲:“你是人还是东西?”

乙:“我是人。”

甲:“那么你不是东西。”

乙:“什么,我不是东西?我为什么不是东西?”

甲:“你是个东西。”

乙:“是个东西?是个什么东西呀?唉,不!不!我不是东西……”

在这则辩论中,东西本来是指“物品”的意思,不具褒贬色彩。可是,当它与“不是”组合而成“不是东西”这种形式时,它的意义就变得与原来毫不相干,纯粹变成了一句骂人的话。由于乙对语义的这种流变情况没有清醒的认识,结果陷入对方二难选择的怪圈中而不能自拔。

在论辩中,我们必须准确地认识和把握语义的这种流变性,自觉地运用语义流变过程中所体现出来的一般规律来服务于提高语言表达效果的多种多样的需求。

150 形象比喻

大学评议会不是澡堂！

形象比喻术，就是运用一些本质不同而又有相似之处的事物来作比方。一个生动形象的比喻，能化深奥为浅显、化抽象为具体、化生僻为通俗，同时能启发人们丰富的联想，使自己的论辩如虎添翼，效果倍增。

加里宁是俄国布尔什维克的一位杰出的宣传鼓动家，一次，他向某地农民代表讲解工农联盟的重要性。尽管他作了详尽的严谨的论证，但听众始终茫然而不得要领。有人问：

"什么对苏维埃政权来说更珍贵，是工人还是农民？"

加里宁乘机反问："那么对一个人来说，什么更珍贵，是右脚还是左脚？"

全场静默片刻，突然爆发出雷鸣般的掌声。农民代表们都笑了。

一大篇抽象论证没能说服农民，一个浅显的比喻却说尽其深蕴之理。

使用比喻的方法，有时可以直接用喻体代替本体出现，这就是借喻。使用借喻的方法，由于本体并未出现，这更能给人们以广阔的想象与联想的天地，增强论辩语言的感染力。

美国威尔伯·莱特和奥维尔·莱特兄弟俩是人类航空史上勇敢的开拓者，他们于 1903 年 12 月 17 日成功地驾驶有动力飞机飞上蓝天。飞行过后不久，莱特兄弟俩前往欧洲旅行。在法国的一次欢迎酒会上，各界知名人士聚集一堂，主人再三邀请威尔伯·莱特演讲，他再三推辞不过，最后站起身来说：

“据我所知，鸟类中会说话的只有鹦鹉，而鹦鹉是飞不高的。”

这只有一句话的演讲，至今仍传为美谈。他这里使用的就是借喻的方式。这一借喻既表达了他不善言，不准备做长篇演讲的谦虚，也揭示了要想获得成功就必须刻苦努力、少说漂亮话的道理。

使用比喻的方式，我们可以从正面设喻，说本体是什么、像什么；我们也可以从反面设喻，指出本体不是什么、不像什么，这就是反喻，使用反喻同样铿锵有力。

德国女数学家爱米·诺德获得博士学位后，还不能立即开课，因为她还没有得到讲师资格。但她的学识和才华受到了从事广义相对论研究的希尔伯特教授的赏识。在一次教授会上，为爱米·诺德能否成为讲师发生了一场争论。一个教授激动地说：

“怎么能让女人当讲师呢？如果她做了讲师，以后就要成为教授，甚至进入大学评议会。难道能允许一个女人进入大学最高学术机构吗？”

希尔伯特教授反驳道：

“先生们，候选人的性别绝不应该成为反对她当讲师的理由，我请先生们注意：大学评议会，毕竟不是澡堂！”

这里“大学评议会不是澡堂”就是反喻。这一反喻掷地有声，铿然作响，驳得对方哑口无言。

151 巧用拟人

吓！你想夺去我的臭老鼠？

泰戈尔是近代印度人民心目中的"圣哲"。1924 年 4 月泰戈尔首次访问中国，由徐志摩先生担任翻译。有一次在清华大学演讲之后，徐志摩等人与泰戈尔私下攀谈，徐志摩问：

"您这样永远受创作冲动的支配，究竟是苦还是乐？"

泰戈尔听后笑笑，随即答道：

"你去问问那夜莺，它呕尽心血还要唱，它究竟是苦还是乐；你去问问那深山的瀑布，它终年把洁白的身体向深谷里摔个粉碎，它究竟是苦还是乐……"

泰戈尔不愧是有名的"圣哲"，脱口而出的语言似吟似诵、似赋似诗，由于他使用了拟人的手法，流水跳跃着生命，鸟儿有着人的感情，这种语言是那种平铺直叙地说一句"我不苦"所远远无法比拟的。

在论辩中，我们有时可以把物当作人来描述，也即巧用拟人术。巧用拟人，让山川、树木、花草、动物等具有人的思想感情、行为特点，可以给人以神奇的想象，使我们的论辩语言具有瑰丽的迷人色彩。

在论辩中恰当地运用拟人的方式，还可以表现出强烈的爱憎感情，取得幽默讽刺的效果。比如：

惠子担任梁国的宰相，庄子去拜见他。惠子听说庄子来了，担心庄子会把他的相位夺去，于是派人搜查了三天三夜，一心要把庄子抓获。这天，庄子便自动找上门来，见到惠子，说道：

“南方有一种叫鹓雏的鸟，你知道吗？它从南海起飞，飞向北海，非梧桐不止，非竹实不吃，非醴泉不饮。可是有一只猫头鹰抓到一只臭老鼠，正好鹓雏飞过，猫头鹰仰起头来，威吓道：‘嚇！你想夺去我的臭老鼠吗？’”

庄子运用拟人，表达了对惠子贪婪自私本质剔肤见骨的谴责。

152　借用拟物

怪不得青蛙高兴得叫了！

在论辩中，我们有时也可以把人当作物来描写，这种方法往往能表达出一种强烈的谴责意味，这就是借用拟物术。比如下面一则论辩：

有一次，诸葛亮派费祎出使吴国。孙权素知费祎是位杰出的外交家，于是便在设宴招待费祎之前，与大臣们说好，等费祎来时，大家只顾吃，别抬头理他。一会儿费祎进来参加国宴了，孙权立即停下杯箸招呼，而其他大臣都伏食不起。于是费祎便说：

“凤凰来翔，麒麟吐哺；驴骡无知，伏食如故。”

这里，费祎把自己说成是凤凰，而把吴国群臣说成是无知的驴骡，吴臣一听，立时全抬起头来，辍食面面相觑，非常尴尬，而费祎则得意地笑着。正当这时，吴臣中诸葛恪站了起来，慢条斯理地说：

“爰植梧桐，以待凤凰；有何燕雀，自称来翔。何不弹射，使还故乡?”

诸葛恪针锋相对,把费祎说成是鸟雀,讥讽他根本不是什么凤凰,要他滚回蜀国,不要在这里冒充好汉。对此,费祎半日也没有答上来,深深地低下了头。

他们这里唇枪舌剑,互不相让,使用的便是拟物。

俄国寓言作家克雷洛夫肤色较黑,而他偏偏又喜欢黑色衣服。一天,他在路上遇到两个穿得花里胡哨的公子哥儿,其中一个见到克雷洛夫就对他同伴说:

“看,飘来一朵乌云!”

克雷洛夫应声说道:“怪不得青蛙高兴得叫了!”

153 名实辨析

傅正局长与郑副局长

名,即是反映某一客观事物的语词;实,即某个语词所反映的客观事物。要使论辩能顺利进行,就必须注意辨析两者的区别,不容随意混淆,这就是名实辨析术。请看这样一则对话:

老师:“亨利,你们班上有些同学有句口头禅,你知道是什么吗?”

亨利:“不知道。”

老师:“说得对。”

这个亨利的回答“不知道”,可以有不同的含义。可以表示小亨利不知道班上有些同学的口头禅是什么,这表达的是对老师问题的了解程度；也可以表示班上有些同学的口头禅就是“不知道”，这表示的是老师问题的具体答案。这两者是不同的。如果不加区别，就会导致混乱，陷入重重矛盾之中。如果含义是前者，回答“不知道”却又正好表示他知道，被他蒙中了；当然，如果亨利的回答是“知道”，却又正好表示他答错了，因为班上有些同学的口头禅是“不知道”。

要解决这一难题，就得准确辨析亨利回答“不知道”的确切含义。又如：

甲：“所有的海都是蓝色的吗？”

乙：“不，还有红海、黄海、白海和黑海。”

这则对话中，甲的“海是蓝色的”表达的是海的颜色具有“蓝色的”这一性质特征，而乙的“红海、黄海、白海和黑海”表达的是一些海域的名称的词语。“反映海的名称的词语”与“海所具有的性质”是不同的，乙混淆了这两者之间的区别。

一对师徒之间有这样一则对话：

师傅：“你怎么上班看书？”

徒弟：“我看的是杂志。”

师傅：“杂志也是八小时之外看的。”

徒弟：“对，我看的就是《八小时之外》。”

师傅：……

这位师傅的“八小时之外”是指下班后的业余时间，看书应在那个时间；这个徒弟的《八小时之外》是一本杂志的名称。这两者之间是不同的，这个徒弟却混淆了它们之间的区别，纯属诡辩。再如：

某单位进行了干部人事调整。老局长到龄退休，原“二把手”傅姓副局长就地提拔，出任了单位的局长、党组书记；同时，又从区农业农村局交流来了一名郑姓副局长。这下可热闹了。

对这两位局长怎么称呼呢？称呼正局长为傅局长，却又谐音为副局长；称呼副局长为郑局长，却又谐音正局长，好像不妥。难道称呼正局长为傅正局长，谐音副正局长，副局长叫郑副局长，谐音正副局长？感觉像是绕口令，本单位的同志好理解，对于外单位的人来说，肯定是一头雾水。

当然，按我们民间的习惯，平时见面打招呼，通通称“局长”，也行，没那么多讲究。如果在一些严肃、正规的场合，不妨这样对外介绍：

“这位是我们的局长，姓傅；这位是我们的副局长，姓郑。”

要做到名实相符，语词符号正确指谓实际事物，确实得花一番脑筋。

154 语言层次

红粉笔写白字

先请看以下几则论辩：

1. 古希腊著名学者亚里士多德在给学生德奥夫拉斯特和欧德谟斯上课。

他在黑板上写了以下文字：

黑板上有三个句子错了，请你指出是哪三个：

(1) 苏格拉底是埃及人。

(2) 芝诺是智者。

(3)《理想国》是柏拉图的作品。

(4) 苏格拉底与柏拉图是师生关系。

(5) 逻辑不研究推理问题。

看了黑板上的字,德奥夫拉斯特和欧德谟斯都举起了手。老师叫德奥夫拉斯特先回答。

"老师,你弄错了,黑板上只有第1句和第5句是错的,其余句子都是对的。"德奥夫拉斯特说。

亚里士多德回头看了看黑板,发觉的确如此,他带着歉意对德奥夫拉斯特说:"很抱歉,我太马虎了。"他一边说着,一边准备去改正。就在这个时候,欧德谟斯站起来发言:

"老师,你没错。黑板上的确有三句错了。德奥夫拉斯特说得对,只有第1句和第5句是错的,但正因为如此,所以说,你黑板上写的'有3个句子错了'的断言也错了。这样加起来正好有3个句子错了。"

亚里士多德被这两个学生弄得晕头转向,他想说德奥夫拉斯特的话是对的,但欧德谟斯的话也无懈可击;如果说两个都对,那岂不是自相矛盾?这真是一个难题。

2. 某大学举行教授会议时,学生自治会提出一个要求:要撤回处分一个学生退学的案子,并限定在某月某日以前作出回答。经教授会议审议决定,对这项要求一概不回答。等到快要散会时,该学校的教务主任对会议的主席请示说:"我想,大概在明天,学生代表会问结果,我该怎样回答呢?"

主席说:"你回答说,教授会议决定不回答!"

在旁的一位教授马上愤愤然地说:"主席,这简直是岂有此理!我们不是刚刚才决定一概不回答吗?因此,回答说'不回答'也是回答，不能这样做。”

“但回答说‘不回答’没什么关系吧？”主席作此表示。

“不，我们决定一概不回答，所以，‘不回答’的回答也不可以。”教授反驳说。

于是，这一点争执引起了轩然大波。

对于上面这两则辩论，我们应该怎样评价其中的是非曲直呢？要达到这一目的，这就要用到语言层次的知识。

美籍波兰著名逻辑学家、语言学家和哲学家塔尔斯基于1933年在他的《形式化语言中的真概念》中，曾提出语言分层理论。他将语言分为对象语言与元语言等不同的层次。所谓对象语言，就是被研究、被认识的语言；所谓元语言，就是用来研究对象语言的语言。比如，在我们周围存在着各种各样的事物对象，有花、鸟、树……我们的语言要反映这些事物对象，可以用“花”“鸟”“树”等语词去指称它们，这种用来指称这些事物对象的语词，我们可以说它是对象语言；我们看见鸟在飞、树发芽等事件，我们的语言要反映它，可以用“鸟在飞”“树发芽”等语句去表示，这种表达这些事件的语句也是对象语言。我们必须注意的是，事物对象与反映这些事物对象的语言形式是有区别的。比如我们可以说，“鸟是会飞的”，却不能说，“‘鸟’这个字是会飞的”。

我们的语言除了可以反映客观事物、事件外，还可以以对象语言为认识对象，我们认识对象语言的语言就是元语言。比如，我们可以说“‘鸟’是一个汉字”“‘鸟在飞’是一个句子”等，这些语句反映的不是一般的客观事物，而是以认识客观事物的对象语言为反映对象，它们就是元语言。跟必须注意事物对象与指称事物对象的对象语言的区别一样，我们也必须注意对象语言与认识对象语言的元语言的区别。如果混淆了这之间的区别,就往往产生错误,产生逻辑矛盾。

以上面第1则论辩为例,黑板上所写的那5个句子,是对象语言,而“黑板上有3个句子错了”,则是对对象语言加以研究的语言,是元语言,它们属于不同的语言层次。可是,欧德谟斯却混淆这之间的区别,将它们混为一谈,这就难免导致谬误,造成矛盾。第2例论辩中的错误与此相类似。

生活中类似的情况不少。比如:

(1)“白粉笔写白字,红粉笔写红字。”

“不,白粉笔也可写‘红’字,红粉笔也可写‘白’字。”

(2)“英文是什么文?英文就是英文。”

“不,‘英文’这两字是中文。”

在论辩中,当对方企图通过混淆语言的层次来混淆是非时,我们可以通过揭示对象语言与元语言的区别来进行反驳,这就是语言层次术。

155 巧用悖论

柏拉图说的这句话是真话

我们先来看苏格拉底与柏拉图的一场论辩。

苏格拉底与柏拉图都是古希腊著名的辩者。一天,他们两人就某个当时人们普遍关心的问题进行公开辩论。由于他们的观点分歧太大,各自据理力争,寸步不让。柏拉图气极了,对着听众大声宣布：

“苏格拉底的话全部是假的，你们一句也不要相信！”

苏格拉底却微微一笑，说：

“请你们相信柏拉图，他刚才说的这句话是真话。”

让我们来看看，争论的结果会怎样呢？如果以柏拉图的话为根据，那么，苏格拉底是说假话的。这样，苏格拉底说的“柏拉图讲真话”就成了一句假话。如果以苏格拉底的话为根据，那么柏拉图讲真话，但是，柏拉图又说苏格拉底从来不讲真话，显然，苏格拉底讲的“柏拉图讲真话”实际上就成了柏拉图讲假话。不管从何种角度推理，最终都可推出“柏拉图说假话”的结论，这就是悖论。**所谓悖论，是指由某个命题真，可以推出该命题假；由某个命题假，又可推出该命题真**。苏格拉底便巧妙地构造了悖论，使得柏拉图无法摆脱说假话的困境。

悖论在相当长的历史时期里是一个难解之谜，至今仍有不少学者在孜孜不倦地对悖论进行着研究。**由于悖论所具有的奇异的、迷人的、令人头晕目眩的特点，因而在论辩的某些场合略加运用，有时可以使论敌陷入空灵迷幻中手足无措，进而达到将论敌制服的目的，这就是巧用悖论术**。

相传古希腊有个国王，有一次想处死一批囚犯。那时候，处死囚徒的方法有两种：一种是砍头，一种是用绳绞死。这个国王忽然产生了一个奇怪的念头：“我要和这批囚犯开个玩笑，让他们自己挑选一种死法，这一定是很有趣的事。”国王于是派刽子手向囚犯们宣布道：

“国王陛下有令，让你们任意挑选一种死法。你们可以任意说一句话，如果说的是真话，就绞死；如果说的是假话，就砍头。”

囚犯们想，反正是一死，大多数人很随意地说了一句话。结果，他们或者因为说了真话而被绞死，或者因为说了假话而被砍头，或者说了一句不能马上检验真假的话，被看成是说了假话而砍了头。

在这批囚犯中，有一个人很聪明，当轮到他选择时，他对国王说：

"你们要砍我的头！"

国王一听，感到很为难。如果真的砍他的头，那么他说的就是真话，而说真话是要被绞死的；但如果要绞死他，那么他说的话便成了假话，而假话又是应该被砍头的。他的话既不是真话，又不是假话，也就既不能绞死，又不能砍头。国王只得挥挥手说："那只好放他一条生路了。"

这个聪明人说的话"你们要砍我的头"，便构成了悖论。聪明人巧妙地利用这一悖论，救了自己的性命。

悖论的实质就在于混淆了语言的层次，巧用悖论的方法对于缺乏逻辑修养的论敌可以取得满意的论辩效果，但是对于有着高深的逻辑修养的对手，却难以奏效。

第四节 语形构造

任何事物都是内容与形式的统一体，语言同样也是如此。语义是语言的内容，语音是语言的形式。语义总是要凭借一定的语音形式来表达。同样的语义可用不同的语音表达，叫一义多音；同样的语音形式也可表达不同的语义，即一音多义。正因为语音与语义之间结合的微妙复杂的关系，因而可以使得我们在交际与论辩中凭借有限的语音形式通过不同的组合而编织成色彩斑斓、变幻无穷的语言云锦，就像作曲家可以凭借有限的七个音符创造性的组合而谱成无穷美妙的乐章一样。

156 语句停顿

对！牛弹琴！

停顿就是说话时词语或语句之间声音上的间歇。停顿是生理换气的需要，因为在论辩中说话人不可能一口气把所有要说的话说完，这中间必须有停顿；同时更重要的，是表达思想内容的需要，一句话之间是否有停顿，在不同的地方使用停顿，表达的意义就往往很不一样。比如以下两句：

"我不相信他是好人！"

"我不相信！他是好人！"

因停顿不同，表达的含义就截然相反。

语句停顿术就是通过恰当运用语句的停顿来取得论辩胜利的方法。比如：

有一次，周恩来总理与国民党政府代表辩论。对方理屈词穷，恼羞成怒地指责说："简直是对牛弹琴！"

周总理灵机一动，巧妙地回答道："对！牛弹琴！"

周总理巧妙地将对方抛出的语句，中间略加停顿，拆成两句，返还给对方，言简意赅，给了对方有力的打击。周总理这里使用的就是语句停顿术。

要想使用好语句停顿术，就必须具有对语句高超的统御能力，善于通过改变语句的不同停顿，使得语意由原来的对对方有利而转变到有利于我方的方面来。比如：

有一天，永乐皇帝朱棣要解缙在他的一把外国贡品扇上题字。解缙写了王之涣的《凉州词》：

黄河远上白云间，一片孤城万仞山。

羌笛何须怨杨柳，春风不度玉门关。

可是他一时疏忽，把诗中的"间"字漏了。他的冤家对头汉王朱高煦发现后，向皇帝奏道："解缙自恃其才，目无君主，竟敢乘写题之机，有意漏字欺主，如此狂乱之徒，今不杀之，后必酿成大患！"

皇帝一看,果然如此,便大喝一声:“武士们将他带下,推出去斩了!”

这时,解缙接过扇子一看,却哈哈笑了,说道:

“圣上请息怒,听为臣的慢慢讲来。这是我作的一首《凉州词》,和唐代诗人王之涣的《凉州词》仅有一字之别。王之涣的《凉州词》实为诗而不是词,所以有个‘间’字。我作的这首《凉州词》实为词而不是诗,当然没有‘间’字。”

皇帝说:“既然如此,你就当着文武百官的面读读你的《凉州词》。只要大家听了,都认为是你的作品,朕不但不问罪,而且还重重有赏,如其不然,立即斩首!”

解缙谢恩,立起身来,当众念道:

“黄河远上,白云一片,孤城万仞山。

羌笛何须怨,杨柳春风,不度玉门关。”

解缙巧用停顿,将一首诗读成了词,而且读得有声有色,使人耳目为之一新,君臣赞不绝口。解缙凭着自己的聪明才智,逢凶化吉,保住了性命,领赏而去。

157 语句重音

“你是擦谁的靴子呢?”

语句重音,就是为了突出某个方面的意思,强调某种特殊的感情,而把语句中某些词读得较重些。重音的位置可以随说话者的内心意愿而定,重音的位置不同,给人的感受就会不一样。比如:

“我又没有说你什么。”

该句重音在“我”字上，给人的感受是：别人说，你不要怪到我的头上，我没说。

“我又没有说你什么。”

这一语句重音在“你”字上，给人的感受却是：我说的不是你，你不要误会。由于语句重音不同，表达的效果也就大不一样了。

语句的重音部位不同，给人的感受就大不相同，我们有时可以利用重音的这种效应来达到论辩取胜的目的，这就是语句重音术。

有人诘问诗人马雅可夫斯基：

“马雅可夫斯基，你为什么手上戴着戒指？这对你很不合适！”

“照你说，我的戒指不应该戴在手上，而应该戴在鼻子上喽？”诗人回答。

本来，对方的语句重音是在“戒指”上，诗人故意将它放在“手上”来理解，并给予有力的反击，使得对方尴尬万分，无言以对。

有个外国外交官看见林肯总统低着头在擦自己的靴子，便问道：

“喂，总统先生，你经常擦自己的靴子吗？”

“是啊，”林肯答道，“你是擦谁的靴子呢？”

本来，这个外交官问话的语句重音是在“经常擦”上面，意思是说：你这么一个总统怎么经常擦靴子？林肯总统深谙其中的险恶用心，便故意将其重音放在“自己”一词上来理解，乘机反问一句，“你是擦谁的靴子呢？”这就表达了他对这个外交官的极大蔑视。

158 语调升降

阿凡提猜棋

所谓语调，是指句子里高低升降的变化。同样一句话，语调升降变化不同，所表达的意思就有可能很不相同，甚至会截然相反。比如：明末重臣洪承畴颇受崇祯皇帝赏识，他在厅堂的正中，亲自撰书一联：

君恩深似海，臣节重如山。

后来，他在松山与清兵作战时被俘，屈膝投降，时人即将他的对联改为：

君恩深似海矣！臣节重如山乎？

语调一变，意义便急转直下，蕴含着对民族叛徒的无限讥讽和鄙弃之意。因而我们在论辩中就不能不注意选用恰当的语调，有时甚至可以**通过选用恰当的语调来达到论辩取胜的目的，这就是语调升降术**。

阿凡提专与巴依作对。自认为聪明的巴依为了报复阿凡提，就雇他为长工。一天，巴依和老婆下棋，就把阿凡提叫到跟前说："阿凡提，听说你很聪明，那你就来猜猜我们这盘棋的输赢吧。猜对了，我给你一个元宝，猜错了，你就要挨我二十皮鞭。"阿凡提同意了，当场铺开一张纸，在上面写道：

"你赢她输。"

巴依看在眼里，故意把棋输给了老婆。“你输了，该打二十皮鞭了！”他得意地对阿凡提说道。“老爷，我猜对了！”说完，阿凡提念道：

“你赢她？输！”

这句话表达的意思是巴依输，老婆赢，巴依哑口无言。

“不行，再猜一盘才算！”狡猾的巴依说道。阿凡提又同意了。这一盘，巴依赢了他老婆。阿凡提打开一念：

“你赢，她输！”

巴依无话可说，他的阴谋又没有得逞。

“不，还得猜一盘！这次我说话一定算数，你要是猜对了，这元宝就是你的了；猜错了，就可别怪我对你不客气了！”“可以，不过这回你说话可得算数了。”阿凡提说。这一盘，巴依与老婆故意下了和棋。阿凡提又打开纸念道：

“你赢她输？”

这次阿凡提没有明确说明谁赢谁输，所以说他们和了。巴依的阴谋再次落空。

阿凡提通过根据事物的实际情况，变换“你赢她输”的不同停顿和语调，使巴依想“抽阿凡提二十皮鞭”的诡计落了空，还赢得巴依的一个元宝。

159 语序变换

抽烟时学习法典行吗？

语序是汉语语言单位重要的组合手段之一。在一个句子中，语序不同，表达的意义就往往很不相同。**语序变换术就是通过巧妙变换语言单位的组合顺序来达到论辩取胜目的的方法**。

在论辩中，语序变换术具有以下不同的功能：

(1) 语序不同，给人的主观感受不相同。

比如，两名法学大学生正在争论一个问题：学习法典时可不可以吸烟。他们各执己见，相持不下，便去找拉比裁断。

"拉比，"学生甲问道，"学习法典时吸烟行吗？"

"不行！"拉比生气地说道。

"你问错了！"学生乙责备学生甲道。说着，他走近拉比，问道：

"拉比，人们在抽烟时学习法典行吗？"

"当然行！"拉比兴奋地决断道。

同样是一边抽烟一边学法典，语序不同，给人的主观感受就不相同："学习法典时吸烟"，给人的感觉是学习法典态度不严肃；"抽烟时学习法典"，给人的感觉对学习法典分秒必争。语序不同，所取得的效果也就大不一样。

(2) 语序不同，表达的语意主次轻重不相同。

比如，对于来自京都的顾客，店主会说：

"这虽是大阪的丝，但是，是在京都织成布。"

而对于来自大阪的顾客，店主又会说：

"布是在京都织成的，但原料是大阪的丝。"

这种转折关系的偏正句式，语序不同，所突出强调的对象就不同。

(3) 语序不同，所表达的动作行为的目的不相同。

比如，有人问古希腊大哲学家亚里士多德："你和平庸的人有什么区别?”

亚里士多德回答说:“他们活着是为了吃饭,而我吃饭是为了活着。”

亚里士多德巧妙地变换语序,表达了两种人不同的生活目的:平庸的人活着是为了吃饭,饱食终日、无所事事;而哲人生活目的是为了创造丰富多彩的生活。

(4) 语序不同,表达的因果关系不相同。

1933 年 2 月,英国作家萧伯纳到中国游历。鲁迅、蔡元培等人与他在宋庆龄家里欢聚。饭后,大家到花园散步。这时恰逢多天阴雨后天气初晴,柔和的阳光照在萧伯纳的银发上,蔡元培先生高兴地说:

“萧翁,你真有福气,在上海看见了太阳。”

萧伯纳听了微笑了一下说:

“不,这是太阳有福气,在上海看到了萧伯纳。”

萧伯纳的话妙趣横生,充满了诗情画意。

语序在论辩中有着不可忽视的作用,一个论辩家要论辩取胜,就不能不注意选择恰当的语序来表达自己的观点,进行论辩。

160　仿拟词语

天下大乱，达到天下大饱

仿拟词语,也就是修辞学中的“仿词”,它是根据现有的词语形式构造临时性新词的一种方法,将这种方式用于论辩中,表达自己

的某种感情，或表达对论敌的奚落与嘲讽，我们称之为仿拟词语术。

我们在论辩中恰当地使用仿拟词语的形式，往往可以取得幽默风趣的表达效果，增强自身论辩语言的攻击力量。比如，在首届国际华语大专辩论会上关于"温饱是谈道德的必要条件"的论辩中，反方复旦大学队在自由辩论时有这样一段辩词：

一辩："荀子早就说过，'争则乱，乱则穷'。所以我们走向温饱的过程当中，更要谈道德，否则不就是越走越穷，什么时候才能达到温饱呢?"

四辩："对方认为贫困向温饱的追求过程当中，可以不谈道德，这就告诉我们一个所谓基本的理论，就是：天下大乱，才能达到天下大饱。"

三辩："如果这样的话，恐怕不是'争则乱，乱则穷'，而是'争则乱，乱则饱'了。"

这里复旦大学队的几位辩手就使用了仿拟词语术，根据现有的词语"天下大乱，达到天下大治""争则乱，乱则穷"，临时仿造出"天下大乱，达到天下大饱""争则乱，乱则饱"，生动幽默、妙趣横生，又不无嘲讽意味，取得了极好的论辩效果。

使用仿拟词语术，关键是要有创造思维的能力，能在现有词语的基础上，临时造出前所未有的词语，而这种词语结合特定的语境又是人们能理解的。

比如，首届国际华语大专辩论会有则"艾滋病是医学问题，不是社会问题"的辩题，复旦大学队准备的正方辩词中有这样一段话：

"谁都知道，试管、药剂的作用不是权力、法规代替得了的。即使是退一万步，假设权力、道德、法规有那么大的功效，那么对猿猴和猫身上的艾滋病毒，要在猿世界和猫世界开展立法选举，推广'猴道主义’和‘猫道主义’来妙手回春吗？显然是说不通的。”

复旦大学队这里大胆地运用创造性思维，根据现有的词语“人道主义”临时创造了“猴道主义”“猫道主义”等词语，新颖独特，令人耳目一新。

161　仿拟句式

“你帽子下面的那个东西能算是脑袋吗？”

仿拟句式就是模仿对方的语句形式，构造一个新的语句来回击论敌的方法。

一个小男孩去面包店买面包，发现面包比平常小很多，于是对老板说：“这个面包怎么这么小啊？”

老板说：“这样你拿起来就方便了嘛！”

小男孩知道老板在诡辩，于是留下一块钱就离开了。老板赶紧喊住他：“嘿，你的面包没有给足钱哪！”

小男孩：“对的，这样你收起钱来也就方便了。”

再请看电视连续剧《烟雨濛濛》中方瑜反击陆尔豪的一个回合：

方瑜正在一条满地泥水的路上行走着。突然陆尔豪骑着摩托经过，将泥水溅到了方瑜身上。但是陆尔豪没有道歉，开启摩托车扬长而去，这时方瑜骂了一句“神经病”，被陆尔豪听到了，他又拐回来，强词夺理地说：

“我走这条路是我倒霉，将你溅了一身泥水是你倒霉，我们各倒各的霉，你干吗骂我‘神经病’？”

面对这不太友好的青年，方瑜反击道：

“我走这条路被溅了一身泥水是我倒霉，你走这条路挨人骂是你倒霉，我们各倒各的霉，你干吗找我的麻烦？”

对此，陆尔豪无法回击，只好说“现在的女孩子一个个都变得伶牙利齿了”，从而不了了之。

陆尔豪之所以无法反击方瑜的答辩，就是因为方瑜使用了仿拟句式术。方瑜答辩的句式和陆尔豪的强词夺理的句式是一样的，只是略微变换了个别的词语；方瑜所叙述的道理和陆尔豪的蛮横无理没什么不同，如果陆尔豪要反驳，就等于是自己打自己的嘴巴。因此，陆尔豪无可奈何，只好不了了之地走了。

使用仿拟句式术，有时也可以沿用对方的词语，只是将词语的排列顺序略微加以改变。比如，安徒生很俭朴，常常戴着破旧的帽子在大街上行走。有几个游手好闲的人嘲笑他：

“喂，你脑袋上边的那个东西是什么玩意儿，能算是帽子吗？”

安徒生应声反问：

“你帽子下面的那个东西是什么玩意儿？能算是脑袋吗？”

安徒生在回答对方问题时，模仿对方的语句形式，巧妙地把“脑袋”和“帽子”调换一下位置。这样不仅把对方对自己的污辱全部还给了对方，而且棋高一着：对方嘲笑的是安徒生的帽子破，而安徒生嘲笑的却是对方大脑贫乏。

162　仿拟推论

参议员先生是鹅

当论敌的推论形式存在着明显的错误时，如果论辩双方都有较高的逻辑修养，便可以通过直接指出其中推论形式的错误来反驳；如果有一方或双方缺乏逻辑方面的专业知识，这时最好的反驳方法就是**模仿对方错误的推论形式，推出令对方难以接受的荒谬结论，便可以达到驳倒对方的目的，这就是仿拟推论术**。

有个美国参议员对美国逻辑学家贝尔克里说：

“所有的共产党人都攻击我，你攻击我，所以，你是共产党人。”

贝尔克里当即反驳道：

“你这个推论妙极了，从逻辑上来看，它同下面的推论是一回事：所有的鹅都吃白菜，参议员先生也吃白菜，所以参议员先生是鹅。”

参议员先生论辩中使用的是中项不周延的错误三段论形式，贝尔克里模仿这种推论形式得出了“参议员先生是鹅”的令对方难以接受的结论，这样对方推论的荒谬性就暴露无遗了。

特别是对于无理取闹的诡辩者，仿拟其错误的推论形式，推出令其难堪的结论，更是将其制服的有效手段。比如，欧布利德是古希腊著名的诡辩家，据说，有一次他曾经这样问同伴：

“你没有失掉的东西，就是你还有的，对吗？”

同伴点了点头，表示肯定。欧布利德立即接着说道：

"你没有失掉头上的角,那你头上就有角了。"

只有牛羊之类的牲畜才有角,人怎么会有角?同伴受了欧布利德的侮辱,十分恼火,但又反驳不了,就和他吵了起来,一直吵到大公(奴隶主贵族担任的行政长官)那里。大公比欧布利德的同伴聪明,他对欧布利德说:

"在这个城堡里,你没有失掉坐牢的机会,那好,请你享受三天吧!"

于是把欧布利德投入了监狱。

欧布利德采用中项不同一的错误三段论,推出同伴头上有角的结论来侮辱人家,大公如果和欧布利德争论头上是否有角难以说清楚,而模仿他的错误形式,推出令其难堪的结论,便有效地将他制服了。

163 文字拆合

鬼站在木的旁边,就是槐树

汉字是一种表意文字。汉字中的合体字如会意字、形声字大多可以分成独立的几个组成部分,各部分也可以表示一定的意义。**文字拆合术就是通过对汉字的内部结构进行分析、拆合来取得论辩胜利的方法**。

据《太平广记·嘲诮》载:唐朝的贾嘉隐七岁时,因是神童而被朝廷召见。当时,长孙无忌和徐世绩站在朝堂与他对话。徐世绩戏言道:

“我所依的是什么树?”

贾嘉隐道:“松树。”

徐世绩道:“这是槐树,怎么能说是松树呢?”

贾嘉隐道:“以公配木,怎能说不是松呢?”

长孙再问道:“我所依靠的是什么树?”

贾嘉隐道:“槐树。”

长孙道:“你不再更正了?”

贾嘉隐道:“哪里用得着再更正。‘鬼’站在树‘木’的旁边,不就是槐树?”

贾嘉隐通过对“松”“槐”两字的拆合,表达了他对徐世绩的尊敬,以及对长孙无忌的不满之情。

文字拆合术在日常生活中用得较多,在论辩赛中同样可以取得出奇制胜的效果。

1988年春季,北京语言学院举行了一场由外国留学生主持并参加的辩论会。辩论的主题为:男女平等——女性的出路。与会者肤色不同,国籍各异,但却使用同一种语言——汉语。辩论起来有声有色,慷慨激昂。正当双方论辩唇枪舌剑、精彩激烈时,来自南斯拉夫的反方队员桑佐兰从容答辩道:

“汉字的‘安’字,即意味着女人应在家里,‘男’字则意味着男人做户外工作。中国文化是很古老的,如果中国人错了,那我们今天还有什么可辩论的呢?”

至此,他风趣地摊了摊双手。他的精彩答辩,引来了满堂喝彩。

在古文字中,“安”字是指女人居于室内,“男”字指在田中劳动。桑佐兰通过对“安”“男”两字进行拆合,有力地反驳了对方,论证了反方的“男主外女主内”的观点,取得了意想不到的论辩效果。

164 词语拆合

“真老乌龟”

词是有特定意义和固定结构的语言单位。但是,对汉语中的合成词进行分析又可以得到各具意义的语素。**词语拆合术就是对语词进行分析、拆合,以此达到论辩取胜目的的方法**。

在论辩中,当我们面临困境,词语拆合术有时可以帮助我们转危为安。

一年盛夏,体胖的纪晓岚脱衣光背,把辫子盘在头顶,伏案阅读《四库全书》书稿。忽然乾隆皇帝向院内走来。他穿衣已来不及,便一猫腰钻在案下,将桌布拉好,想等皇帝走了再出来。

谁知这些举动乾隆皇帝都一一看在眼里。乾隆只是不作声,直入大堂,示意左右安静下来,佯作不知,有意走到纪晓岚的书桌边坐下。纪晓岚在桌子下龟缩一会儿,热得难受,见没有动静,便以为皇帝已经走了,撩开桌布露出头问:“老头子走了吗?”

这句话惹恼了乾隆:“纪昀,你凭什么叫我老头子?如果说不出道理来,立即赐死!”

谁知纪晓岚不慌不忙,从容答道:“‘老头子’这三个字是大家公认的,非臣臆造。容臣详说,皇帝称万岁,岂不为‘老’?皇帝乃国家元首,岂不为‘头’?皇帝乃真龙天子,岂不为‘子’?‘老头子’这三字乃简称也。”

乾隆听了,哈哈大笑道:“好个能言善辩的纪昀,虽苏秦、张仪再生也不及也！朕赦你无罪，起来吧！”

纪晓岚凭着他的如簧之舌，巧妙地对“老头子”一词进行拆合，保住了自己的性命。

我们也可以利用词语拆合术来表达对丑恶现象的嘲弄。

清代乾隆年间，有位老臣庆祝八十大寿，为借机大发横财，到处发请帖。纪晓岚十分不满，到了寿辰前一天，打发人送去大红幛一个，上书“真老乌龟”四个大字。老臣大为恼火，届日，当面责怪纪晓岚。纪晓岚从容解释说：

“君为前朝老臣，年且八十，是为‘老’；世世代代乌纱盖顶，是为‘乌’；自古以来，龟鹤齐名，都是高寿的象征。魏武帝是何等人物，尚且称颂龟为神龟。欣逢老相国寿辰，以此神物祝颂，当为不妄；‘真’者，实实在在，当之无愧之意也。”

面对丑恶的现象和人物，纪晓岚愤怒斥责对方为“真老乌龟”；而当老臣兴师问罪时，纪晓岚运用词语拆合术对“真老乌龟”这一词作出巧妙的解释，直使得老臣有口难言。

165　对偶答辩

落汤螃蟹着红袍

对偶，就是用结构对称、字数相等的两个句子或词语表达相似、相关或相反意思的一种修辞方式，将这种方式应用于论辩中，就是对偶答辩术。由于对偶的字数相等、结构相同，因而在论辩中恰当应用可使论辩语言整齐、简洁、有力。

在古代用对偶来进行答辩的情形较多。比如，明代解缙七八岁时，能文善诗，聪慧无比，名声越传越远。曹尚书听说后就派人把解缙找来，想亲自考察个究竟。曹尚书对稚气瘦弱的解缙说："我念出上句，你马上对出下句。答非所问，算输；间有停歇，算输。"他不等解缙应允，便抢先念道："小犬无知嫌路窄。"

解缙把胸脯一挺答道："大鹏展翅恨天低。"

曹尚书手指堂前石狮子："石狮子头顶焚香炉，几时得了？"

解缙答："泥判官手拿生死簿，何日勾销？"

曹尚书手指青天："天作棋盘星作子，谁人能下？"

解缙挥手指地："地为琵琶路为弦，哪个可弹？"

曹尚书一时难不住小解缙，便冷眼打量着解缙身上的粗布绿袄恶意戏弄道："出水蛤蟆穿绿袄。"说完仰天哈哈大笑，满堂官员无不面呈得意之色。

解缙却镇定自若，待笑声过后，双眼斜视曹尚书的大红袍，加重语气答道："落汤螃蟹着红袍！"

曹尚书一听，羞得面红耳赤，满堂官员大惊失色，曹尚书只得拂袖退堂。

解缙与曹尚书之间的这场论辩使用的就是对偶答辩术。表面上看起来文质彬彬、温文尔雅，但实际上刀光剑影、争斗激烈。小解缙凭借他的聪明才智，获得了这场论辩的胜利。

对偶答辩术往往是一个人说出上联，另一人接着说出下联，因而要用这种方法，就必须具有扎实的语言学知识和敏捷的思维能力，才能应对自如，妙语横生。

166 排比造势
平添排山倒海的力量

排比是一种把内容相关、结构相同或相近、语气连贯的词语或句子成串地排列的一种表达方法，将这种方式应用于论辩中，就是排比造势术。排比可增强语言的气势。用来说理，可把道理阐述得更严密、更透彻；用来抒情，可把感情抒发得淋漓尽致，读起来酣畅淋漓。在论辩实践中，人们还常常将排比、反问、归谬等方法同时使用，这样可以使我们的论辩语言既有反问的咄咄逼人，又有归谬的敏锐深刻，更有排比的气势壮阔，使我们的论辩平添一种摧枯拉朽的气势，排山倒海的力量。

请看 2001 年国际大专辩论会关于“以成败论英雄是可取的”论辩中，反方武汉大学队的一节辩词：

“其实以成败论英雄最大的不可取之处是论不出英雄来，我们可以从三个方面来证明这一点。

“第一，从成功方面看，如果成功了就是英雄，那么我们可以得出结论，当上了驸马爷的陈世美不可谓不是个英雄，洞房花烛夜、金榜题名时，难道不是一个穷秀才梦寐以求的成功吗？二战初的希特勒也不可谓不是个英雄，创建第三帝国，铁蹄横扫欧洲，他不是成功地在一天时间内就占领了丹麦、40 天内就打败了法国吗？而至于南宋时的秦桧更是一个不可多得的一世英雄，他成功地当上了宰相，成功地除掉了岳飞，更是成功地出卖了国家！请问对方同学，你们真的认为他们是英雄吗？

“第二，从失败的方面看，如果失败了就不是英雄，我们又可以得出结论，荆轲不再是英雄，因为他舍身入秦的两大目标，刺杀嬴政和逼秦议和均以失败而告终。布鲁诺也不再是英雄，因为他既未能说服当时的民众相信日心说，也没有逃脱宗教裁判所的追捕。中山先生自辛亥革命之后更称不上英雄了，二次革命失败，护国运动失败，护法运动还是失败，总理遗嘱不是也说，‘革命尚未成功，同志仍需努力’呀！但还要请问对方同学，他们真的不是英雄吗？

“第三，综合起来看，成败作为相对的概念，总是存在于一定的竞争之中的，竞争一方的成，就意味着另一方的败，于是我们可以得出第三个结论，任何竞争的结果，都是一方英雄一方狗熊。那荷马笔下的特洛伊战争金戈铁马、十年鏖战，难道希腊领兵主将阿喀琉斯是英雄，失败的特洛伊主将赫克托尔就不是英雄吗？那么楚汉相争、逐鹿中原，开创了大汉王朝的刘邦是英雄，那么自刎而死的西楚霸王就不是英雄吗？那魏、蜀、吴三国鼎立，豪杰辈出，那么仅仅因为三家归晋就有司马氏才是英雄吗？那么后人又何来的‘天下英雄谁敌手，生子当如孙仲谋’的感叹呢？可是按照对方同学的观点以成败论英雄，其结果只能是假英雄大行其道、真英雄纷纷落马！”

武汉大学队在反驳对方的“以成败论英雄是可取的”这一观点时，运用了归谬的方法，先假设对方的观点是正确的，然后由此推出了一系列的荒谬的结论。比如，臭名昭著的陈世美变成了英雄，世纪恶魔希特勒也因此而变成了英雄，遗臭万年的卖国贼秦桧更因此而成了英雄；相反，著名豪杰荆轲不再是英雄，布鲁诺不再是英雄，中山先生也因此而不再是英雄……这一系列的结论是荒谬的，这样就给了对方观点淋漓尽致的反驳。由于使用了一连串的反问句，增添了一种凌厉逼人的气势。更由于论辩语言是由这一系列的事物形象组成的排比句来表达，使得论辩产生了一种动人心魄的气势、排山倒海的力量。场上观众受到极大的感染，发言被一阵又一阵雷鸣般的掌声打断。

要使我们的论辩语言具有这种排山倒海之势、雷霆万钧之力，就必须善于综合运用排比等各种语言技巧。

167 态势语言

孔子向老子学道

态势指仪表、姿态、神情、动作等诸方面，将其运用在论辩中，以达到论辩取胜的目的，这就是态势语言术。

论辩不仅是有声语言的较量，态势语言的运用在论辩中也有着举足轻重的作用。甚至有许多这样的场合，运用有声语言无法达到的论证目的，运用态势语言却能顺利实现。比如：

据《史记·陈丞相世家》载：西汉陈平有一次带着剑逃亡，要渡过黄河。船夫见他相貌堂堂，一人独行，估计他是逃亡的将领，猜想他腰中必定带有金银宝器，因此，屡次用眼睛打量他，想杀了他来夺取财宝。陈平觉察了船夫的意图，就脱下上衣，光着上身帮船夫撑船。船夫知道他身上确实没有藏着财宝，也就不下手了，陈平于是平安地渡过了黄河。

在当时，要消除对方的误会，使对方相信自己身上没有财宝，有声语言的解释往往是苍白无力的。陈平巧妙地使用态势语言，脱去自己的上衣为船夫撑船，却使自己免除了一场杀身之祸。

另外，态势语言又往往不如有声语言那样意义明确，有时要真正理解其中的含义，就必须要有丰富的想象与联想能力。

据说，孔子曾领着他的弟子到老子那儿学道。到了老子那里，老子首先向他们张了张嘴，然后又伸了伸舌头，一句话也没说。孔子便领着弟子们走了。在归途中，弟子不解地问："老师，您说领我们去学道，可到了那里，老子什么也没说，您怎么就领着我们往回走呢？"

孔子笑着说："你们哪里懂得呀，道在不言中。你们没有看到吗？老子张开嘴，那是让我们知道他的牙全掉了；然后又伸伸舌头，那是告诉我们舌头还在。这其中的道理就是：牙虽硬却先掉了，舌头虽软却仍然健在。"

老子态势语言的深刻寓意，如果不是面对孔子这样的哲人，一般的人就难以理解了。

第五节　语用协调

语用学是研究人们使用语言的学科。人们语言的运用离不开特定的语言表达式、语言表达式的意义，以及语言使用的语境因素。人们常说，“到什么山唱什么歌”“见什么人说什么话”，即要根据不同的语境选择不同的语言形式。论辩也是如此，要想取得好的论辩效果，就不能不注意我们的语言形式、语言意义与语言环境之间的和谐与协调。

168　语言环境

柳絮飞来片片红

语言环境又称为语境，它本来是语言学与逻辑学中的术语，狭义的语境指某句话的前言后语，广义的语境包括说话者当时的自然环境、社会环境、交际对象等。语言的运用，总是离不开特定的语境。

很久以前，一个跑江湖的医生被一个老头请去为他儿子治病。这个医生一次就用了一斤巴豆，病人吃了之后很快就死了。他儿子的病本来不算重，可突然被整治死了，老头当然不肯罢休，于是就拉着医生去打官司。县官问医生："你开的是什么药方？"

医生说："开的是巴豆。"

"剂量多少？"

"一斤。"

"你看过药书吗？为什么一次用一斤巴豆？"

"我看过药书，药书上明明写着'巴豆有大毒，不可轻用'，所以我才重用了。"

"你这个笨家伙，不可轻用是指不可轻易使用，你不懂轻用的含义，结果害死了人，你必须偿命！"

这个江湖医生之所以会闹出人命，就是因为不懂"不可轻用"在特定语境中的特定含义。有些语句离开特定的语境，它可以是真的；但结合其具体的语境，它就必然为假。抽象地讲，"不可轻用"可以表示"使用的分量不能小"的意思，但结合"巴豆有大毒"的特定语境，"使用分量不能小"的解释就必定为假。

在论辩过程中，论辩双方往往借助于语境，使自己的表达简洁有力，同时也往往借助语境，了解话语的特定含义。因而，要使论辩顺利进行就不能不注意语境。**语言环境术就是通过借助特定语境因素来取得论辩胜利的方法**。

清人牛应之的《雨窗消意录》一书中记有这样一件事：

金农是"扬州八怪"之一，一日某富商为附庸风雅在平山堂设宴请客，推金农首座。席间有人提议以"飞、红"二字作酒令。当轮到富商时，苦苦思索，也想不出一句诗来。众人正要罚他酒时，富商突然说：

“有了，柳絮飞来片片红。”

大家哄堂大笑，认为违反生活情理。这时，金农站起来说：

“这是元朝人咏平山堂的诗句，没什么可笑的。这首诗是：

廿四桥边廿四风，凭栏犹忆旧江东，
夕阳返照桃花渡，柳絮飞来片片红。”

“柳絮飞来片片红”明显是假的，当主人被哄笑而窘态百出时，金农随口编诗一首，将该语句放入“夕阳返照桃花渡”这种特定的语境中，它不仅成了真的，而且还是一句绝妙的诗句，受到人们的一致赞叹。

169　巧借语境

我介于驴子与骗子之间

语境是论辩语言的一个有机组成部分，它在论辩中有着奇特的作用，是论辩者所不容忽视的。我们甚至可以**借助语境因素，用作反击论敌的锐利武器，这就是巧借语境术**。比如：

一个法官和一个商人在路上碰见朱哈，他俩想羞辱朱哈，便说：

“你是一头驴子还是一个骗子？”

朱哈听后，便站到法官和商人中间，说：

“我既不是驴子，也不是骗子，而是介于两者之间。”

法官和商人听后，只好怏怏而去。

法官和商人本想应用虚假析取式诡辩来羞辱朱哈，要朱哈在

"驴子"和"骗子"之间作出选择，朱哈一眼识穿其诡辩，巧妙地借助站于法官和商人中间这一语境因素，将对方泼出的脏水返还给了对方。

又如，有则民间故事讲道：龙发财给刁老财端去一杯热茶，不小心把刁老财的手烫着了，刁老财气得破口大骂：

"你这家伙真蠢，蠢得跟猪差不了多少！"

龙发财朝刁老财比划了一下，打趣地说：

"老爷，你讲得很对，我和猪是差不了多少，看，只差一尺远。"

龙发财巧借他与财主距离为"一尺远"这一特定语境因素，将对方骂人的话还给了对方。

一个机智的论辩者就应该这样，当自己遭到对方无端攻击时，能够巧妙利用当时的各种语境因素，作为反击对方的锐利武器。

一次，苏联诗人马雅可夫斯基正在发表演讲。一个矮胖的人走到讲台上来，指责诗人的演讲有很大的偏见，最后嚷道：

"我应当提醒你，拿破仑有一句名言，从伟大到可笑，只有一步之差……"

马雅可夫斯基看了那人同自己的距离，跨前一步，用赞同的口气说：

"不错，从伟大到可笑，只有一步之差……"

那个人想讥笑诗人马雅可夫斯基，最后只能是自取其辱。

170 察言观色

投毒的人右手掌会变青

察言观色就是从对方脸色、举动等来了解论敌、寻找克敌制胜武器的方法。

清末吴趼人《我佛山人笔记》中记载了这样一则案例：

清朝时，清苑县有兄弟二人分家而居。弟弟财产挥霍一空，生活困苦；哥哥经常周济弟弟。哥哥年已五十，只有一子，娶某女为妻。一次，弟弟的妻子到哥哥家借贷，哥哥的儿媳妇在做饭，此时哥哥的儿子正好外出回来，吃了一碗饭，当即七窍流血而死。他妻子大惊失色，弟弟的妻子则大呼小叫："侄媳妇谋杀亲夫啦！赶快报官吧！"官府将其儿媳妇抓到公堂，严刑审问，她受刑不过，便供为"因奸谋杀"，并乱指某甲为"奸夫"。

后来某明府奉命复查此案。他先阅案卷，又询问了有关人员，得知儿媳平日孝敬公婆、夫妻和睦，也从未发现她与某甲有往来。最后询问了死者的叔叔、婶婶，了解了当时的情况后，明府对左右说：

"明天再问一次就会案情大白。"

第二天，明府升堂，传来所有有关人员，说道：

"昨天夜里，死者托梦告诉我，毒死他的人右手掌会变青。"

明府边说边看了众人一眼，又说："死者还讲，毒杀他的人白眼珠会变黄。"说完又详细打量众人。明府忽然拍着桌子指着弟弟的妻子说：

“杀人者就是你！”

那女人大为惊慌：“小淫妇毒杀了自己的男人，怎么凶手倒成了我呢？”

“你自己已经供认，还想抵赖吗？”

“我供认什么了？”

“我说杀人者右手掌颜色会变青，别人都泰然自若，只有你急忙看自己的手，这是你自己招供了；我说杀人者白眼珠会变黄，别人都泰然自若，只有你丈夫急忙看你的眼睛，这是他替你招供了。你还抵赖什么！”

说完，便准备动刑，弟弟的妻子迫不得已只好供出实情：原来弟弟夫妇早就存心侵吞哥哥的财产，每次去哥哥家都身带砒霜。那天偷偷将砒霜放入饭中，本想毒死哥哥全家，没想到死者先吃了一碗，遇不测之祸。

一大冤案，仅过了两堂，寥寥数语便全部昭雪。明府使用的正是察言观色术。

心理学表明，外界事物对人的大脑的刺激，往往会使人体内部某些相应组织的机能在一个短时间内出现异常现象。人们的个性差异，使得思想感情的流露，又多包含在一些与众不同的习惯动作、神态之中。例如，对方抱着胳膊，表示在思考问题；抱头表明一筹莫展；低头走路，步履沉重，说明他心灰气馁；昂首挺胸，高声交谈，是自信的流露；女性一言不发，搓揉手帕，说明她心里有话，却不知从何说起；轻咬朱唇，则是思索的含意；若对方用手弹桌子或拨弄笔杆，表明他觉得你发言欠全面、枯燥无味；当我方论证有了新的进展时，对方表露不安，可能触到了他的薄弱环节；若显出怡然自得的神情，需警惕他有反攻的力量。

确实，从对方的脸色、举动等方面，我们可以捕捉到不少信息，甚至可以为我们提供克敌制胜的武器。

171 因人施辩

如果是哨兵，请选举爱伦

因人施辩术，就是在陈述理由说服对方的时候，要因人而异，首先要把握对方的个性，从他的兴趣爱好、文化水平、心情处境等入手，针对不同的人，采用不同的论辩方法。只有这样，才能取得最佳的论辩效果。比如：

美国内战之后，内战中的一位战士约翰·爱伦与内战中的英雄陶克将军竞选国会议员，功勋显赫并曾任三届国会议员的陶克将军在竞选演说时说：

“诸位同胞，记得就在17年前的昨天晚上，我曾带兵在茶座山与敌人激战，经过激烈的战斗后，我在山上的丛林里睡了一个晚上。如果大家没有忘记那次艰苦卓绝的战斗，请在选举中也不要忘记那吃尽苦头、风餐露宿而屡建战功的人。”

此话一落，果然唤起选民们对他的崇敬和信任，场上响起了一阵掌声和欢呼声。

对此，约翰·爱伦并没有怯阵，他坦然地接过话来说道：

“同胞们，陶克将军说得不错，他确实在那次战争中立了奇功。我当时是他手下的一名无名小卒，替他出生入死，冲锋陷阵，这还不算，当他在丛林中安睡时，我还携带着武器，站在荒原上，饱尝了寒风冷露的味儿，来保护他。各位如果是睡觉时需人守卫的将军，请选举陶克将军；如果是哨兵，需为酣睡的将军守卫的，请选举爱伦。”

话音一落，场上响起更加热烈的掌声。

事实很清楚，在美国南北战争中充任将军的，毕竟是极少数人，而浴血奋战的士兵毕竟占了绝大多数。由于爱伦能针对大多数选民的心情处境，选择最能为广大选民理解和支持的辩词，使自己和广大选民息息相关，心心相印，因而获得了绝大多数选民的支持，在竞选中获胜当选。

论辩赛也是这样，论辩赛总是在特定的环境、地点中进行，在场观众的情感倾向对论辩胜负有一定的影响，我们的论辩要想获得广大观众的同情与支持，就不能不注意他们的风俗习惯、心理特点。比如，在第二次世界大战期间，日本曾给东南亚人民带来巨大的痛苦，东南亚人民对日本在感情上有障碍。根据东南亚人民的这一情感特点，因而在新加坡举办的 1993 年首届国际华语大专辩论会关于“温饱是谈道德的必要条件”的论辩中，反方复旦大学队三辩有这样一段辩词：

“日本可算是富甲天下了吧？但是政坛丑闻却不绝于耳。竹下登被贿赂蹬下了台，宇野宗佑被美色诱下了水，而金丸信呢？终究未能取信于民。”

面对曾经深受日本之害的东南亚人民，揭露日本政坛的丑闻，无疑能取得极好的论辩效果。

论辩赛中评委的意见更是直接影响到论辩队的输赢，因而一个论辩队组织辩词时，更不能不考虑评委的心理特点。在参赛前，应尽可能多地学习了解有关专家的主要学术著作和文章，掌握他们的论点和最新研究成果。在比赛中绝对不能攻击他们的论述，相反应该巧妙地恰当地引用有关评委的观点和对某些问题的提法，这是很能增加评委对本方论辩的认同感的。比如，著名的武侠小说大师金庸先生是首届国际华语大专辩论会决赛的评委之一，因而复旦大学队二辩在决赛中论证本方“人性本恶”的观点时，有这样一段辩词：

“对方辩友，难道你还要对着《天龙八部》中的恶贯满盈、无恶不作、凶神恶煞和穷凶极恶这四大恶人谈什么人性本善吗?”

金庸就坐在下面的评委席上，大家又十分喜欢他的武侠小说，这就必然引起场上热烈的反响。

俗话说，“到什么山唱什么歌”，我们要想论辩取胜，就必须善于运用因人施辩术。

172 委婉曲折

皇帝哪里还要你的乳汁养活?

委婉曲折术就是用婉转含蓄或隐约闪烁的话，间接地表达思想的论辩方法。

古代的媒婆说起话来往往委婉动听。

有一个媒婆接受男家酬礼替男方说媒。男方是个豁嘴，她就对女方说“男方有时嘴不严”，女家还以为男方说话多，不算什么大毛病，就酬谢媒婆，让她给男方回话。

因为女方没有鼻子，媒婆就说女方“眼下没什么”。男方还以为女方家里穷，无资可陪嫁，也不介意。

直到双方入洞房时方才真相大白，媒婆使用的便是委婉曲折术。

据《战国策·秦策五》载，有一次，秦王和中期发生了争论。结果中期赢了，而秦王却输了。中期若无其事、大摇大摆地走出了皇宫。秦王大怒，暴跳如雷，决心要把中期杀掉，以解心头大恨。这时，秦王身边有个和中期要好的人对秦王说：

"中期这个人实在是个暴徒，一点也不懂规矩。他幸好遇到大王这样贤明的君主才能活命。如果遇到桀、纣那样的暴君，早就没命了！"

秦王一听，也就不好再加罪于中期了。

中期的朋友为中期辩护使用的也是委婉曲折术。在秦王盛怒的情况下，要为中期辩护，如果直言劝说秦王不要杀中期，这样只能是火上浇油，适得其反。这时，中期的朋友采用了委婉曲折术，简单的几句话却有着丰富的含义。其中既有对中期的指责，又有若杀中期则是暴君的暗示，还有不杀中期则是贤君的称赞。这样一来，秦王的火气一下子就平息了下来，也就不好再对中期下手了。

委婉曲折术用来劝谏，是一种有效的方法，因为语言比较含蓄、委婉，可以避免因直接叙述给对方造成伤害而形成对抗，能让对方在细细品味我们的语言之中接受我们的观点，取得共同的认识。又如，《西京杂记》中有这样一则故事：

汉武帝的乳母曾经在宫外犯了罪，武帝想依法处置她。乳母就向东方朔求助。东方朔说："你如果想获得解救，就在将抓走的时候，只是不断回头注视武帝，千万不可说什么，这样或许还有一线希望。"

乳母经过汉武帝面前，果然一步三回头。东方朔在武帝旁边侍坐,对乳母说:“你也太痴傻了,皇帝现在已经长大了,哪里还会要你的乳汁养活呢?”

汉武帝听了,面露凄然之色,并且赦免了乳母的罪过。

东方朔为乳母辩护使用的也是委婉曲折术。他间接地、委婉地表达了不要忘记乳母的养育之恩,这远比直接规劝汉武帝不要治乳母的罪要好得多。

173 回避忌讳

他被封为御林军总管

在论辩中,遇有触犯忌讳的事物,我们不能直说这种事物,就必须用其他的话来回避掩盖或装饰美化的方法,就是回避忌讳术。

为了达到回避忌讳的目的,我们可以用一些不常用的语词或临时构造一些语词来替换触犯忌讳的语词。比如:

清朝乾隆年间,杭州南屏山净慈寺有个叫诋毁的和尚,此人聪明机灵,却心直口快,喜欢议论天下大事,且要讲便讲,想骂便骂。乾隆皇帝对此人早有所闻,为了找借口惩治诋毁和尚,便化装成秀才来到净慈寺。乾隆随手在地上捡起一块劈开的毛竹片,指着青的一面问诋毁:“老师父,这个叫什么呀?”

按照一般的称呼,显然叫“蔑青”。诋毁正要答话,蓦然,从乾隆的言谈举止中意识到了什么,脑子中马上闪出“蔑青”的谐音不就是“灭清”吗?于是眼珠一转,答道:“这是竹皮。”

乾隆以为诋毁会答蔑青(灭清),便以对清政府不满的罪名立即处罚他，没料到他巧妙地绕过去了。乾隆很不甘心，随即将竹片翻过来，指着白的一面问诋毁："老师父，这个又是什么呢？"

"这个嘛，"诋毁心里想着，若回答"篾黄"，则正中乾隆的计策，因"篾黄"和"灭皇"同音，于是诋毁答道，"我们管它叫竹肉。"

乾隆皇帝这一招又失败了。

诋毁和尚机智地采用不常用的"竹皮""竹肉"等词语代替了常用的"篾青""篾黄"等触犯忌讳的词语，终于躲过了一场无妄之灾。

为了达到回避忌讳的目的，也可以把话说得隐晦含蓄，以减弱语言的刺激性。比如：

传说朱元璋做了皇帝后，有个从前的苦朋友来到皇宫。和朱元璋一见面，他就直通通地说：

"我主万岁！还记得吗？从前，你我都替人家看牛。有一天，我们在芦花荡里，把偷来的豆子放在瓦罐里煮着。还没等煮熟，大家就抢着吃，把罐子都打破了，撒下一地的豆子，汤都泼在泥地里。你只顾从地上满把地抓豆子吃，却不小心连红草叶子也送进嘴去。叶子梗在喉咙口，苦得你哭笑不得。还是我出的主意，叫你用青菜叶子放在手上一拍吞下去，才把红草叶子带下肚子里去了……"

朱元璋嫌他太不顾全体面，等不得听完就连声大叫："推出去斩了！推出去斩了！"

另外一个苦朋友也来到皇宫，和朱元璋见面后，说道：

"我主万岁！当年微臣随驾扫荡庐州府，打破罐州城，汤元帅在逃，拿住豆将军，红孩儿当关，多亏菜将军。"

同样这件事，朱元璋听他说得好听，心里高兴，就立刻封他做了御林军总管。

对于同一件事，一个是直通通地说，结果被推出斩首；一个是隐晦含蓄地说，结果做了大官。使用和不使用回避忌讳术，论辩效果竟然会有天壤之别，因而我们不能不注意掌握这一论辩制胜的方法。

174 随机应变

你的手掌上为什么不长毛？

随机应变术，就是在论辩过程中，对外界情况突然发生的变化必须快速作出反应，灵活地巩固自己的防线，摆脱被动的局面。印度有这样一则民间故事：

一天上朝，国王阿克巴问比尔巴："我的手掌上为什么不长毛？"

比尔巴为了嘲笑国王，故意答道："您经常用这双手向穷人和婆罗门学者进行施舍，因为摩擦所以手掌上不长毛。"

听到这一回答是对自己的赞扬，阿克巴心中暗喜。但他马上悟出，这是对自己的嘲笑，不过他没吱声，他要寻找机会羞辱一下比尔巴。他想好一套办法之后，就又问比尔巴："你的手掌上为什么不长毛？"

比尔巴说："总是不断地接受施舍，这样摩擦也不长毛。"

国王又问："我们宫中其他人的手掌上为什么也没有毛？"

比尔巴说："答案很清楚，当您给我或其他人施舍时，宫中那些可怜虫羡慕得直搓手，结果这一摩擦，他们的手掌上也就没毛了。"

国王听后开怀大笑。

比尔巴对于国王精心筹划的一阵轮番攻击，能够作出快速的应变对策，自圆其说，滴水不漏，显示了非凡的随机应变的能力。

一个雄辩家的随机应变能力突出体现在论辩处于逆境时能灵巧应对、转危为安。比如：

相对论是爱因斯坦对世界科学的杰出贡献。开始人们对这一论断并不接受。为此，爱因斯坦经常去各大学进行相对论的论述演讲，所到之处颇受欢迎。

一天，开车的司机对他说："你的演讲精彩极了，我已听了不下30次，几乎能倒背如流了。不信的话，我也能上台讲上一通了。"

听了司机的话，爱因斯坦很高兴，于是对司机说："我们现在要去的这所大学的人们还不认识我。这样吧，送给你一次机会，到那儿后，把你的帽子给我戴上，然后你上台讲演，用我的名字作自我介绍。"

司机的这次演讲果然成功，他不仅能娴熟地论述"相对论"的内容，而且表情、手势也恰到好处。可是，演讲完结后，有一位教授向他请教一个复杂的问题，而这个问题充满了深奥的数学公式和方程。司机当然不会解答这个高难度的问题，但他很镇静。他表现出若有所思的神情，然后轻松地对这位教授说：

"这个问题的答案实在太简单了！简单得连我的司机也懂得如何回答。"

接着，司机便邀请爱因斯坦上台作答，并且在掌声雷鸣之下离开会场。

这个司机便能思维灵活、随机应变，突然遇到难题能灵巧应对。

随机应变能力反映了论辩中思维的灵活性。人们在思维过程中，一般总习惯于按固有的思路进行思维，这就是心理学上讲的定式，它是由先前的心理活动造成的一种心理准备状态，使人们比较固定地去认知和作出反应。当遇到一般问题时，它能够促使问题得到顺利解决，但当遇到意外事件时，则往往使人瞠目结舌，束手无策，听凭命运的安排。因而一个雄辩家要在藏机露锋、诡谲多变的论辩天地中自由驰骋，就必须具备娴熟的随机应变能力。

175 补错术

张作霖手黑

在论辩中，当自己出现错误之后，应该及时加以纠正、弥补，以免被人作为取笑和攻击的把柄，而使自己陷于被动，这就是补错术。

请看张作霖的一次巧妙补错的故事。

张作霖虽出身草莽，却十分机智，处理一些眼看就要糟糕透顶的事态，往往突出奇招，收到意想不到的效果。有一次，张作霖出席名流雅席，席间，有几个日本浪人突然声称，久闻张大帅文武双全，请即席赏幅字画。张作霖明知这是故意刁难，但在大庭广众之下，“盛情”难却，就满口应允，吩咐笔墨侍候。只见他潇洒地踱到桌前，在铺好的宣纸上，大笔一挥写了个“虎”字，然后得意地落款，“张作霖手黑”。钤上朱印，他踌躇满志地掷笔而起。那几个日本浪人，丈二和尚摸不着头脑，面面相觑。

机敏的随侍秘书一眼发现了纰漏，“手墨”（亲手书写的文字），怎么成了“手黑”？他连忙贴近张作霖耳边低语：“你写的‘墨’字下面少了个‘土’，‘手墨’变成了‘手黑’。”

张作霖一瞧，不由得一愣：怎么把“墨”写成“黑”啦？如果当众更正，岂不大煞风景？张作霖眉梢一动，计上心来，故意训斥秘书：

“我还不晓得这墨字下边有个‘土’？因为这是日本人要求的东西，这叫作‘寸土不让’！”

语音刚落，满座喝彩，那几个日本浪人这才悟出味来，越想越没趣，只好悻悻地退场了。

张作霖这里的补错法确实巧妙，既弥补了错误，又给了日本浪人以沉重一击，难怪引得全场喝彩。

应该怎样补错？

(1) 明确声明，刚才的话是不恰当的，而补上“正确的说法应该是……”，这样就把错误挽回了。

(2) 巧妙否定，即在自己的错话后来一个反问，“这种说法对吗?”这样就把错误给否定了。

(3) 移植错误，可以说，“这并不是我的观点，而是他人的，我正准备进行反驳的观点”，这样就将错误否定掉了。

(4) 将错就错，巧妙改换错话原义，将错的东西转化为正确的东西。

当然，使用补错法应及时，如隔了不少时间，正遭到论敌的猛烈攻击时，再使用以上补错法则无济于事。这时，就应该老老实实地承认自己的错误，如果老实承认错误，这是诚实的表现，可以赢得人们的尊敬。如果自己硬是抵赖、狡辩、耍滑头，反而会被人耻笑。

176 美言赞誉

床上躺着一条五爪大金龙

美言赞誉术，就是通过对对方的思想、行为作出肯定的评价，以此缩短心理距离，影响和改变某人的心理和行为，从而达到预期的论辩目的的方法。

袁世凯窃取了中华民国临时大总统的权力后，每天做着皇帝梦。有一次竟在白天进入梦中。一个侍婢正好端来参汤，准备供袁世凯醒后进补，谁知不慎将玉碗打翻在地。婢女自知大祸临头，吓得脸色苍白、浑身打战。因为这只玉碗是袁世凯在朝鲜王宫获得的“心头肉”，过去连太后老佛爷他也不愿用来孝敬，现在化为碎片，这杀身之罪是无论如何逃不脱的了。正当她惶惶然惟思自尽之时，袁世凯醒了，他一看见玉碗被打得粉碎，气得脸色发紫，大吼道：

“今天俺非要你的命不可！”

侍婢连忙哭诉着：“不是小人之过，有下情不敢上达。”

袁骂道：“快说快说，看你编的什么鬼话！”

“小人端参汤进来，看见床上躺的不是大总统。”侍婢道。

“混账东西！床上不是俺，能是啥？”

侍婢下跪道：“我说。床上……床上……床上躺着的是一条五爪大金龙！”

袁世凯一听，以为自己是真龙转世，要登上梦寐以求的皇帝宝座了，顿时心花怒放，怒气全消了，情不自禁地拿出一叠纸币为婢女压惊。

婢女在生死存亡关头，通过一句赞美妙语，不仅免了杀身之罪，还得到了对方的奖赏。

美国哲学家詹姆士说："人类本质最殷切的需要是被肯定。"人类对肯定的渴望绝不亚于对食物和睡眠的需要。赞美是所有声音中最甜蜜的一种，具有激励作用。有人作过比较，同样一件事，采取批评讽刺的态度远不及美言赞誉的激励有效。比如：

齐景公生性好玩，常常爬到树上捉鸟，晏子想批评齐王使他改掉这个恶习。一天，齐景公掏了鸟，一看是小鸟，于是又放回鸟巢里去了。晏子问："国君，你干什么累得满头大汗？"景公说："我在掏小鸟，可是掏到的这只太小太弱，我又把它放回巢里去了。"

晏子称赞说："了不起啊，您具有圣人的品质！"

景公问："这怎么说明我具有圣人的品质呢？"

晏子说："国君，您把小鸟放回巢里，表明您深知长幼的大道理，有可贵的同情心。您对禽兽都这样仁爱，何况对百姓呢？"

景公听了这些后十分高兴，以后也不再掏鸟玩了，而是更多地去关心百姓的疾苦，晏子顺利地达到了预期的论辩目的。

使用美言赞誉术必须了解对方的嗜好、习性，乃至脾气和情感，抓住对方的心理弱点，选用对方真正感兴趣的事情进行赞誉，使对方感到非常合乎心意，才能取得良好的论辩效果，上例中的婢女就是如此。另外，我们必须表现出诚意，而不能卑躬屈膝，阿谀谄媚，吹牛拍马。同时，赞誉也要恰如其分，恰到好处，适可而止，否则物极必反，反而让对方反感。

177 幽默答辩

矮子被砍头，不更矮了吗？

幽默答辩术，就是以轻松愉快的态度，生动活泼的语言来进行论辩的方法。

幽默具有愉悦的功能。在论辩中恰当地运用幽默的语言，能激起人们的愉快感，创造一种对我们有利的论辩氛围。比如：

一个女生骑自行车不小心骑到了道路的左边，正巧和迎面驶来的一个青年相撞。那青年大概被撞痛了，火冒三丈，张嘴就嚷：

“你学过交通规则没有？骑车为什么不靠右边走？”

面对青年的盛怒，女生即笑着答复对方：

“如果所有人都靠右行，那么左边的路不就空着了？”

女生这句幽默答辩，不觉之中引得对方转怒为笑，满肚子的火气似乎都在笑声中消散了。接着，女生又笑着向对方表示道歉，两个人客客气气地分手了。这个女生使用的就是幽默答辩术。

有一次，唐玄宗和诸王在一起宴饮。宁王吃饭时，险些咽到气管里，食物喷到皇帝的胡须上。宁王又吃惊又惭愧，不胜惶恐，吓得直哆嗦。黄幡绰见状，说：

“这不是咽错了。”

“是什么呢？”皇帝问。

“是喷帝。”

黄幡绰利用“喷嚏”与“喷帝”同音，说了一句幽默风趣的话，把皇帝逗得哈哈大笑起来，紧张的气氛一下子便缓和下来。

幽默还具有柔化功能。有时恰当地运用幽默答辩术，借助轻松愉快的氛围，能使对方在忍俊不禁之中，消除对抗情绪，有利于我们取得论辩的胜利。

古时候，有一位姓邢的进士，身材矮小，在鄱阳湖遇到强盗。强盗已经抢了他的钱财，还打算杀了他。正要举起刀时，邢进士以风趣的口吻对强盗说：

“人们已经叫我邢矮子了，若是砍掉我的头，那不是更矮了吗？”

强盗不觉失笑，放下了屠刀。

面对凶恶的强盗，在寡不敌众的形势下与之锋芒毕露地进行争辩，只能加速自己的灭亡；而邢进士巧用一句幽默的话，却令强盗哑然失笑，放下了屠刀。

幽默是人类智慧的结晶，是一种机智巧妙的语言艺术，在论辩赛中更是一种强有力的论辩武器。比如，在第二届亚洲大专辩论会关于“儒家思想可以抵御西方歪风”的辩论中，反方复旦大学队代表有这样一段辩词：

“在孔子时代也有歪风，正所谓歪风代代都有，只是变化不同。孔子做鲁国司寇的时候，齐国送来了一队舞女，鲁国的季桓子马上‘三日不朝’。而对这股纵欲主义的歪风，孔子抵御了没有呢？没有，他带着他的学生‘人才外流’去了。这能叫抵御‘西方’歪风吗？”

这段辩词巧妙地古今连用，以当代纯粹的“抵制纵欲主义歪风”之语来统领孔子离开鲁国这个大家原本都很熟悉的故事，切题而有新意；“人才外流”一语更是神来之笔，勾画了儒家面对“东方歪风”手足无措的窘态，且由于正方台湾大学队在前一场比赛中辩论的主题是关于第三世界国家人才外流能否抑制，因而取得了极好的论辩效果。

在论辩赛中，幽默答辩术可以创造赛场气氛，使观众和评委认同自己的观点，倾向于自己一方；当场内气氛转到有利于自己一边的时候，又可以使对方产生心理上的紧张；它还可以给自己一方鼓劲，如果自己的幽默获得了效果，情绪也就会高涨，越战越勇。因而，幽默这一武器被论辩家们称为“幽默炸弹”，一个论辩队要想在赛场上战胜对手，就不能不使用幽默答辩术这一锐利武器。

178 故作否定

在辩词前故意加个否定词

在论辩中，为了反击论敌盛气凌人的挑衅，不妨将我们凌厉逼人的辩词给予表面上的否定，这样既使我们的论辩语言不失痛快淋漓，又显得我们不与粗俗无礼的对方为伍，可以取得极好的论辩效果，这就是故作否定术。

1984年，73岁的里根竞选连任总统。在美国竞选总统的电视论辩中，对手蒙代尔自恃年轻力壮、学识渊博，竭力攻击里根年龄大，不适宜担此重任。蒙代尔单刀直入地问里根：

“目前您已经是美国有史以来年龄最大的总统了，所有的人都能看出来，您常常显得有些疲倦，特别是在处理紧急突发事件时。在中国古代有一句俗话叫‘廉颇老矣，尚能饭否？’，我不得不替美国人民为您的体力和精力担忧，虽然70多岁并不是您的错。”

作为长者的里根如果以牙还牙、破口大骂，就会有失作为长辈的沉稳持重、老谋深算的优势；如果逆来顺受、装聋作哑，那么在年轻气盛的蒙代尔面前，又会显得老态龙钟、难有作为了。于是里根根据自己的长处和对方的短处，面带微笑地回答蒙代尔说：

“蒙代尔说我年龄大而精力不充沛，我想我是不会把对手年轻、不成熟这类问题在竞选中加以利用的。我也想告诉你，古老的中国还有一句俗话叫‘我走过的桥比你走的路都多’！”

现场掌声雷动，里根因此成功连任。

里根使用的正是故作否定的论辩方法。我们可以设想，假如里根的答词是“你说我年龄大、精力不充沛，那么你是年轻、不成熟”，这样便会使双方陷入互相攻讦的争吵之中，给人们留下极为恶劣的印象。但是里根不是这样说，而是使用故作否定术，在不动声色之中，以己之长，显敌之短，既显示了自己作为长者的足智多谋、宽宏大度，又抨击和映衬了对方的浅薄和狭隘，在观众面前树立了自己光辉的人格形象。

故作否定术与“此地无银三百两”的情形有相似之处，都是对某种显而易见的事实进行否定，但是所取得的效果却截然不同。“此地无银三百两”在故意掩饰中显示出荒唐与愚蠢，而故作否定术在表面的否定中却透露出一个人的机智与辩才。又如：

20世纪70年代末的一次外贸谈判中，中方外贸代表拒绝了一个红头发的西方外商的无理要求，这家伙恼羞成怒，竟然出口伤人：

“代表先生，我看你皮肤发黄，大概是营养不良造成你思维紊乱吧？”

“经理先生，”中方代表立即反击，“我既不会因为你皮肤是白色的，就说你严重失血，造成你思维紊乱；也不会因为你的头发是红色的，就说你吸干了他人的血，造成你头脑发昏。”

西方代表在其无理要求遭到拒绝的情况下，便转而对我方代表进行人身攻击，足见其蛮横无理；我方代表由于使用故作否定术，在辩词前加了“不”等否定词，既针锋相对地反击了对方的挑衅，又不授人以话柄，维护了我方人格尊严。

179 设置悬念

太守二千名，独公……

设置悬念术，就是故意设置疑团，引起对方的关切，牵制对方的思想和心理，使对方的心理活动离开其他对象而指向和集中在我们的论辩目的上，进而取得论辩胜利的方法。

纪晓岚小时候，有一天与几个同伴在街边玩球，此时恰好太守经过，球不偏不倚刚好飞入太守轿内。衙役厉声呵斥，小伙伴们惊慌四逃，唯有纪晓岚挺身上前拦轿索球。太守见状，故意刁难说：

“我有一联，你若能对，就把球还你。上联是：童子六七人，惟汝狡！”

纪晓岚随口对道：“太守二千名，独公……”

最后一字故意隐而不说，太守急问：“为何不说末字？”

纪晓岚这时才笑道：“太守如果将球还我，就是‘独公廉’，球不还我，便是‘独公贪’了。”

太守反而被难住了，无可奈何，只好笑着把球还给他。

纪晓岚在对联的末一个字前突然停止，极大地吸引了对方的注意力，为他的论辩取胜创造了有利的环境气氛。

设置悬念的目的就在于吸引人的注意，要达到目的，一种方法是故意不把话说完，在最精彩的地方突然刹车。比如，小纪晓岚向太守索球的对句。另外，还可以采用一些新奇但又费解的词语造成疑团，使对方的好奇心暂时得不到满足，产生迫切探究事物的底蕴的愿望，这样也能取得扣人心弦的论辩效果。

据《战国策·齐策一》载，靖郭君田婴是齐王的小儿子，他想在自己的封邑薛地修筑城墙。他手下门客认为这样做不妥，纷纷劝谏。田婴听不进去，吩咐传达官不要放一个人进来。可是有一个齐人坚决要求田婴接见他，并对传达官说："我只说三个字，多一个字，愿受烹刑！"这话还真灵，田婴果然破例接见了他。

那个客人快步走上前说道："海大鱼！"说完转身便走。田婴感到奇怪，急忙叫住客人："什么呀？你说清楚些！"客人说："下臣不敢拿自己的生命当儿戏。"田婴说："没关系，你接着说吧！"客人这才回答：

"您听说过海里的大鱼吧？渔网不能捕住它，钩子不能钩住它。但它一旦离开水，那么就连蝼蚁也会洋洋得意地欺负它。今天的齐国也就是您的大海之水，既然有了它，何用在薛地筑城？如果失去了齐国的保护，即使您把城墙筑得天一样高，也是没有用处的。"

田婴听他说得有理，便打消了筑城的念头。

这个齐人用"海大鱼"这一费解的词语设置疑团，引起对方高度注意，使对方产生强烈的急于刨根问底的欲望，因而终于获得了论辩的机会并取得了胜利。

180 危言耸听

“我只看见血山，哪来的假山！”

危言耸听术，就是以可能性为根据，运用逻辑推理的方法，把论辩一方的某一观点、某一行动可能产生的后果加以适当的夸张，故意把问题说得十分严重可怕，使人怦然心动，震惊愕然，借以引起对方的注意和思考，修改自己的言行，以便顺利地达到论辩目的的方法。

清代学者吴乘权《纲鉴易知录》载：宋赵益王赵元杰在王府中造假山，花费银子几百万两，造成之后，便邀集宾客同僚尽兴饮酒，一起观赏假山。大家都酒酣耳热、兴致勃勃，唯独姚坦低头沉思，他对假山看也不看。这引起了益王的注意，益王强迫他看，姚坦这才抬起头来，说：

“我只看见血山，哪来的假山！”

益王大吃一惊，连忙问其原因，姚坦说：“我在乡村时，亲见州县衙门催逼赋税，抓捕人家父子兄弟，送到县里鞭打。此假山皆是用民众的赋税造起来的，不是血山又是什么？”

这时宋太宗也在兴造假山，听了姚坦的话，便把假山拆掉了。

姚坦说假山是“血山”，耸人听闻，但他是以耳闻目见的事实为根据，因而才有如此强烈的效果。如果他只是信口胡说，那也许就要大祸临头了。

危言耸听术的目的是借说“危言”以引起人们的警觉和注意，但是,所说的危言并不是信口胡说,必须有一定的事实依据。另外,依据某一事实进行渲染夸张不要过分,否则,不仅不会引起人们的注意和兴趣,反而会让大家产生逆反心理,结果弄巧成拙。

181 将心比心

等您老了,我也把您送走

生活中论辩的最佳结局是双方达成共同认识,而启发对方进行心理位置互换,让对方设身处地地体验别人心理,主动调整自己的态度和行为方式,则是达到这一目的行之有效的方法之一,这种方法就是将心比心术。

我国春秋时期,有个九岁孩子孙元觉劝父的故事,同样,孙元觉幼年经历的一幕,在尼泊尔的一个村子里也曾发生过。

从前,在尼泊尔的一个小村子里,住着一家四口人:丈夫、妻子、他们的儿子,还有小孩的爷爷,他们很贫困。老爷爷干了很多年的活儿,现在已经老得干不动了,全靠儿子和儿媳妇养活他。他的儿子、儿媳妇觉得他是个沉重的负担,决定把老爷爷扔到一个很远的地方去。他们从市场上买回一个大竹筐。天黑后,男人把老爷爷抱起来放进竹筐里。老爷爷惊讶地说:

"你们要用筐子把我弄到哪儿去?"

"父亲,您知道,我们不能再照顾您了。我们决定把您送到一个神圣的地方。那儿所有的人都会对您很好的。您在那儿生活会比在这儿更有趣。"

老爷爷马上看出了他们的用心，气愤地训斥道：“你这个忘恩负义的畜生！想想你小时候那些年，我是怎么照顾你的，你就这么报答我！”

男人恼羞成怒，猛地背起大竹筐，匆匆走出了屋门。孩子一直在偷偷地看着。在父亲就要消失于夜幕时，他向父亲喊道：

“爸爸，把爷爷送走后，千万记着把筐子带回来。”

“为什么？”男人转过身，迷惑不解地问。

“等您老了，我想把您送走的时候，还用得着这个大筐子呢！”孩子说。

听了孩子的话，男人的腿颤抖起来，他没法再往前迈步。回转身，又把老爷爷送回了家。

这个小孩救他爷爷使用的就是将心比心术。

将心比心术主要是通过唤起对方的良心与道德意识，让对方赞同我们的观点，修正他的错误。如果对方是稍有良心与道德的人，运用将心比心术往往可以达到预期的论辩目的。

182 攻心服敌

宙斯派出的老鹰正飞来了

俗话说，“树怕剥皮，人怕伤心”。攻心服敌术就是通过从精神上给论敌以威慑、瓦解和征服，达到辩而胜之的目的。

请看德谟克利特的一次法庭辩论。

德谟克利特是古希腊著名的哲学家，他被马克思和恩格斯称为

"经验的自然科学家和希腊人中第一个百科全书式的学者"①。据说,他因为不信神而被传讯。在法庭上,哲学家讲哲学、讲科学,昏聩的光头老法官听也不听——他只相信神。哲学家看了光头老法官一眼,忽然灵机一动,对法官说:

"法官先生,你最尊敬神,这是很好的。看来你一定听说了,先前我的一个邻居说我得了神经病,他就被天上掉下来的乌龟打破了头。"

这件事早已在城里传开了,法官也听说过了。法官说:"那是最高神宙斯派他的传信鸟对你邻居的惩罚。由此看来,你更应该相信神。"

"那么好吧!"哲学家说,"我的邻居只不过说我得了神经病,最高神宙斯就派老鹰对他作了严厉的惩罚。可见神喜欢谁是十分清楚的。现在请你判我多重的刑都可以,反正最高神宙斯是会给我做主的。我已经看到他派出的老鹰正向这里飞来了。"

迷信的法官一听,吓得用手摸摸自己的光头,赶紧改口说:"我知道你是最高神宙斯所喜爱的人。你使我们的城邦能得到神的保佑,你是我们城邦的光荣。我现在宣布你无罪……"

哲学家德谟克利特终于赢得了这场官司。

德谟克利特这里使用的就是攻心服敌术。他巧妙借助于人们关于宙斯对其邻居惩罚的传说,利用法官的迷信心理,给了法官以巨大的威慑,赢得了这场法庭论辩的胜利。

要想用好攻心服敌术,就必须特别注意选择最能给对方心理以重创的事例发起攻势,这样才能取得最为强烈的攻心效果。

---

① 马克思,恩格斯:《马克思恩格斯全集》,北京:人民出版社1990年版,第3卷,第146页。

攻心服敌术有着不容忽视的作用。具体的攻心服敌的方法还有很多，比如，勾起论敌对难忘往事的回忆，挑动论敌对骨肉亲人的怀念，撩拨论敌对田园故土的思绪……所有这些，都可以达到摧毁对方心理防线的目的。

183 欲抑先扬

田骈不肯入朝为官

本来要贬低对方，却先对对方大加赞美，这样能给人带来感情上的亲善与心理上的满足，缩短与对方的心理距离，解除对方的心理戒备，创造一种于论辩有利的氛围。然后突而转为抑，扬得越高，摔得越重，进而达到制服对手的目的，这就是欲抑先扬术。

请看《战国策·齐策四》中记载的齐人与田骈的一次论辩。

田骈是齐国的辩士，他标榜自己不喜欢做官，以此自命清高，其实他有大批仆从，那势头与做大官的并无两样。一天，一个齐国人求见。这个齐国人先对田骈赞扬一番，表示对他不肯入朝的骨气极为钦佩。田骈被说得喜不自禁，问道：

“您是从哪里听说我不做官的主张的？”

“听我隔壁的女人说的。”

“她也知道我？”

“不但知道，而且还说您是她的楷模呢。”

“她是什么人？”田骈更感兴趣地问。

“她是个洁身自好的人，早就发誓永远不嫁人。可是今年三十岁，却生过七个儿子。她虽没出嫁，可比出嫁的人还会生儿子。如今先生您也常说最讨厌做官，可实际上是食禄千钟，侍从成百，这气派比那做官的气派还大呢！”

田骈被羞得满面通红，拂袖而去。

这个齐人与田骈的论辩就采用了欲抑先扬的方法。信手拈来或者说随口编出邻女不出嫁而生七子的例子，一举击中了田骈不肯入朝为官的虚伪本质。

184 欲扬先抑

生下儿子去作贼

为了肯定某人某物，先用曲解的方法和嘲讽的态度贬低他、否定他，然后突然转为扬，抑的目的是为了扬，抑得越低是为了扬得越高，这就是欲扬先抑术。

纪晓岚是清乾隆时期著名人物，其文采出众才思敏捷，为清朝第一大文豪。有一次，他的一个朋友生母大寿，他也到了祝寿现场。朋友们都知道纪晓岚擅长作诗，于是就想让他为其生母作诗一首，纪晓岚难以推脱，于是便欣然提笔。现场过来祝寿的朋友也都围了上来，想看看纪晓岚作诗的水平如何。不料他写下的第一句居然是：

“这个婆娘不是人。”

看到这一句诗的主人和客人们不禁大吃一惊，这话不是在骂人吗？而且在这种大喜日子当众辱骂寿星合适吗？这时，纪晓岚从容写下第二句：

“九天神女下凡尘。”

大家才点头示好，就在大家转惊为喜之时，没想到纪晓岚写下了第三句：

“生下儿子去作贼。”

大家一听心都提到嗓子眼了，都静看他该如何收场，最后纪晓岚十分轻松地写下最后一句：

“偷得蟠桃寿母亲。”

纪晓岚采用的就是欲扬先抑的手法，尽显曲折回环之美。在场的人无不被纪晓岚的才思敏捷折服。

185 扬此抑彼

赞扬他人间接贬抑对方

扬此抑彼法，也即通过赞扬他人来间接地对对方进行贬抑，以此达到制服论敌的目的。比如：

某县化工厂欲修建一幢大楼，经招标筛选后，剩下甲、乙两个各方面都不相上下的工程队，双方都想压倒对方而获得承包权，势均力敌，互不相让。究竟包给哪一方？厂家难以定夺，于是约请双方各来三人共同面商。甲、乙双方都很清楚，所谓面商，实际上就是一场舌战。谁能赢得这场舌战的胜利，谁就能获得承包权。因此双方都厉兵秣马，枕戈待旦。

甲队经打听得知：乙队的三人中，有两人各方面都很平平，而另一技术员却是一个建筑知识深厚、施工经验丰富、很有口才而又自负的人，要想战胜他是很困难的。经过一番分析研究后，他们还是信心十足地上阵了。

双方一见面，甲队的三人都热情异常地向乙队的另外两人致意、问候，而对那位高视阔步、志在必得的技术员视而不见，着意冷落，这使得技术员老大不快。接着，他们又虔诚地对那两人说：

“二位的大名，我们是久仰的了。知道你们在咱们建筑行业都是独当一面、多才多艺的大能人。今天二位来参加，我们真有点诚惶诚恐，还望二位高抬贵手啊！”

这时，一旁的技术员早已变颜失色、如坐针毡，心中的火气，直往上窜。

“面商”开始，甲队又抢先谦恭地对那两人说：“我们早就想听听二位的高见，今天正是一个好机会，还是请二位先指教吧！”

不待两人开口，那怒火中烧的技术员呼地一下站起，愤愤然道：“好，你们有本事，你们谈！”旋即拂袖而去，那两人面面相觑，没了主张。

厂家见状，发话道：“这样的技术员，我们怎能信赖呢？”于是甲队顺利地签署了合同。合同刚一签署，那技术员气喘吁吁地跑了进来，连呼“我上当了！”然而，已为时晚矣。

在这场论辩中，甲队虽然没有对乙队那技术员说半句贬低的话，但他们对技术平平的那两人的着意吹捧，实际上已达到了对那技术员进行贬低、激怒的目的，因而顺利地取得了这场论辩的胜利，他们使用的就是扬此抑彼的方法。

186　步步进逼

由浅到深揭示事物本质

在论辩过程中，当我们开门见山地直接触及论题本质难以战胜论敌时，可以转而采用**步步进逼术，也就是由小到大，由浅到深，由轻到重，逐渐地揭示论题的本质，这就如同剥笋，层层剥去，最后露出笋心**。

庄辛与楚襄王之间的一场论辩就是这样的。据《战国策·楚策》载：

有一次，庄辛跟楚襄王说："大王您只知道淫逸侈靡，不顾国政，我们国家已经非常危险了！"

楚王说："你是老糊涂了吧？你这不祥的东西！"

庄辛进谏无效，只得去赵国。五月后，秦国连攻楚国数城，襄王只得弃都逃亡。于是襄王派人请回了庄辛。庄辛对楚王说：

"大王不见那蜻蜓吗？六只脚，四个翅膀，在天地中飞来飞去，俯啄蚊虻而食之，仰承甘露而饮之，自以为无患，与人无争也。谁知五尺童子，正调了糖浆，胶在丝上，要从四仞多高处捉它下来，给蝼蛄和蚂蚁当食物呢！

"蜻蜓还是细小的东西，且不去说它。那黄雀俯啄白米，仰栖高枝，鼓翅飞翔，自以为无患，与人无争也。谁知公子王孙左挟弹弓，右捏弹丸，将要把它从十仞的高处射下，结果白天还嬉游于茂林修竹之间，夜里却被人调成佳肴了。

“黄雀还是细小的东西，且不必说它。那天鹅游于江海，栖息大湖，仰起来嚼那菱角香草，振翅飞翔直上云霄，自以为无患，与人无争也。谁知射手正用他的弓箭，要把它从百仞之上射下来，白天还在江河湖海游戏，晚上已成鼎鼐中之食物了。

“天鹅还是细小的东西，且不必说它。那蔡灵侯，南游高丘，北登巫山，饮茹溪之水，食湘江之鱼，左手抱了年轻的美女，右臂挽着宠幸的姬妾，同她们优游于上蔡，而不以国政为事。他哪里知道，子发正在楚王面前接受了命令，拿了朱红的丝绳去捆绑他，要把他杀掉呢！

“那蔡灵侯的事还是细小的，且不必说他。大王您左边有个州侯，右边有个夏侯，御车后跟着鄢陵君和寿陵君，食封地俸禄之米粟，用四方贡献的金银，同他们驰骋射猎于云楚之间，而不以天下国家为事。您不知道穰侯正接受了秦王的命令，他们的军队要占领我们的国家，把大王驱赶到国外去呢！”

庄辛当初进谏楚襄王，开口便是“淫逸侈靡”“不顾国政”“必危矣”之辞，结果被楚襄王斥为“老糊涂”，是“不祥的东西”。第二次，他采用了步步进逼术，先连设四喻，由蜻蜓到云雀，由云雀到天鹅，又由天鹅到蔡灵侯，从小到大，由物及人，层层递进，步步进逼，最终攻破，致使楚襄王闻后，“颜色变作，身体战栗”，到了非纳谏不可的地步。

在论辩中恰当地使用步步进逼术，可使我们的论证一步比一步深化，增强我们论辩语言的说服力，但是也应该根据论辩需要而定。如果单刀直入可以取胜，就不必使用此术，免得绕来绕去，使人半天不得要领。

187 以气夺人

“看你们哪个敢给我戴！”

在论辩中，当遭到对方无法忍受的刺激，对方的言行确实令人愤慨时，我们的心中不禁涌现出猛烈的愤激之情，这时不妨以迅雷不及掩耳之势，发起猛攻，威慑论敌，乘势取胜，这就是以气夺人术。

1966年初秋的一天，陈毅同志正在北京第一外国语学院主席台上演讲。几个造反派头目提着高帽子要揪斗陈毅。陈毅，这位一分钟前还用自己的亲身经历，以特有的幽默、坦率的言辞和颜悦色地开导着年轻人的长者，此刻突然怒目圆睁，威风凛凛，拍案而起，挺立台心厉声喝道：

“看你们谁给我戴！看你们哪个敢给我戴！”

陈毅在危急时刻，接连两声呵斥，訇然有力，字字千钧，吓得几个造反派头目呆若木鸡，愣在那里。陈毅这里使用的就是以气夺人术。

要实施以气夺人术，首先就必须具有大无畏的胆略，有蔑视一切敌人的气概，如果一见强敌便心惊胆战，腋下出汗，就只能是灰溜溜地败下阵来。

又比如，汪精卫的老婆陈璧君刁钻刻薄，骄横跋扈，凡要吐痰，得让秘书手捧痰盂递上。有一次，何香凝来访，谈话间陈璧君又要吐痰，漫不经心地对何香凝说：

“捧痰盂来，我要吐痰！”

何香凝先是一怔,继而大怒,拍案而起:

“你是什么东西!竟要我为你捧痰盂?——现在我想吐痰,你给我捧痰盂来!快些!无论从哪方面说,我都有资格要你这样做!”

在何香凝的凌厉逼人的攻势面前,陈璧君只好彻底认输。

在论辩中要以气夺人,最根本的是要手中有真理,理直才能气壮;如果手中无真理而气壮如牛,那不过是色厉内荏的“纸老虎”,不堪一击。

188 大智若愚

英文报纸倒过来看

本来足智多谋,却装作很愚蠢,即智而示之以愚,能而示之以不能,借此欺骗对手,争取主动,进而取得论辩胜利,这种论辩方法就是大智若愚术。凡是运用大智若愚术而取得论辩成功的,往往表现出一种更冷静的思考,更坚强的忍耐,更高超的论辩艺术。

请看当年发生在汽车上的一幕:

一次,近代著名学者辜鸿铭先生正乘车坐在座位上,叠着脚欣赏着窗外景色。半路上来几个年轻的外国人,对辜先生身穿长袍马褂、留着小辫的形象评头论足,很是不恭。辜先生不动声色地从怀里掏出一份英文报纸从容地看起来。那几个洋人伸长脖子一看,不禁笑得前仰后合,连声嚷道:

“看这个白痴,不懂英文还要看报,把报纸都拿反了!”

待他们嚷够了、笑完了之后,辜鸿铭先生慢条斯理地用流利纯正的英语说道：

“英文这玩艺儿实在太简单了，不倒过来看，还真没意思。”

一言既出，几个洋人大惊失色，面面相觑，讪讪地离开了。

辜鸿铭先生是学淹中西的近代著名学者，在年轻洋人的取笑面前，他不是拍案而起，而是装出愚蠢的样子，倒过来看报纸，反而显示出他过人的聪明才智而将对手折服。又如：

湖南湘潭的王闿运，学问渊深，才华横溢，是中国近代有名的大学问家。王老先生在京任国史馆馆长的日子，袁世凯几乎天天派人随同赏玩。有一天，这些人陪同他逛到故宫前面的“新华门”。王闿运故意装成老眼昏花，用惊叹的口吻说：

“这里怎么改名成了‘新莽门’啊！”

王老先生故作糊涂，将“华”字读成“莽”字，将袁氏窃国比作王莽篡汉，表现出了极大的嘲讽意味，一字之改，奇力无比。

大智若愚术是一种曲线型思维的产物，即采用拐弯抹角的进攻方式，因此，用此术往往可以产生出一种强烈的幽默和嘲讽意味。但是，如果仅仅是有愚而无智，不成其为大智若愚，只能给人留下笑柄；只有表面似愚而实质为智，才能真正制服论敌。

189　装聋作哑

“您说什么？　请您再说一遍！”

当我们面对不利的论辩形势时，为了避免对方的警觉，麻痹对方，不妨使用装聋作哑的办法，不动声色地暗中谋划，寻找战机，进

而由被动转为主动，这就是装聋作哑术。

装聋作哑的方法在外交谈判中有着特异功能。

第一次世界大战后，土耳其代表伊斯麦在与法、意、美、日、俄、希腊等国代表举行的洛桑谈判中，他就采用了装聋的方法。当谈判进行到关键时刻，土耳其代表提出了维护其主权利益的条件时，一下就触怒了英国外相寇松，寇松跳起来咆哮如雷，挥拳吼叫，又是恫吓，又是威胁，各列强代表一边倒，气势汹汹，助纣为虐。伊斯麦耳朵虽有些聋，但一般还能勉强听得见。至于大声叫喊，更是句句听得清楚。但他却大装其聋，一声不吭。等寇松声嘶力竭叫完了，他不慌不忙地张开右手靠近耳边，把身子移向寇松，十分温和地问：

“您说什么？我还没听明白呢！请您再说一遍！”

须知这种如火山爆发一样的激情时间短暂而强烈，是很难重复表演的，这就气得寇松直翻白眼，连话也说不出来。

伊斯麦的“装聋对策”在当时的谈判中，对其有利的发言，句句听得真真切切；对他不利的时候，就装聋；对于威胁和恫吓则“聋”得更厉害，这对回避对方的无理条件，维护本国利益，起了不小的作用。

当碰到一些对我方不利或难以回答的问题时，用装聋作哑的方法来对付，佯装听不见，这样自然也就不必作答了。在某些场合下，这是回避论敌难题的一个有效的方法。据说英国首相丘吉尔在同外国首脑会谈时，就常常对一些棘手的问题装聋作哑，不作回答，从而减少了不少麻烦，以至于当时的美国总统艾森豪威尔幽默地说，装聋成了这位首相的一种新的防卫武器。

当然，装聋必须具备一定条件，比如，自己的年龄较大，听力减退，或者提问声音太小、方言太重，或者因为环境嘈杂等。在这些情况下，装聋才自然有效。

190 沉默是金

一种无声的特殊语言

在论辩中，如果中断有声语言的运用，这就是沉默。沉默是一种无声的特殊语言，同样也可以成为一种论辩取胜的方法。应用这种方法，可以通过语言环境，借助面部表情、动作、眼神，表示赞成或反对，展开心理攻势，进而达到制服论敌的目的。

在生活中，碰到强词夺理或恶语伤人的人，如果与之争辩是非，往往只能招致他们变本加厉的胡搅蛮缠，对付这种人不妨使用沉默，这种无言的回敬往往会使他们理屈词穷，无地自容。

在谈判中，恰当使用沉默，也可使对方不知我们的底细，期待对方作出对我方有利的选择。比如：

美国科学家爱迪生发明了发报机之后，因为不熟悉行情，不知道能卖多少钱。便与妻子商量，他妻子说："卖 2 万。"

"2 万？太多了吧？"

"我看肯定值 2 万，要不，你卖时先套套口气，让他先说。"

在与一位美国经纪商进行关于发报机技术买卖的谈判中，这位商人问到货价，爱迪生总认为 2 万太高，不好意思说出口，于是沉默不答。商人耐不住了，说：

"那我说个价格吧，10 万元，怎么样？"

这真是出乎爱迪生的意料之外，爱迪生当场拍板成交。当然，这是爱迪生不自觉地应用沉默所取得的奇妙的谈判效果。而下面一例则是通过自觉运用沉默取得论辩奇效的。

一位印刷商得知另一家公司要购买他的一台旧印刷机。他感到非常高兴。经过仔细核算，他决定以 250 万元出售，并想好了理由。印刷商坐下谈判，内心一再叮嘱自己，要沉住气。果然，买主沉不住气，开始滔滔不绝地对机器进行挑剔，然而对这个挑剔的压价术，印刷商仅报以淡淡一笑，仍然一语不发。这时买主终于按捺不住，从心理上败下阵来说：

“这样吧！我付 350 万元，但一个子儿也不能多给了。”

350 万比原来想的要高得多，印刷商欣喜万分，一下子拍板成交。

有人说，沉默与精心选择的词语具有同样的表现力，就像音乐中的休止符和音符一样重要。在长篇大论的发言中，同样也需要沉默。行云流水与短暂沉默之间的交替变化所引起的心理反映是十分奇妙的。它可以创造回味的余地，用期待心理提供了下一步跃迁的跳板，又为发言人本身的审时度势创造了机会；同时，一张一弛，韵味十足，也符合人们审美意识的需要。

当然，沉默的使用应该恰当，如果不分场合，故作高深而滥用沉默，则只能给人以矫揉造作或难以捉摸的感觉。在亲密朋友之间的论辩不宜使用沉默，以免使对方感到难堪；另外，它也不适用于论辩赛的场合，因为论辩赛中一时的沉默便会使人觉得你无力回答而导致失败；如果在斗争面前该旗帜鲜明却缄默不言，这乃是懦夫和不坚定的表现，是不可取的。

191　**氛围创造**

描绘悲惨恐怖的氛围

要取得最佳的论辩效果，我们就必须注意创造有利于我方的气氛和情调，也就是要注意创造论辩时的氛围，因为它能对人产生一种潜移默化的影响，对论辩取胜有着举足轻重的作用，这就是氛围创造术。

1982年1月10日11时，北京市出租汽车公司一厂动物园车队23岁的女司机姚锦云，驾驶一辆华沙牌出租车闯入天安门广场。绕广场一周后，她加大油门，沿广场西侧冲向金水桥，致使在场群众5人死亡、19人受伤。让我们先来看北京市人民检察分院公诉人在姚锦云危害公共安全案中的公诉词：

"1月10日，被告人姚锦云驾驶的是'华沙'牌轿车。该车的车速在十多秒钟内可以加速到每小时60公里，最高时速可达80到90公里。上午11时许，被告人姚锦云驾车由金水桥方向开足马力向密集的人群猛冲。仅仅几秒钟之后，被告人姚锦云故意制造的一场悲剧发生了。据在场的目击者证实，汽车开得非常快，时速不低于70公里，眼看着有的人被挑了起来，有的人被撞飞了。顷刻之间广场旗杆下边死伤多达20余人。解放军战士张某某、陈某某，以及张某某、魏某某等四人被撞得血肉模糊，当即死亡。当时旗杆附近到处血迹斑斑、受害者的衣物被撞飞散落一地，金水桥两侧汉白玉栏杆被撞坏，汽车左轮被撞出2米多远，车被撞翻。"

公诉人在这段公诉词中，以形象思维的方式创造了一种悲惨恐怖的氛围。旁听群众置身于这样的氛围中，仿佛听到了死者在生命终结的最后一刻发出的惨叫，伤者欲死不能和欲生难忍的长久呻吟，以及亲人们撕心裂肺的哭泣。这种惨景描绘所创造的悲痛氛围是富有感染力的，它将激起旁听群众、审判人员对被告人的极端痛恨。在这种悲惨与痛恨交织的氛围中，如果有哪位律师接受被告人的委托要为被告人辩护，哪怕是说上几句怜悯之语，也恐怕是很困难的了。

一般地说，论辩氛围的创造主要是以语言为媒介的，但有时也可以用实物或图像来达到目的，这些实物、照片、视频较之语言形象描述，往往更易于调动人们的感觉、视觉、联想等形象思维，以帮助人们认识和接受我们的正确观点。

192　风格协调

诗人歌德的法庭辩护词

语言风格是运用语言时所表现出来的各种特点的总和。**论辩总是在一定的环境中针对一定的论辩对象进行的，这种论辩环境与论辩对象的不同制约着人们对不同的语言风格类别的选择，语言风格是华丽还是平实，明快还是含蓄，繁复还是简洁，都必须适应不同的论辩环境与对象，否则，就不能取得预期的论辩效果，这就是风格协调术。**

论辩的语言风格必须适应特定的论辩环境，关于这一点，我们还是从歌德的一次失败辩护谈起。

歌德是蜚声世界文坛的德国大诗人，青年时代曾攻读法律，并以律师的身份多次参加诉讼活动。他踏上律师生涯的首次辩护词中，有这样一段话：

“啊！如果喋喋不休和自负能预先决定明智的法院的判决，而大胆的愚蠢竟能推翻业经得到证明的真理……简直很难相信，对方居然敢向你提出这样的文件，它们不过是无限的仇恨和最下流的谩骂热情的产物……啊！在最无耻的谎言、最不知节制的仇恨和最肮脏的诽谤的角逐中受孕的丑陋而发育不全的低能儿……”

当歌德发表这“带有一股热情的行吟诗人气质”的“辩护词”时，法官们不由微笑地摇着头，流露了不敢苟同的情绪。这种充满诗意的辩护理所当然地引起听众的不满和对方律师的反驳。对此，歌德十分愤慨，他要求再次发言，还穿插了一段“戏剧性的感叹”：

“我不能再继续我的发言，我不能用类似这种渎神的话玷污自己的嘴……对这样的对手还能指望什么呢？……需要有一种超人的力量，才能使生下来就瞎眼的人复明，而制止住疯子们的疯狂——这是警察的事。”

这一次，法官们再也不能保持缄默了，他们告诫歌德：法庭不允许这样的发言！歌德第一次行使律师职责便以失败告终。

歌德的辩护之所以失败，这是因为他的语言风格不适应法庭辩护的论辩环境。法庭语言必须具有准确、凝练、严谨、庄重、朴实的特点，辩护词应以具体确切地运用客观事实与证据进行论证来取胜。但歌德的发言充满激情和一股奇特的韵味，这不符合法律语言特定的风格特色，对法庭来说，它只是一堆无济于事的废话，因此，他论辩的失败也就在所难免了。

另外，我们论辩语言的风格还必须与特定的论辩对象相适应，这样才能取得最佳的论辩效果。

第三章 雄辩与奇谋妙计

论辩需要逻辑严谨，需要妙语如珠，也需要奇谋妙计。奇谋妙计是一种能够指导行为的有效思维方式，能够根据己方潜力，发挥自身智力优势，以实现既定的目的。奇谋妙计是千百年来人类智慧的结晶，对政治家、军事家具有重要的意义，同样在语言交锋中，也需要奇谋妙计，它能令你在轻松潇洒之中力挫论敌，取得论辩的胜利。

第一节　尖锐对抗

论辩是智慧的角逐，是语言的较量，论辩双方唇枪舌剑，刀光剑影，往往呈现出尖锐的矛盾对立氛围，而一个高明的论辩家则总是善于构成与对方针锋相对的态势，以此与论敌相抗衡。

能够构成对抗的方法有许许多多，下面分别加以探讨。

193　例证对抗

台湾地区出现了千面迷魂这种大盗

在论辩中，当对方选取生活中的某些具体事例来论证他们的观点时，我们不妨选取生活中与之相反的事例来进行反驳，从而构成尖锐对抗，这就是例证对抗术。请看首届国际大专辩论会决赛时关于“人性本善”的论辩中的一节辩词：

正方：“对方辩友，请你们不要回避问题，台湾的正严法师救济安徽的大水，按你们的推论不就是泯灭人性吗？”

反方:“但是对方要注意到,8 月 28 号《联合早报》也告诉我们这两天新加坡游客要当心,因为台湾地区出现了千面迷魂这种大盗。”

当正方台湾大学队列举“台湾正严法师救济安徽的大水”这一实例来论证其人性本善的观点、反驳反方的人性本恶的立论时,反方复旦大学队如果就此是不是泯灭人性难于展开论述,势必会陷入被动。于是反方将目光转向现实生活的广阔视野,从中选取“千面迷魂大盗”这一相反的实例,便将对方的责难有力地顶了回去,取得这一回合的胜利。

又比如,长虹杯全国电视辩论赛“我国农村剩余劳力应在当地吸纳”中的一段辩词:

反方:“就在我们争论这个辩题的时候,成千上万的农村剩余劳动力正从嘉陵江畔,从黄土高坡,从淮河两岸,离开他们祖祖辈辈没有离开的土地,奔向沿海,奔向城市,奔向遥远的白山黑水。他们满怀着希望,期待着一个十分美好的未来。此时,我不禁想起一句话:‘要飞的,终于飞了。’是啊,他们期待了几千年啊!我们有什么理由,有什么权力剥夺他们的希望呢?”

正方:“也正是在我们辩论的这 18 分钟内,一批又一批的农民带着失望、失落拥挤在狭窄的火车上,回到了自己的家中啊!还有一些人为了生计,为了谋生不惜铤而走险,对方同学可不要只见树木,不见森林啊!”

在现实生活中,农村剩余劳力外出谋生的情况是,有些人成功了,富了,也有些人未能找到工作,失败了。反方选择其中成功的部分论述农村剩余劳力应该流动,正方当然也可以选择那些失败的部分论证农村剩余劳力应在当地吸纳的观点,从而构成对抗。

要有效地应用好例证对抗，在论辩之前就必须注意收集与辩题有关的各种事例，正面的、反面的，古代的、现在的，中国的、外国的，只有准备了充分的事例，在论辩中才能得心应手、左右逢源。人类的社会生活纷繁复杂，要从这纷繁复杂的社会生活中找到与对方相反的实例是完全有可能的。

194 名言对抗

我们对人类的前途充满了希望和信心

当论敌引用名言来为其观点作出论证时，如果直接对其所引的名言进行反驳是不理智的，这时最好的办法是引用与对方相反的名言与之构成尖锐对抗，这就是名言对抗术。

请看长虹杯全国电视辩论赛关于“人类社会应重义轻利”的论辩中的几节辩词：

反方：“就义利作用而言，利是基础，是社会发展的原动力，而义呢，只是通过对利益关系的调节，来间接地影响社会发展。正是在对自身利益锲而不舍的追求下，人类从洪荒蛮野走进现代文明的瑰丽殿堂。法国哲学家爱尔维修一语道破这种真谛：‘利益是我们的唯一推动力。’”

正方：“对方辩友跟我们说了一位法国人的话，那么我也想回赠对方一段法国人卢梭的话，他说，‘爱人类，首先就要爱正义’。”

就义利关系而言，反方队主张重利，正方队主张重义。反方队从古今中外名家名言宝库中找出爱尔维修的名言来论证重利的主张，同样正方队也可以从这一宝库中找出重义的名言来与对方构成尖锐对抗，使论辩更具有激动人心的色彩。

古今中外名家名人的言论浩如烟海，在论辩中当对方引用名言时，找出与对方相对立的名言是完全可能的。有时我们还可以从同一位名人的言论中找出恰恰相反的言论来构成尖锐的对抗。请看首届中国名校大学生辩论邀请赛关于“生态危机可能毁灭人类”的论辩中的几节辩词：

正方：“李鹏总理在1992年环发首脑会议上曾说过：‘全球性的环境污染和生态破坏，对人类的生存和发展构成了现实威胁。’……如果生态危机真的不可能毁灭人类，那李鹏总理的报告，岂不成了空穴来风吗？”

反方：“李鹏总理还说过，我们对人类的前途充满了希望和信心。请问对方辩友，人类的前途在哪里？”

正方队员引用李鹏总理的言论论证了自己的“生态危机可能毁灭人类”的观点，反方队员同样也引用李鹏总理的言论“我们对人类的前途充满了希望和信心”，给了对方以坚决的反击，从而构成尖锐对抗。之后的交锋同样也是如此：

正方：“我再次请问对方辩友，如何理解李鹏总理说的‘现实威胁’？”

反方：“我再次请问对方辩友，如何理解李鹏总理那句话，‘我们对人类的前途充满了希望和信心’呢？”

在论辩中要运用好名言对抗的技巧，平时对各类名言就应有一个深厚的积累，在论辩前更应准备好一些与对方观点相对应的名言卡片，以备论辩场上随时引用。

195 俗语对抗

笨鸟先飞与枪打出头鸟

俗语，就是通俗的说法，是当地的习惯说法，是有传统意义，有一定道理的。人们往往用“俗话说”来论证自己的主张，使人深信不疑。同时，俗语又往往包含着复杂的矛盾，**当论敌借用俗语来向我们发难时，我们自然也可引用意义相反的俗语来与论敌构成尖锐对抗，这就是俗语对抗术**。比如：

俗话说：“宰相肚里能撑船。”可俗话又说：“有仇不报非君子。”

俗话说：“兔子不吃窝边草。”可俗话又说：“近水楼台先得月。”

俗话说：“好马不吃回头草。”可俗话又说：“浪子回头金不换。”

俗话说：“宁可玉碎，不能瓦全。”可俗话又说：“留得青山在，不怕没柴烧。”

俗话说：“金钱不是万能的。”可俗话又说：“有钱能使鬼推磨。”

俗话说：“男子汉大丈夫，宁死不屈。”可俗话又说：“男子汉大丈夫，能屈能伸。”

俗话说：“人不犯我，我不犯人。”可俗话又说：“先下手为强，后下手遭殃。”

俗话说：“善有善报，恶有恶报。”可俗话又说：“人善被人欺，马善被人骑。”

俗话说：“人不可貌相，海水不可斗量。”可俗话又说：“人靠衣裳马靠鞍。”

俗话说："一个好汉三个帮。"可俗话又说："靠人不如靠己。"

俗话说："一口唾沫一个钉。"可俗话又说："人嘴两张皮，咋说咋有理。"

俗话说："得饶人处且饶人。"可俗话又说："纵虎归山，后患无穷。"

俗话说："一分耕耘，一分收获。"可俗话又说："人无横财不富，马无夜草不肥。"

俗话说："退一步海阔天空。"可俗话又说："狭路相逢勇者胜。"

俗话说："后生可畏、自古英雄出少年。"可俗话又说："嘴上无毛办事不牢、姜还是老的辣。"

俗话说："明人不做暗事。"可俗话又说："兵不厌诈。"

俗话说："笨鸟先飞。"可俗话又说："枪打出头鸟。"

这种现象还可以列举许许多多。之所以如此，是因为客观世界本身是充满矛盾的，反映人们对客观世界认识的俗话，也就必然存在矛盾的现象。因而，当论敌借用俗语来向我们发难时，我们引用相反的俗语来与论敌构成对抗，便是一件轻而易举的事了。

196 史实对抗

我家住在黄土高坡

人类史料浩如烟海。当论敌从浩瀚的历史典籍中挑选与对方观点有联系的史实来进行论辩时，这时我们不妨也从历史典籍中找出与对方观点相反的史料来与之构成对抗，这就是史实对抗术。

请看日常生活中的一则论辩。

甲:“你看杰克·伦敦因为当过水手,所以写得出《海狼》;海明威因为当过军人,所以写得出《战地钟声》;雷马克深受战争之苦,才写得出《凯旋门》和《西线无战事》。写作不能脱离生活经验,如果他老是待在屋子里,就只能写出《老鼠觅食记》了。”

乙:“这么说来,法国名作家左拉是一个交际花,不然他怎能写出《小酒店》和《娜娜》;托尔斯泰一定是一个女人,否则就写不出《安娜·卡列尼娜》;杰克·伦敦除了是水手之外,他还是一只狗,否则他就写不出《野性的呼唤》;海明威也当过渔夫,才写出《老人与海》;我们中国的吴承恩一定是一只猴子,不然怎能创造出一个齐天大圣孙悟空来。”

甲引用史料,论证写作必须有所描写对象的亲身体验;乙则引用相反的史料,得出与甲相反的结论。这就是史实对抗。

在长虹杯全国电视辩论赛关于“人类社会应重义轻利”的论辩中,有这样一节辩词:

反方:“人类的历史是不断追求利的历史。人类从诞生的第一天起,就把‘追求利益’四个字写在自己每一页历史上。进入阶级社会之后,不同阶级之间的搏杀,又有哪一次不是为了经济利益?从斯巴达克、陈胜吴广的揭竿而起,到法国革命、辛亥革命的正义枪声,又有哪一次不是源于利益冲突呢?至于人与自然的斗争,更是反映了人类对利益的孜孜以求。大禹治水、李冰修堰、哥伦布航海、加加林航天,这一切,难道是为了空洞的义吗?不!正是在对利益的不断追求中,人类才从洪荒走向文明,从远古走向今天。”

正方:“重义轻利推动着人类社会的进步。从北海牧羊19年的苏武,到不远万里而来的白求恩,从法兰西的圣女贞德,到印度的圣雄甘地,重义轻利,如同星星点灯,照亮我们前程。”

反方要论证人类社会应该重利，从古代史料中很容易找到例证；同样，正方要论证人类社会要重义轻利，从史料中寻找论据也不困难。这样，双方就巧妙地构成了史料的尖锐对抗。

史实对抗的方法之所以在论辩中可行，这是因为，历史典籍浩繁无比，历史生活丰富多彩，因而从浩繁的历史典籍中寻找到关于某一观点相互对应的史料完全有可能。又比如，在第三届上海市大学生辩论赛关于“人类是大自然的保护者”的论辩中的一次交锋。

正方：“就看看我们脚下的这方土地，历史上从五帝时代的环保部门，到宋元明的工部；从先秦的《秦律十八种》，到盛世中的《唐律》；从引得春风度玉关的左公柳，到遍地是芙蓉杨柳的苏堤；从大禹治水，到西门豹治邺，林林总总的史实哪一件不是人类保护自然的不懈努力？已经造福四川两千余年的都江堰中有一尊葬身泥下而蔼然长笑的名人，他那微笑不就是人类保护自然的信心所在吗？”

反方：“下面让我们来回顾一下人类文明的发展史。人类从刀耕火种，进入农业文明阶段，为了自身的生存和发展，人类对土地、森林、草原进行了盲目的开垦、疯狂的开发和无情的践踏。但人类却没料到这种破坏所导致的气候变化、水土流失和土地沙化给自身及子孙后代的发展造成了多么大的影响。于是就有了古巴比伦文明的覆灭，于是就有了撒哈拉大沙漠的出现，于是就有了黄河含沙量居世界首位的纪录，于是就有了‘我家住在黄土高坡’的吟唱。”

我们知道，人类既利用自然、破坏自然，同时又有保护大自然的一面。因而当正方列举人类保护大自然的实例来论证其“人类是大自然的保护者”的观点时，反方要对铁的事实直接加以否认既费时费力又难以奏效，转而针锋相对地列举人类破坏大自然的实例进行反驳构成对抗，这是最为便捷有效的方法。

197 数据对抗

1 000 多万与 500 多万

人们常常喜欢引用数据来说明自己的主张，因为数据代表着无可辩驳的事实，能使人对它深信不疑，产生一种威信效应。**在论辩中，当论敌引用数据来进行论证时，我们有时可以引用与之不同的数据进行反驳，从而构成尖锐的矛盾对立，这就是数据对抗术**。

有时通过变换不同的观察事物的角度，便可获得不同的数据与论敌构成对抗。比如，在第三届上海市大学生辩论赛关于"当前我国环境保护的主要问题是缺乏资金"的论辩中，有这样一个论辩回合：

正方："对方同学对于缺乏资金视而不见，那让我来告诉你们一个数据：据统计，中国老一代工业企业污染的治理费用至少要用两千亿啊！难道这是空谈一时大谈一时就能解决的吗？对方同学，那你们该怎么办呢？"

反方："你们忽略了一个最基本的问题，根据可靠的数据，我国每年流失的国有固定资产就达五百亿。请问你又如何解决这个问题呢？难道资金是我们面临主要问题吗？"

正方列举确凿数据，很有说服力；反方变换观察事物的角度，列举我国每年流失的国有固定资产五百亿的数据，说明我们缺的并不是钱，这种反驳是很巧妙的。

有时，对同一事物现象，由于统计者使用的标准不同，统计采样的范围大小不同，统计的时间先后不同，以及统计的精确度不同，这样就有可能得出相差甚大的数据，为我们引用数据构成对抗提供有利条件。请看长虹杯全国电视辩论赛关于“我国农村剩余劳力应在当地吸纳”的论辩中，关于统计数据的一场交锋：

反方：“据四川省一位副省长写的一篇文章指出，四川省每年的流动人口达到1 000万，已经完全超过了乡镇企业吸纳的人数。”

正方：“我请问对方两个问题，第一，四川省的副省长是谁？第二，四川省有多少剩余劳动力？有多少劳动力？请把数字给大家亮亮……”

反方：“我来回答对方辩友，四川省的副省长叫张中伟，而四川省的剩余劳动力有2 000多万，已经流出了1 000多万！”

正方：“对方辩友，四川还有一个省长，他的名字叫肖秧，肖秧就告诉我们，四川流出的外地民工只有500万。”

在正方四川联合大学队与反方吉林大学队这一回合的关于四川剩余劳力的数据论战中，反方引用张中伟副省长的外出劳力有1 000万的数据，反方则引用肖秧省长的外出劳力只有500万的数据，也许是统计的时间不同，外出劳力人数时时变化，难以作出精确的、固定的统计，因而出现了偏差很大的数据，构成了这一回合中精彩激烈的数据对抗。

198 煽情对抗

你煽情我也煽情

在论辩中人们常常可以碰到这样的对手，通过利用公众的某些特殊利益，迎合公众的心理来挑拨是非，煽动公众对对手的仇恨感，凭借公众在情感上的好恶，把假象说成真相，把片面夸大为整体，把某些问题推向极端，以此来达到征服对手的目的，这种手法称为“煽情”。**在论辩中碰到使用煽情手法的对手时，我们有时可以从另一个角度唤起公众对我方的支持和对对手的憎恶来与论敌构成尖锐对抗，这就是煽情对抗术**。

先请看首届中国名校大学生辩论邀请赛“离婚率的上升是社会文明的表现”中的辩词：

反方：“我只想请大家设想一个很简单的场景，当越来越多的孩子在他们最需要关怀的时候，偏偏丧失了健全的爱，这难道能说是社会文明的表现吗？”

正方：“君不见，有多少孩子在父母的吵闹声中，流着眼泪离家出走，又有多少孩子有家不愿回，流浪在外而误入歧途。他们是有一个家，然而这样的家带给他们的又是什么呢？”

反方诉说父母离异使得孩子失去健全的爱这一令人心酸的事实，这足以挑起人们对对方“离婚率越上升越文明”这一主张的极大反感；正方则针锋相对地描绘出一幅父母争吵使得孩子流着眼泪离家出走的凄凉景象，这又可使人们想到：离婚也许并不是坏事情。

这就是煽情对抗。

煽情对抗的关键是应当特别注意选择与对方不同的思维角度，选取最能引起公众心理共鸣的问题，这样才能达到鼓动公众情感的目的。又比如长虹杯全国电视辩论赛关于“我国农村剩余劳力应在当地吸纳”的一节辩词：

正方：“异地流动还会给劳动力本身及其家庭造成一系列的问题。丈夫出走，妻子承担起农活与家务，同时，挂念着外出的亲人，承受着身心的双重压力。而孩子呢？他们是未来，他们是明天，而现在却生活在实际是单亲的家庭中。这些对妻子、对孩子是公平的吗？对民族、对国家是有益的吗？面对这滚滚的外流潮，我们不禁忧心忡忡。为了妻子，为了孩子，为了民族，为了国家，我们还有什么理由不主张农村剩余劳动力应在当地吸纳呢？”

正方为了论证其“农村剩余劳力应在当地吸纳”的观点，便诉说丈夫异地流动，使得妻子在家劳累，思念丈夫，孩子生活在单亲家庭等极易煽动公众情绪的事例。对此，反方当即针锋相对地反驳道：

“在听完对方辩友的发言之后，我得出一个结论，就是对方辩友立论的实质是要千方百计地把农民留在农村。这就奇怪了，我怎么从来就没有听说过有人要把城市人留在城市呢？这是不是有点歧视农民呢？农民怎么了？农民就该一辈子生在农村、长在农村、埋在农村吗？这样对待辛辛苦苦为我们提供食粮的农民兄弟公平吗？”

当正方利用煽情来企图征服对方时，反方同样也根据对方的农村剩余劳力应在当地吸纳的主张，得出这是要农民一辈子生在农村、长在农村、埋在农村，这是对农民的不公平与歧视，以此来唤起公众对对方观点的反对。这一招果然取得了很好的场上效果，博得了观众热烈的掌声。

199 仿拟对抗

“我只是在摇自己的头”

仿拟对抗，就是通过模仿对方的语词、句式、推论，来与论敌构成尖锐对抗的雄辩方法。

北宋时期，王安石写了本学术著作《字说》，专门研究每一个字的意思。一天，苏东坡遇到了王安石，便问道：

“我这个‘坡’字怎么解释啊？”

“‘坡’就是土的‘皮’。”王安石不假思索地回答道。

苏东坡笑了笑，随即反问道：

“照您所说，那‘滑’就是水的‘骨’了？”

苏东坡与王安石的舌战对抗就是运用了“仿拟”的方法。王安石望文生义，仅仅从字的结构分析，认为“坡”就是土的“皮”；苏东坡巧妙地仿照王安石的句式，用“滑”字是水的“骨”来对抗。王安石听后目瞪口呆，半天说不出一句话来。又比如：

有一次，英国议会大厅里，一场演讲正在进行。演讲者是保守党人乔因森·希克斯，他在台上讲得唾沫飞溅，而坐在台下的丘吉尔首相却不时摇头，表示反对。乔因森·希克斯很恼火，冲着丘吉尔不客气地说：

“我想提请尊敬的丘吉尔先生注意，我只是在发表自己的见解。”

丘吉尔不慌不忙地回击道：

“我也想提请尊敬的演讲者注意，我只是在摇自己的头。”

丘吉尔就是模仿演讲者的句式与对方构成尖锐的对抗。

巧妙地运用仿拟方法，利用对方现有的语词、句式、推论等等，略微变换语词，即可达到尖锐对抗的目的。因而，仿拟对抗是一种便捷、轻松、高效的对抗方法。

200 顺推对抗

彭祖的脸有一丈长

在论辩过程中，当对方依据某一条件推出某一结论时，我们不妨通过肯定对方的结论，并从中推出某一荒唐的结果，从而与对方构成尖锐对抗，达到否定对方论断的目的，这种方法我们称之为顺推对抗。

有一天，汉武帝对群臣说：“相书上说，鼻下人中如果一寸长，这个人就可活 100 岁。”

东方朔听后大笑了起来。左右官员指责东方朔是大不敬。东方朔说：“我不是笑陛下，而是笑彭祖的脸太长！”

“这是怎么回事？”汉武帝问。

东方朔说：“彭祖年龄有 800 岁，假如真的如相书中所说，那么彭祖人中就有 8 寸，人中有 8 寸，脸就该有一丈长了。”

汉武帝听后，也笑了起来。

东方朔使用的就是顺推对抗术。

顺推对抗可以取得幽默风趣的论辩效果，常常被人们使用。但必须指出的是,顺推对抗只是一种巧辩,它使用的实际上是条件推演的由肯定后件到肯定前件的错误推论形式。比如,东方朔这里使用的就是肯定后件的形式:

如果人中长一寸,就可活100岁。

某人活100岁,

某人的人中就有一寸长。

然后再根据彭祖活了800岁,得出彭祖人中有8寸长的结论,再根据人中8寸,得出脸有一丈长的荒谬结论。东方朔如果直接对"人中长一寸,能活100岁"的观点进行反驳,一时难以顺利展开,这里巧妙地使用肯定后件的形式,却立即显示奇效。

顺推对抗的推论形式是错误的,但是这种错误并不是每一个人都能识别。因为,某一推论的抽象的逻辑结构往往隐蔽在千变万化的语言表达形式之中,人们难以立即把握;即使把握了,也并不是每一个人都能识别其中的谬误。顺推对抗的逻辑形式是错误的,但是这种错误并不是每一个人都能识别,就是逻辑专家也难免有例外。比如,有则我国逻辑教科书中曾普遍采用的例子:

梁实秋曾说:"一切的文明都是极少数天才的创造""好的作品永远是少数人的专利品,大多数人永远是蠢的,永远与文学无缘"。对于这种论调,鲁迅先生在《集外集拾遗·文艺的大众化》中写道:

"倘若说,作品愈高,知音愈少。那么推论起来,谁也不懂的东西,就是世界上的杰作了。"

这里使用的也是顺推对抗技巧。"作品愈高,知音愈少"的观点显然是荒谬的,鲁迅先生使用一则巧辩,便将这一观点的荒谬性充分地揭示在人们的面前,反驳得干脆利落,人们看了无不拍手称快。但是既是巧辩,就难免包含着逻辑错误,其中隐含了这样一则推论:

如果作品最高，则没知音；

某作品没有知音；

则该作品最高。

这里使用的也是条件推演的由肯定后件到肯定前件的推论形式，众多专门研究逻辑学的专家都一时难以辨识，更何况在唇枪舌剑、激烈对抗的论辩场合中，并不是专门研究逻辑学的芸芸众生呢？因而这种方法往往可以将对方的思维搅乱，将对方难倒，从而达到将论敌制服的目的。

所以，有时为了维护某个正确的主张，或是为了驳斥某种谬误，而一时又难以找到恰当的论辩方法来快速取胜，人们便转而采用这种一时难以分辨的错误形式来进行论辩。运用顺推对抗的方法，几乎是所向披靡的，不管如何被人们认为绝对为真的命题，都会被弄颠倒。比如：

“如果一个人被砍头，那么他就会死亡。”

这话毫无疑问是真的，可是有人却反驳道：

“如果一个人被砍头，那么他就会死亡。可是，秦始皇嬴政死了，他被砍头了吗？汉武帝刘彻死了，他被砍头了吗？唐太宗李世民死了，他被砍头了吗？宋太祖赵匡胤死了，他被砍头了吗？……他们都死了，可有谁被砍头了呢！”

面对这样咄咄逼人的发问，一般人很可能会乱了阵脚。

201　反推对抗

"难道其余的石头都谋反了吗？"

在论辩中，当论敌依据某一条件，从中推出令我方为难的荒谬结论来向我方发难时，我们不妨从反面来推论，否定论敌所依据的推论条件，同样也可推出荒谬的结论，这样便可巧妙地将论敌的推论推翻，我们称这种方法为反推对抗术。

明代冯梦龙《古今谭概》一书中记载了这样一则论辩：

武则天执政时期，人们争献祥瑞。有个人得到一块石头，剖开一看，中间是红色的，于是将这块石头献给武则天，并说：

"看啊，这块石头中间是赤色的，这块石头对大王也是一片赤心啊！"

大臣李昭德不以为然，反驳道：

"这块石头有赤心，难道其余的石头都谋反了吗？"

显然，这个人见一块石头中间是红色的便将它说成是对武则天一片赤心，这不过是吹牛拍马的胡说八道而已。但是，在这种情况下要从正面对对方的谬误进行全面系统的反驳，既费口舌，又可能会得罪武则天，于是便采用一种包含否定前件的条件推演形式来进行论辩：

如果石头有赤心，就是对大王忠心；

其余石头不是赤心；

所以其余石头不是对大王忠心（即谋反）。

这种形式是错误的，但却又巧妙地达到了反驳对方谬误的目的，直使得对方哑口无言、窘态百出，这就是反推对抗。

再请看长虹杯全国电视辩论赛关于“我国农村剩余劳力应在当地吸纳”的论辩中一节辩词：

正方：“对方同学认为只要出去了就有钱赚，恐怕出去了还得流浪吧？”

反方：“那么，也就是说，留在当地就有钱赚了？那他怎么还是农村剩余劳动力啊？”

正方依据的条件是“剩余劳力出去了”，但在这种条件下却可得出不一定有钱赚而是可能流浪的结论；反方便从反面来推论，不出去，同样也没钱赚，这样便巧妙地构成反推对抗而将对方的推论推翻。

反推对抗可以取得奇特的论辩效果。但是需要特别说明的是，反推对抗仅仅是一种巧辩，它主要诉诸人们的感性，而不是诉诸人们的理智。它在辩论中有其实用价值，但却缺乏坚实的逻辑基础，因为它实质上使用的就是条件推演的否定前件的错误形式。

然而，运用反推对抗的方法，却几乎是所向披靡的，不管如何被人们认为绝对为真的命题，都会被弄颠倒。比如：

“如果一个人被砍头，那么他就会死亡。”

这话毫无疑问是真的。可是有人却反驳道：

“如果一个人被砍头，那么他就会死亡。可是，秦始皇嬴政没有被砍头，他还活着吗？汉武帝刘彻没有被砍头，他还活着吗？唐太宗李世民没有被砍头，他还活着吗？宋太祖赵匡胤没有被砍头，他还活着吗？……他们都没有被砍头，可有谁还活着呢？”

同样，面对这样咄咄逼人的发问，一般人很可能会无所适从。

顺推对抗与反推对抗是介于雄辩与诡辩之间的一种论辩形式——巧辩。我们应对这种论辩有科学的认识。不能因为它的论题是正确的而归结为雄辩，也不能因为它包含有逻辑错误而当作诡辩，它是介于两者之间的一种特殊的论辩形式，比如，古今中外为数众多的机智人物的论辩，大多部属于巧辩这种类型。并且，我们在某些场合，也不妨自觉地运用巧辩来达到我们速战速决、快速取胜、以巧取胜的论辩目的。

202 归谬对抗

对付武断辩手的有效方法

在论辩中，为了反驳对方的观点，先假设对方的观点是正确的，并由此推出荒谬的结论，这样便能达到驳倒对方观点的目的，这就是归谬法。

归谬法也可用作论辩的一种独特对抗方法：**当论敌在论辩过程中使用过于武断的语句时，我们可以运用归谬的方法，先假设对方的说法是正确的，然后把它引向与权威、名家、公众尖锐对立的境地，这样便可给对方论断以迎头痛击，从而与论敌观点构成对抗，这种方法我们称之为归谬对抗术**。

这种方法在论辩赛中经常用到。比如，在第三届亚洲大专辩论会关于“儒家思想是亚洲四小龙取得经济快速成长的主要推动因素”论辩中的一节辩词：

反方：“……儒家思想的价值理想就可以救治这些社会的疾病，

但是，它不能够推动经济的快速增长，它不具有经济上的功能，这已是一个不争的事实。”

正方：“你们认为儒家思想不具有推动经济成长的作用，这已经是不争的事实。既然是不争的事实，那我们今天还站在这里辩干什么？不用辩了吧。”

根据反方过于武断地说他们的观点是“不争的事实”的说法，正方运用归谬法一下便将对方置于跟论辩赛主办者尖锐对立的境地：主办者竟然拿一个不争的事实让大家辩论，出辩题的太没水平了！

在首届国际大专辩论会关于“温饱是谈道德的必要条件”的论辩中有这样一节对抗：

正方：“我方的观点对方没有任何批驳，所以我方的定义已经成立了。”

反方：“你的论点不是自己说成立就成立了，不然还要评判干什么？”

反方复旦大学队根据对方过于武断的“我方的定义已经成立了”的说法，运用归谬法一下便将其置于与评委尖锐对立的境地：既然你自己说了算，还把评委放在眼里吗？

在论辩中，当论敌的说法过于武断时，我们可以用归谬对抗的方法来反击，与论敌构成对抗。归谬对抗是对付过于武断的辩手的有效方法，我们必须熟练掌握，这是一方面；另一方面，这也告诫我们，在论辩中必须注意表达的技巧，使用绝对化的语言时应特别慎重，固然绝对化的语言可以加强自己的立论，但是一旦被对方咬住运用归谬对抗来发起反击时，则会令我们感到难堪。

203 对立引申

他在乱坟岗上建了座别墅

论辩具有强烈的对抗性，由同一个前提中引申出与论敌针锋相对的结论的论辩方法，就是对立引申术。

明代冯梦龙在《古今谭概》中，记载有这样一则故事：

有个叫徐昌谷的人，在郊外乱坟岗上建了一座别墅。每当夜幕降临，阴风惨惨，令人胆战心惊；野狐悲鸣，使人毛骨悚然；点点萤火飘忽于乱坟之间，更令人不寒而栗。他的朋友见状，双眉紧锁，不禁说道：

"你住在这里，每天见此情景，心中肯定不快乐！"

徐昌谷却反驳说：

"你说得不对，我每天见此乱坟，却恰恰使我不敢不乐！"

对于同样的目中所见，朋友得出使人心中不乐的结论，而徐昌谷却由此联想到人生有限，得出要珍惜人生、享受人生的结论，表现了他豁达的气度和坦荡的胸怀。

对立引申更能使论辩产生一种扣人心弦的效果。又如：

有则民间故事说到，阿凡提有个做买卖的朋友要出远门，来跟阿凡提辞行，看见阿凡提手上戴着只金戒指，便打主意要把那金戒指讨过来。朋友说：

"阿凡提，长久不见你，我可真过不了日子。如今我要出远门了，以后一定会很想念你。我说，看在咱们多年交情的份上，把这只金戒指给我戴上吧！以后我一见到这只金戒指就会像见到你本人一样安心了。”

对于朋友的无理要求，阿凡提说道：

“承你好心，不过，长久不见你的面，我也是过不了日子的，你还是让它留在我这儿，以后让我一见到它就会说：‘噢，朋友讨过，我没给。’这就想起你来了！”

从同样为了怀念对方的前提中，双方所得的结论却截然相反：送戒指与不送戒指。由于阿凡提巧妙地使用对立引申术，便有效地维护了自己的合法权益。

对立引申术可以从同一个事物对象中引申出互为对立的结论，但这些结论到底孰是孰非，还需要具体加以分析。比如《吕氏春秋·别类》中谈到，古代有个鉴定宝剑的人说：

“白锡是用来使剑坚硬的，黄铜是用来使剑柔韧的，黄白相掺杂，那么既坚硬又柔韧必定是柄好剑。”

反驳这一观点的人却说：

“白锡是用来使剑不柔韧的，黄铜是用来使剑不坚硬的，黄白相掺杂，那么既不坚硬又不柔韧，这柄剑既会折断又会卷曲，怎么说是柄好剑呢？”

黄白相掺杂的剑到底如何，这就要具体进行分析，并通过实践来检验了。

204 立场引申

乐观主义者与悲观主义者

所谓立场，就是认识和处理问题时所处的地位和所持的态度。对于同样一件事物，各人的立场观点不同，所获得的感受就有可能不同，对该事物所作的结论也就有可能尖锐对立。比如：

小王开的大客车的牌照号是“16444”，于是人们纷纷劝他说：

“你的车辆牌照号16444，听起来是‘一路死死死’，太不吉利了，我看还是设法换个牌照号。”

可是小王却自得其乐，反驳道：

“这个号码非常吉利，读起来是‘多拉发发发’，这多吉利呀！”

从自然数的角度去认知这个牌照号，它的谐音是“一路死死死”；而从音乐简谱的角度去认知，所得的结论却是“多拉发发发”。立场不同，小王便得出了与对方尖锐对立的结论。

立场引申术，就是通过变换观察事物的立场来得出与论敌论断尖锐对立的结论，以此与论敌相抗衡的论辩方法。

立场的不同，既可以指不同的观察事物的角度，也包括对事物所持的不同的主观态度。

立场能决定人对客观事物的认知与态度，比如人有乐观主义者与悲观主义者两种。乐观主义者遇到事往好处想，每天活在快乐中；悲观主义者遇到事往坏处想，每天活在痛苦与烦恼中。

比如，在沙漠里看到只剩半瓶的水，悲观主义者说：“哎呀！只有半瓶了。”乐观主义者说:“哈哈,还有半瓶水耶!”

洗澡后,如果水是脏的,悲观主义者会说:“哎呀,我的身体多脏呀!”乐观主义者会说:“太好了,我把脏东西都洗掉了!”

洗澡后,如果水是清的,悲观主义者会说:“哎呀,什么都没洗掉,洗了等于白洗!”乐观主义者会说:“看,什么脏物都没有,我的身体多干净啊!”

掉头发,悲观主义者会说:“哎,我快要秃顶了!”乐观主义者会说:“好! 我显得更有权威了!”

贸易战期间,一个悲观主义员工向老板汇报:“因为贸易战,我们鞋子的销量下降了两成。”另一个乐观主义员工向老板汇报:“尽管有贸易战,我们鞋子的销量依然保住了八成。”

乐观、悲观就在一念之间,一念天堂,一念地狱。针对同一事物的结论之所以会如此天差地别,就是因为立场不同,这也为论辩的立场引申术提供了坚实的基础。

205 对象引申

当使臣要被杀掉祭战鼓时

同样一件事,针对的对象不同,产生的影响与结果便有可能不同,甚至尖锐对立,这就是对象引申术。

据《韩非子·说林下》载:春秋时期,楚国要攻打吴国。吴使沮卫、蹷融带人前去慰劳楚军。楚将觉得很奇怪也很生气,喝道:“捆起来! 午时杀掉,用他们的血来祭战鼓。”接着问已被五花大绑的沮卫、蹙融："你们来时占卜了吗？"沮卫、蹙融回答："占卜了。""占卜吉利吗？""吉利。"

楚将大笑说："马上杀你们，吉利何在？"

沮卫、蹙融不慌不忙答道：

"吴国派我们来的目的就是试探你的态度。如果我被杀了，就知道楚国真的要攻打吴国，吴国就会高筑城垒，深挖护城河，打造兵器，训练兵士；如果将军热情接待我们，并放我们回去，吴国就不会加强防犯。现在将军要杀我，死我二人而保了国家，这不是大吉大利吗？"

楚将把吴国使臣沮卫、蹙融捆起来杀掉，用他们的血来祭战鼓，是吉是凶呢？对吴国使者个人而言，是不吉利的；而对吴国而言，就会高筑城垒，深挖护城河，打造兵器，训练兵士，这样却又是吉利的。

再请看一首有趣的民间小诗：

> 做天难做四月天，蚕要温和麦要寒。
> 行人望晴农望雨，采茶娘子要阴天。

春天晚上寒冷，对农家养蚕不利，蚕房里要开着大灯泡，而且那个藤编上还要盖点东西，怕蚕宝宝冻死了，因而希望春天暖和；可是春天如果太暖和了，又不利于小麦生长。春天阳光灿烂，风和日丽，对人们去踏青是好事；然而，对于江浙一带采茶叶的人家来说，却又不高兴了，在太阳底下晒一天，即使是春天也难受，他们希望太阳不要太热，温和一点，天气阴阴的，最好。同样的春天四月天气，针对的对象不同，便有可能产生尖锐对立的结果。

206 类比引申

“簸之扬之，糠秕在前”

类比引申术，就是运用类比法得出与论敌尖锐对立的观点来与对方相抗衡的论辩方法。类比是一种灵活、机动、变幻无穷的论辩方法，能极大地表现一个人的论辩才能。但是，类比的结论却是或然性的，并不是绝对可靠的，有时对同样一个事物可能得出相互对立的结论。

古时候，有姓王的和姓范的两位大臣，因排名次而互不服气。姓王的被排在后面，于是他讥讽姓范的说：

“簸之扬之，糠秕在前。”

姓范的立刻回答道：“淘之汰之，沙砾在后。”

同是排位一前一后，姓王的使用簸扬谷物作类比，把对方说成是糠秕；姓范的用淘汰矿物作类比，把对方说成是沙砾。双方通过类比构成了尖锐对抗，显示了类比方法的灵巧机动。

对同样一个事物，用来类比的事物不同，所得的结论就不相同，甚至会尖锐对立。比如：

有个人骄傲自满，脱离群众，他却辩解道：

“只有羊呀，猪呀，才是成群结队的，狮子、老虎都是独往独来的。”

对此，著名杂文家马铁丁同志反驳道：

“狮子、老虎固然是独往独来的，刺猬、癞蛤蟆、蜘蛛又何尝不是独往独来的呢?”

那个骄傲自满的人以动物来类比,用猪、羊的习性讥讽联系群众的观点,用狮子、老虎来类比得出自己的行为是高尚的这个结论。马铁丁同志选用不同的事物来类比,得出了与对方观点针锋相对的结论,揭露了对方观点的荒谬性,反驳得恰到好处。

207　模糊引申

你们也派使者去责备秦王

对于一些模糊的、含混的命题,不同的人可以作出不同的理解。**模糊引申术,就是从某个模糊的、不精确的命题中,引申出与对手针锋相对的结论,而与论敌相抗衡的一种论辩方法**。

据《吕氏春秋·淫辞》载:秦国和赵国曾订立这样一个互助条约,条约规定:“从今以后,秦要做什么,赵就帮助;赵要做什么,秦就帮助。”

过了没多久,秦发兵攻打魏国,赵欲救魏国。秦王很不高兴,派使者责备赵王说:“条约规定:‘秦要做什么,赵就帮助;赵要做什么,秦就帮助。’现在秦要攻打魏国,赵不但不帮助攻打魏国,反而要救魏国,这不符合条约规定!’”

赵王把平原君找来问计,平原君又转问公孙龙,公孙龙说:

“你们也可以派一个使者去责备秦王,对秦王说:‘赵欲救魏国,现在秦王不来帮助赵国救魏国,这也不符合条约的规定!’”

秦国与赵国订立的这个所谓条约是含混不清的。其中“秦要做什么”“赵要做什么”的“什么”所指为何，正义的还是非正义的，不明确。“秦要做的”与“赵要做的”孰先孰后，也不明确。公孙龙看透了其中的含混性，便从中引申出一个与秦王针锋相对的结论来与之对抗，这就是模糊引申术。

208 语序引申

这里的刺丛上都开着花

在一个句子中，如果语序不同，所表达的意义往往会很不相同，有时甚至会截然相反。语序引申术正是通过变换某一语句的语序来得出与对方针锋相对的结论的论辩方法。

某个星期天，一位母亲带着她的两个小孩来到公园。公园里盛开着玫瑰花。母亲坐在椅子上，让两个小孩自己去玩。

一会儿，他俩回来了。弟弟嘟着小嘴，满脸不高兴地说：

“妈妈，这里所有的花都开在刺丛上，一点都不好玩！”

哥哥却兴高采烈地说：

“不！妈妈，这里所有的刺丛上都开着好看的花，这个地方真好玩！”

针对同样事物，哥哥变换语序，得出了与弟弟尖锐对立的结论。

语序引申术有时可以通过改变一些句子的前后顺序来达到目的，有时也可以通过改变句中某些词语的顺序来取得对立的表达效果。

1924年5月，孙中山先生在共产党的帮助下，在广州筹办了黄埔军校。前几期的黄埔军校为中国革命培养了一大批政治和军事骨干力量。校门口因而书有这样一副对联：

升官发财，请走别路；
贪生怕死，莫入此门。

1927年，蒋介石发动"四·一二"反革命政变后，黄埔军校中的共产党人被迫纷纷离去，军校性质起了变化，成了某些人升官发财的"终南捷径"。有人巧妙地将军校大门口上的那副对联改为：

升官发财，莫走别路；
贪生怕死，请入此门。

"请""莫"二字的顺序一颠倒，对联便与原来的意思截然相反，准确地表现了军校性质的根本变化。

209 拆字引申

为什么要砍掉树呢?

汉字属表意文字，汉字的造字法包括会意、形声等，它们都是合体字，一个字往往可以拆成几个字，这些拆成的字也有不同的意义。古人常常用这种文字拆合的方法，来判断人事因果，预言吉凶祸福。其实，文字结构与人事吉凶毫不相关。**当论敌用文字拆合来进行论证时，我们自然可以选用不同的但又相关的汉字来拆合，从而与论敌构成尖锐对抗，这就是拆字引申术**。

我国汉朝时，有一个叫徐孺子的小孩，才11岁就聪明过人。有一天，他听到邻居郭先生在院子"咚咚"地砍树，就赶忙跑过去，问道：

"先生，好端端的一棵树，你为什么要砍掉它呢？"

郭先生说："在四四方方的院子里长着一棵树，院中有木，这不就是一个'困'字吗？我要摆脱困境，就非砍掉这棵树不可！"

徐孺子想了想，笑着说："先生，你把树砍掉了，可是人还住在这四四方方的院子里，岂不又成了囚犯的'囚'字吗？那可比困境更糟糕啊！"

郭先生立即放下斧头，对徐孺子说："砍又不是，不砍也不是，那我该怎么办呢？"徐孺子笑着说："任何事要靠人去做，与字有什么关系呢？"

210 可能引申

男女结婚生下来的小孩像谁？

关于某一事物的未来发展往往会有多种不同的可能性。比如，一粒小小的种子，它有可能发育成参天大树，也有可能因缺乏阳光水分而夭折；一个新生的婴儿，他将来有可能成为工人，也有可能成为科学家。而**可能引申术就是针对论敌关于某一事物未来的可能情况的论断，反其道而行之，从中选择与之尖锐对立的可能情况进行反驳的论辩方法**。

萧伯纳成名后，一位著名的舞蹈家向他求婚说：

"如果你同我结婚，我们生下的孩子，将像你一样聪明，像我一样漂亮，那该是多美呀！”

萧伯纳以他特有的风趣回绝道：

“如果你同我结婚，生下来的孩子长得像我一样难看，头脑像你一样愚蠢，那该多可怕呀！”

男女结婚生下来的小孩像谁有多种组合的可能性，萧伯纳选择了与对方相反的可能性，得出了完全不同的结论。

要使用好可能引申术，就必须具有丰富的想象思维的能力，能够想象到关于某一事物发展的各种不同的可能性，从中选择于我方有利的可能性来反击对方。

211　原因引申

美国雪茄纵火案

因果联系在现实中的表现是复杂多样的，有时一种原因可引起多种结果，有时一种结果是由多种原因引起的。**原因引申是由同一种原因引申出相互对立的结果的论辩方法**。

《世说新语·言语》记载有这样一则故事：

钟毓、钟会两兄弟自小就能言善辩。钟毓13岁时，魏文帝听说后，便要他们的父亲带他们进宫觐见。这两个小孩第一次见到皇帝，诚惶诚恐在所难免。钟毓由于心情紧张以致满头大汗。皇帝便问钟毓：“你为什么出汗？”

“战战惶惶，汗出如浆。”钟毓回答道。

皇帝接着转向弟弟钟会：“你为什么不出汗？”

言下之意，难道你不敬畏皇帝吗？

“战战栗栗，汗不敢出。”钟会回答说。

同样是见了皇帝诚惶诚恐这一现象，钟毓以此为原因，得出了“汗出如浆”的结果，而钟会则由此得出“汗不敢出”的结果，出汗与不出汗，结果截然不同，显示了杰出的论辩之才。又比如：

有一次，萧伯纳的脊椎骨出了毛病，需从脚上取一块骨头来补脊椎的缺损。手术做完以后，医生想多捞一点手术费，便说：

“萧伯纳先生，这是我们从来没有做过的新手术啊！”

萧伯纳笑道：“这好极了，请问你打算给我多少试验费呢？”

以从未做过的手术为原因，医生因为其难而得出多给报酬的结果；萧伯纳则以自己的身体成了试验品而得出向对方索取试验费的结果，互为对立，引人入胜。

再请看发生在美国的一则故事：

美国的北卡罗莱纳州一位律师买了一盒极为稀有、昂贵的雪茄，还为雪茄投保了火险。结果他在一个月内，把这些顶级雪茄抽完了，随后向保险公司提出赔偿要求。申诉中，律师说，雪茄在“一连串的小火”中受损。

保险公司当然不愿意赔，理由是：此人是以正常方式抽完雪茄。

结果律师将保险公司告上了法院，还居然赢了这场官司。法官在判决时表示，他同意保险公司的说法，认为此项申诉非常荒谬，但是该律师手上确有保险公司出具的火险保单，保单中并没有明确何类“火”不在保险范围内。因此，保险公司必须赔偿。

保险公司决定，与其忍受漫长的上诉过程，承担昂贵的诉讼费用，不如接受这项判决，赔偿 15 000 美元的雪茄“火险”。

接下来，剧情出现重大反转。

就在律师拿到赔款后，保险公司马上报警，罪名是该律师涉嫌24起“纵火案”！由律师自己先前的申诉和证词，这名律师以“蓄意烧毁已投保之财产”的罪名被定罪，判入狱服刑24个月，并罚24 000美元。

由这个律师亲自用打火机点烟抽完一盒顶级雪茄这一事件，律师得出了顶级雪茄是毁灭于小型火灾，按保险合同保险公司应赔偿损失这一结果；保险公司同样由这个律师亲自用打火机点烟抽完一盒顶级雪茄这一事件，得出相反的结果：律师点烟的做法实际上就是在故意纵火，制造小型火灾，烧毁已经投保的东西，这属于骗保行为。由同一事件为因，双方引申出尖锐对立的结果。

保险公司马上发起诉讼，之前赔出去的钱，又全都要回来了。

212　结果引申

狗不吠一声就溜进了窝

结果引申术就是由同一种结果引申推断出相互对立的原因。

一天大清早，千户长挺着肚子、晃着脑袋来到阿凡提家里。狗看也没看他一眼，就溜进了窝。千户长瞪大眼睛，咧开嘴巴，嘿嘿地笑了起来，说：

“瞧，阿凡提！你的狗多么怕我呀！我一来，它吠也不敢吠一声，就夹着尾巴进窝啦！”

“不，阁下。”阿凡提瞪着千户长说，“我的狗不是害怕你，而是讨厌你哩!”

为什么狗不吠一声就溜进了窝?同是一种结果却引申出了相互对立的原因:千户长得出的是狗怕他的结论,阿凡提得出的却是狗不是怕他而是讨厌他的结论。这就有力地嘲讽了千户长的丑恶、可憎。

213 因果引申

由果推因与由因推果

同样一种现象,把它当成结果推出原因和把它当作原因推出结果,这中间也往往可以构成尖锐的对立,这就是因果引申术。比如:

首届国际华语大专辩论会的决赛中,辩题是“人性本善”,正方一辩在论证自己的“人性本善”的立场时,说道:

“正因为人性本善,所以人随时随地都可以放下屠刀、立地成佛。”

而反方三辩在论证自己的“人性本恶”的立场时,则针锋相对地反驳道:

“对方一辩说,有的人是‘放下屠刀,立地成佛’的,这不错,但我请问,如果人都是本善的话,又有谁会拿起屠刀呢?”

正方由“人性本善”的原因,得出有的人可以“放下屠刀,立地成佛”的结果;而反方则以有的人“放下屠刀、立地成佛”为原因,针锋相对地得出人的本性不是善而是恶的结果。这一精彩的答辩,博得了观众的热烈掌声。

在第三届上海市大学生辩论赛关于“人类是大自然的保护者”的论辩中有一节辩词：

正方：“如果如对方所说，人类是破坏者的话，请问我们如何称呼建造三北防护林的亿万民众呢？”

反方：“如果自然没有遭到破坏，人类为什么要绿化呢？”

对亿万民众建造三北防护林这一客观事实，正方以这一客观事实为原因，推出了人类是大自然的保护者的结论，因为如果人类不是大自然的保护者，就不会去建造三北防护林；反方则以这同样一件客观事实为结果，推导出“人类是大自然的破坏者”这一原因，因为如果人类不是大自然的破坏者，大自然就不会遭到破坏，也就无需什么绿化了。这样便得出了互为对立的结论，使论辩呈现出一种极为强烈的对抗色彩。

214 虚无引申

哪国倡导过离婚率上升？

一些协定、条约甚至法律，有时对某一事物没有提及，在没有提及的地方往往是众说纷纭，争论异常激烈。**当论敌根据条约、法律没有对某一事物作出否定而引申出可行的结论时，同样，我们也可以根据条约、法律没有对某一事物作出肯定而引申出不可行的结论，与论敌构成尖锐的矛盾对立，这种论辩方法我们称之为虚无引申术。**

在一起房屋租赁纠纷案的庭审中，有这样一场讼辩：

原告律师:“30 平方米的一般民房,每月租金 800 元,不公平。请法庭判决更改此项约定,降低租金。”

被告:“法律并无明确规定禁止约定高租金,这是两厢情愿的事。”

原告律师:“那么,被告作为出租方为何要撵走原告请来暂住个把月的母亲呢?”

被告:“合同无此项规定,法律也没有明确规定可以允许承租人之外的第二人住进承租房。”

原告律师:“我归纳一下被告的观点,看看怎么样。关于租金,依你说,凡法律没有禁止的都是允许的,对吧?”

被告:“对的。”

原告律师:“关于原告母亲同住承租房,依你说,凡是法律没有明确允许的都是禁止的,对吧?”

被告:“可以这么说。”

原告律师:“法律并未明确允许你高价出租房屋,就是属于禁止的;法律并未禁止承租人之外的第二人暂时陪住,这种暂时陪住就是允许的。怎么样,你自己的观点和自己的观点打架了吧?其实,法律没有禁止的都是允许的,这种观点是正确的,问题在于房价过高正是民法上的显失公平,是法律的公平原则所禁止的。”

被告根据法律没有明确禁止约定高租金,便得出这是允许的结论,原告律师则根据法律没有明确允许高价出租房屋,得出这是属于禁止范围的结论。原告律师利用虚无引申术,使被告陷入自相矛盾、自己打自己嘴巴的困境,让被告自己否定自己的虚假逻辑防线,显示了原告律师特有的沉着应战的潇洒意味。

虚无引申是一种简便有效的对抗技巧,在论辩中,一旦发现论敌从“虚无”中进行推论时，我们应及时地从这一“虚无”中引申出与论敌针锋相对的结论。

在首届中国名校大学生辩论邀请赛关于“离婚率的上升是社会文明的表现”的论辩中，反方浙江大学队曾这样发问：

“我请问对方辩友，在我们北京世界妇女大会上提出了四十四条战略目标和二百四十三条行动纲领。请问对方辩友，哪一条、哪一款指出了我们要以提高离婚率为终极目标呢？”

这一发问很有气势，对此正方只能避开不答，这就在气势上输给了对方。

其实这一问题的回答非常简单：

“我请问对方辩友，在北京世界妇女大会上提出的四十四条战略目标和二百四十三条行动纲领中，有哪一条、哪一款规定了应该抑制离婚呢？”

毫无疑问，这样针锋相对的答辩肯定可以在气势上压制对方，取得场上的轰动效果。

在上一场论辩中，后来反方浙江大学队又曾接连发问：“我想请问对方辩友世界上有哪一个国家，什么时候倡导过离婚率的上升？”

“我想请问对方辩友，我们的九五计划、十年规划里，为离婚率定了一个什么样的发展目标呢？”

请你使用虚无引申的方法为正方队设计答辩词。

第二节 构筑陷阱

猎人为了诱捕猎物，常常会在猎物出没的区域挖个坑，上面覆盖伪装物，猎物经过时，就会掉入坑中，最后被猎人捕获，这就是陷阱。论辩场合也是如此，高明的论辩者会借用语言构筑陷阱等待着论敌，论敌一不留意就会掉入陷阱中，最后只好乖乖投降，这就是构筑陷阱技巧。

215 谐音陷阱

“你手上的银字还在吗？”

谐音陷阱术，就是利用某些语词音同或音近为条件来迷惑论敌，诱使其落入我方为之设计的陷阱之中，进而达到制服对手的目的。

从前，有个叫李兴的恶霸强占了一个非常险要的渡口——独口渡。凡是在这里过渡的都要遭到他的敲诈勒索。一天，长工孙大身穿单衣，提着一只小漆桶来过渡。船到河心，李兴伸手讨钱，孙大说："我身无分文，只有三两七钱漆。"李兴见他确实别无他物，便没收了他的漆。过了河，孙大请人写了一张状子，到县衙控告李兴抢劫他三两七钱八黄金。县官升堂，拍案问被告：

"李兴，你快把抢劫孙大三两七钱八黄金的事情从实招来！"

李兴哭丧着脸答道："大老爷在上，我没抢他三两七钱八黄金，只拿了他三两七钱漆呀！"

"原告说是三两七钱八，你说是三两七钱七，只差一毫，想是你称秤之误，不为虚告，算你招供，本县判你如数退还原主孙大。"县官作了判决。

李兴再次申辩道："大老爷，不是三两七钱八黄金，是三两七钱漆呀！"

县官呵斥道："大胆刁徒，还敢狡辩！拉下去重责五十大板！"

李兴吃苦不过，只得忍痛拿出黄金。

孙大借助"漆"与"七"音同，巧设陷阱，惩罚了李兴这一恶霸。

又如，清朝末年，一个客商住进旅店，将随身携带的20两银子放在衣物包中一并交给店主保存。可第二天取回自己的包一看，衣物还在，可银子全都没有了。客商找店主索讨银子，可店主始终不承认。于是客商便告到了县衙门。

知县看完诉状，便吩咐差役传来店主对质。店主一口咬定是客人讹诈。客商则涕泪纵横，不胜凄楚地说："天哪！我怎敢讹诈？我这点银子都是用血汗换来的，一家老小都指望它活命呢！"

知县一面听着双方当事人的辩白，一面细察两人的神色：原告神态举止都显得善良老实，而被告颇有些狡黠诡谲的样子。知县暗自思忖：一个旅客住店岂敢无端向店主讹诈银两？除非是品质极为恶劣者,可原告不像这号人。看来店主颇有些可疑。但是,原告当初存银时没说明白,现在一无凭据,二无证人,如何断案是好?知县沉思良久,突然心生一计。

知县叫店主过来,拿笔在店主的手心上写了一个"银"字,然后命令他站到院当中,在烈日下暴晒。知县严厉地嘱咐店主道:"注意看好,倘若你手上这个'银'字没有了,就罚你还他银两。"

店主不知其中奥妙,便一动不动地站在那儿,全神贯注地看着手上的"银"字,唯恐那字突然插翅飞了。

与此同时,知县密派衙役将店主之妻传唤到庭,问道:

"昨晚你们收那客商的银子,放在什么地方了?快交出来!"

"什么银子?我不知道。"店主之妻装糊涂。

知县怒了:"休得狡辩!你丈夫都招认了,你还不说实话?"

老板娘冷笑一声,无动于衷。

知县便要她与丈夫对质。店主妻子半信半疑地跟随知县来到窗口。知县隔着窗户向站在院中的店主大声喝问:"老板,你收(手)上的银子(字)还在不在?"

"我手上的银字还在啊,谁说不在?"店主正目不转睛地盯着手中的"银"字,一听知县发问,赶紧大声回答。

知县转身对店主之妻说:"怎么样?听清了吗?你丈夫不是承认收了银子吗?你还不从实招来,小心皮肉受苦!"

店主之妻以为她丈夫真的已经招认了,也不再隐瞒,就供称银子藏在屋里的衣柜顶上。知县派差役到店主家,从衣柜顶上取出赃银,正是客商的银子,分文不差。

知县这里制服狡猾的店主使用的就是谐音陷阱术。知县利用"手上的银字"与"收上的银子"谐音为条件,诱使店主落入他精心设置的陷阱之中，巧妙地破了这件无头案。

使用谐音陷阱要注意伪装巧妙，不能事先让对方觉察。如果对方事先看出破绽，就不会落入其中了。

216　歧义陷阱

“你愿同前夫还是后夫结婚？”

自然语言往往是含混的，有歧义的，利用自然语言的这种歧义性，有时可以巧妙地构成语言的陷阱，达到诱敌入彀的目的，这就是歧义陷阱术。

唐朝有个人叫汪伦，家住安徽省泾县。他十分仰慕当朝的大诗人李白，又恨无缘相识，一直想寻个机会亲睹一下这个“诗仙”的不凡风采并与之结友。有一次碰巧李白遨游名山大川到了皖南，汪伦寻思：有什么妙法可以结识李白呢？他忽然想起李白一爱桃花，二爱喝酒，便灵机一动，给李白写了一封邀请信。信上说：

“先生好游乎？此地有十里桃花；先生好饮乎？此地有万家酒店。”

李白接信后，欣然而至。汪伦便以实相告：

“十里桃花，是十里外有桃花潭水，其实这里并没有遍野桃花；万家酒店，是有一家店主姓万的酒店，其实这里并没有一万家酒店。”

李白一听，大笑不止。

“十里桃花”可以表达出遍地桃花的含义，也可以表示某一潭水的名称;“万家酒店”可以表示酒店无数的意思,也可以表示店主人姓万的酒店。汪伦正是利用这种歧义现象达到热情邀请李白的目的。

设置歧义陷阱,语言的迷惑性与灵活性特别重要。有个包公断案的故事说道:

某地李财主有个儿子叫李正频,自幼同庄员外的女儿庄小姐订了婚,两人是同年生的。到了 18 岁的时候,李财主准备为他们操办婚事,不料一场大火将家产烧得一干二净,不要说喜事办不成了,连生活也困难。嫌贫爱富的庄小姐不认这门亲了,又同有钱有势的钱秀才定了亲,庄小姐有了两个未婚夫。

李正频听说庄小姐要同钱秀才结婚了,就告到开封府包公那里。包公便令差役将庄小姐、钱秀才一起传上堂来审问。包公耐心地劝说庄小姐同钱秀才解除婚约,希望庄小姐与李正频结合,但她执意不从。于是包公眉头一皱,计上心来。他让钱秀才、庄小姐、李正频三人面向包公案前竖排跪下,庄小姐在中间,前面是钱秀才,后面是李正频。包公认真地对庄小姐说:

“公堂上不得戏言,你愿同前夫还是后夫结婚,由你自己选择,但一经认定就不得改口,立据为凭。”

庄小姐抬头一看,前面跪着钱秀才,便说:

“小女子愿同前夫结婚。”

包公大笑,一边请师爷成文,让她画押,一边说:“庄小姐终究贤惠,不嫌贫爱富,还是认定要同前夫结婚。”于是又对李正频说:“庄小姐已自愿认定你这个前夫,你就好好领她回去成亲吧!”

“退堂!”庄小姐一时清醒过来,感到已无法挽回,但一看李正频举止文雅,人品也好,就跟他回去了。

包公的问话“愿同前夫结婚还是愿同后夫结婚”便是一个陷阱。庄小姐如果答“愿同前夫结婚”，包公会说她愿同以前订立婚约的李正频结婚；如果她答“愿同后夫结婚”，包公又会说她愿同跪在她后面的男子李正频结婚！包公的问话灵活机动，对方无论如何也难以逃脱这一精心为她设置的陷阱。

217 环境陷阱

“你肯定看见海豚冲上海滩了”

环境陷阱术是揭露对方谎言的有效方法。它的实施要点是：根据论敌提供的谎言所涉及的环境场所，编造出发生于该环境场所的有声有色、活灵活现的故事，就像是我们耳闻目睹、身临其境一样，这样对方的注意力会被完全吸引到故事的情节中去。由于事实上对方不在场无法识别该故事的真假，出于他的心理和固有的思维习惯，就很容易肯定该故事是真实的。这样对方的谎言便被彻底揭穿。

某案系张某所为，但张某却声称他不在现场，从早到晚都在海边游泳、晒太阳。请看律师是怎样揭穿他的谎言的：

律师：“你脸色这么红，是不是去游泳了？”

张某：“是的，我今天从早上6点，一直到下午6点都在海滩游泳和晒日光浴。”

律师：“你今天一早去了海滩，肯定看见海豚冲上海滩了，我今天看了电视，电视上报道了海豚冲上海滩的情形，前面有一只海豚，后面跟着许多海豚，它们这是集体自杀……"

张某："啊，是的，我也看见了。不知看见许多海豚运气如何？"

律师："我今天根本就没看电视！"

张某："……"

张某根本就没有去海滩，为了揭穿张某的谎言，律师便虚构了活灵活现的海豚集体自杀的场景，当张某对这一场面表示认同时，他编造的谎言便顿时暴露无遗。律师使用的就是环境陷阱术。又如：

一天晚上8点30分，某市发生一起凶杀案。警方对一名嫌疑人进行审讯。

审讯员："那天晚上8点30分你干什么去了？"

嫌疑人："那天晚上7点从家里出来去看电影，7点15分到达电影院。影片很长，10点30分才完，这段时间从未离开电影院。11点到家里后睡了。"

审讯员："那天晚上我和妻子也去了这家电影院，当电影放到向女主角开枪时，片子突然断了。坐在第一排的一个秃子从座位上站起来拼命喊叫。就在那时放映场的灯亮了，我坐在他后排，当场认出他是大胖子吉姆·雷纳德。我早就认识他，他这个洋相出得真有意思……"

嫌疑人："果然是这样，我也看见了。"

审讯员："你这是撒谎！赶快交代你的罪行！"

由于审讯员编造了有声有色的故事，使嫌疑人受骗上当。

施用环境陷阱术取胜的关键就是，我们编造的故事必须是合情合理的，对方无法识别其真假，这样才能使对方丧失戒心，自投罗网。

218 语句预设

“什么鸟儿三条腿在天上飞?”

预设是一个语句预先假定的内容。预设有的是真的,有的是假的。比如:

“长江是中国的一条河。”

该语句预设:“长江是一条河”,这个预设符合事物的实际情况,因而它是真的。又如:

“永动机是钢铁制造的还是稀有金属制造的?”

该语句预设:“永动机是存在的。”这一预设就是虚假的,因为永动机根本不存在。

利用语句的预设来达到论辩取胜的目的,就是语句预设术。比如:

有一次,世界著名滑稽演员侯波在表演时说:“我住的旅馆,房间又小又矮,连老鼠都是驼背的。”那家旅馆的老板知道后十分生气,认为侯波诋毁了旅馆的声誉,如果不公开道歉的话就要控告他。

于是侯波在电视台发表了一个声明,向对方表示歉意:

“我曾经说过,我住的旅馆房间里的老鼠都是驼背的,这句话说错了。我现在郑重更正:那里的老鼠没有一只是驼背的。”

“连那里的老鼠都是驼背的”“那里的老鼠没有一只是驼背的”,两个语句都预设了“旅馆里有老鼠,而且很多”。又如:

甲和乙一同乘坐火车。甲自诩聪明,机智过人,便要和乙打赌。

“咱们打赌吧。谁问一样东西，对方不知道，就付 10 块钱。”甲说。

乙说：“你比我聪明，这样赌我要吃亏的。要是我问，你不知道，你输给我 10 块钱；你问，我不知道，输给你 5 块钱。你看怎么样？”

甲自恃见多识广，吃亏不了，便答应了。

“什么鸟儿三条腿在天上飞？”乙问道。

甲想了半天，答不上来，输了 10 块钱。之后，他向乙也提出了这个问题。

“我也不知道。”乙老实承认，“这 5 块钱给你。”

“什么鸟儿三条腿在天上飞？”该语句预设有的鸟是三条腿的，而这预设是假的。有些问题连提问者自己也不知道答案，一不小心聪明人也会被忽悠。

219 复杂问语

“我脸上是大麻子还是小麻子？”

复杂问语术，就是运用一种隐含着某个虚假的预设而要求对方回答的问话，对方不论回答“是”或“否”都得承认这个虚假的预设，使论敌陷入困境，进而将论敌驳倒的方法。比如：

清朝时，有一天，两个差役对庞振坤说：“你家养着的贼，偷了这一带财主的东西，现在在县衙候审。”

庞振坤一听，就知道是他得罪的财主要陷害他，而且估计贼不会认识他，于是就跟着走。在街上他向熟人要了一个纸盒，戴在头上，把脸盖住，只留两只眼睛。来到大堂上，他对县官说："因为家里养了贼，没脸见人，所以才用纸盒盖住。"县官问那贼："这就是你的主人？"贼说："是的，我在他家已经三年了。"这时，庞振坤问那贼道：

"我庞振坤不出名，我这个大麻子可是远近闻名的。你在我家三年了，你说我脸上是大麻子还是小麻子？是黑麻子还是白麻子？"

那贼愣了一会儿，心想，好厉害的角色，我说个活络话来对付你，于是说："你这个麻子嘛，不大不小，不黑也不白。"

这时，庞振坤取下纸盒来："县太爷，你看我脸上哪有麻子？"

原来这贼是财主们买通的一个"二流子"，这人被治了诬陷罪。

假如盗贼确实是庞振坤家养了多年的，那么就必然知道主人脸上是否有麻子，庞振坤料定盗贼不知道这一点，因而用了"我脸上是大麻子还是小麻子，是白麻子还是黑麻子"这种复杂问语来询问对方。不管对方怎样回答都得承认这一虚假的预设："主人脸上有麻子。"这样对方就势必落入为之设置的陷阱之中而难以逃脱厄运。

又如，年轻时的华盛顿，有一次突然发现家里的一匹马被邻居盗走了。于是他叫来警察随他一起去索回。可盗马贼却一脸愤怒、信誓旦旦地说马是他自己的。

华盛顿走过去双手蒙住马的眼睛，问那个盗马的人："这马是你的，那你一定知道它哪只眼睛是瞎的，请你告诉我。"

"右眼。"

华盛顿把蒙住马右眼的手轻轻挪开，马的右眼并没有瞎。

"我说的是左眼，左眼才是瞎的。"盗马的邻居又慌忙诡辩说。

华盛顿随即拿开蒙左眼的手，马的左眼也没有瞎。

"我的意思其实是……"那个邻居还想挽回。

"好了，我们已经清楚你的意思了。你已经承认这马是华盛顿先生的了，对不对？”警察让华盛顿当即就把马牵走了。

华盛顿使用一句复杂问语“这马哪只眼睛是瞎的”，就使盗马贼的丑行暴露无遗。

运用复杂问语术取胜的关键是：必须构造按常理对方应当清楚了解但事实上却又并不知道的虚假的预设，这样才能有效地显示对方论点的荒谬性。

220 牵连问式

马丁请漂亮的姑娘吃晚餐

牵连问式，就是将几个方面的问题牵连在一起，要求对方作出答复，不管对方如何作答，都势必落入我方精心为之设计的陷阱之中，而我们则能稳操胜券。

下例中马丁与一位姑娘的谈话就是如此。

一次，美国滑稽大师马丁想请一位年轻漂亮的姑娘吃晚餐，于是，他按照哈佛大学著名数学教授贝克先生的计策，对这位姑娘说：

“我有三个问题，每个问题请你给我肯定或否定的回答，好吗？”

姑娘表示同意。于是马丁开始提问：

“我第一个问题是：你愿意如实回答我下面的两个问题吗？”

姑娘：“愿意。”

马丁：“很好。我的第二个问题是：如果我的第三个问题是：‘你愿意和我一道吃晚饭吗？’那么，你对这两个问题的答案是不是一致呢？”

姑娘:“……”

这位姑娘不知如何回答才好。因为如果回答“是”,那么,第二个问题是肯定的,第二个问题与第三个问题是一致的,则第三个问题也必定是肯定的,即同意和他一道吃晚餐;如果回答“不”,那么第二个问题是否定的,第二个问题与第三个问题是不一致的,这样第三个问题也是肯定的,即愿意一道进晚餐。于是马丁成功地达到了他预期的目的。

马丁取胜的诀窍就在于使用了牵连问式。他将第二个问题与第三个问题连接在一起要求对方回答。对方不管回答什么,都难以逃脱为她设置的陷阱。

221　否定问式

你将写一个“不”字在卡片上

是非问句是使用语气词“吗”的问句,比如:

“你是日本人吗?”

提问者把一件事情的全部说出来,要求对方作出肯定或否定的回答。但是值得注意的是,当这类问句中如果带有否定词的时候,简单地回答肯定或否定,就往往会造成歧义。比如:

“你不是日本人吗?”

若回答“是”,可以理解为肯定“是日本人”,也可理解为是对“不是日本人”的肯定,得出“不是日本人”的结论;若回答“不”,可以理解为“不是日本人”,也可以理解为是对“不是日本人”的否定,得出

“是日本人”的结论。

在论辩的某些场合，巧妙地利用这种含有否定词的是非问式所构成的歧义，往往可以使论辩对手不知不觉中落入我方设置的陷阱中而不能自拔，这种技巧我们称之为否定问式。比如，下一例中的苏椰正是利用否定问式使她父亲乖乖地落入她设计的陷阱之中的。

一天，梵学者与他女儿苏椰发生了争论。

苏椰：“你是一个大骗子，爸爸。你根本不能预言未来！”

学者：“我肯定能！”

苏椰：“不，你不能。我现在就可证明它。”

苏椰在一张纸上写了一些字，折起来，压在水晶球下。她说：“我写了一件事，它在下午3点钟前可能发生，也可能不发生。请你预言它究竟会不会发生，在这张白卡片上写下‘是’或‘不’字。要是你写错了，你答应今天就买辆赛车给我，不要拖到以后好吗？”

“好，一言为定。”学者说着在卡片上写了一个“是”字。

3点钟时，苏椰把水晶球下面的纸拿出来，高声读道：“‘在下午3点以前，你将写一个“不”字在卡片上’，可你写的是‘是’字，你预言错了！因为‘在下午3点以前，你将写一个“不”字在卡片上’这一件事并未发生。”

“如果我写一个‘不’字就好了。”学者说。

“如果你写一个‘不’字，同样你也是错了，因为写‘不’字就表示预言卡片上的事不会发生，但它恰恰发生了！不管怎样你都是错的！爸爸，我要买一辆红色的赛车，今天就买给我！”

这位学者终于落入女儿为他设置的语言陷阱之中。女儿使用的就是否定问式技巧。她提出一个包含否定词的是非问句：“你下午3点钟之前会在卡片上写一个‘不’字吗？”要求对方作出肯定或否定的回答，不管肯定或否定都难以逃脱窘境。

222 懈敌陷阱

偷鸡贼也胆敢走啊！

所谓懈敌陷阱术，就是故意麻痹论敌，使对方丧失警惕性，然后对论敌实施突然袭击，进而达到将论敌制服目的的方法。比如：

清朝时，某人控告有人偷了他的鸡。县令传来他的邻居审讯，没有一个人承认，他们都围着案桌跪在地上。县令假装不予理睬，另外审理别的案子。过了很久，县令又装着疲倦的样子，说道："你们暂且先回去。"

众人都站起来，县令突然勃然大怒，拍案喝道：

"偷鸡贼也胆敢走啊！"

那偷鸡的人不由自主地颤抖着双腿，屈膝跪在地下。一审讯，他只得从实招来。

当初县令审讯他们，偷鸡贼先有思想准备，就是不肯承认。于是县令改换手法，假装审理别的案子，不理会他们，这样偷鸡贼的思想警惕性就慢慢放松了，县令猛然一喝，偷鸡贼便现出了原形。

在论辩中实施懈敌陷阱术，首先必须不动声色，使对方思想麻痹；然后冷不防地发起攻击，这样对方在毫无思想准备的情况下，往往会出现失言而不知不觉地落入我方的陷阱之中。

又如，有这样一个案例：

一天，甲、乙两个争讼者见法官。甲说乙欠他许多黄金，而乙硬不承认，坚持说："我是第一次见他，从来没有同他共过事。"

“你要他还的黄金，当时是在什么地方给他的?”法官问甲。

“在离城三里远的一棵树下。”甲回答道。

“你再去一趟，把那棵树上的叶子带两片回来，我要把它们当见证人审一下，树叶会告诉我真情的。”法官向甲提出这么一个奇怪的建议。

甲去摘树叶了，乙留在法庭上。法官没有和他谈话而去审理别的案子。乙作为旁观者在津津有味地看法官审案。正当案子处理到高潮时，突然法官转过头来轻轻问乙道：

“他现在走到那棵树没有?”

“依我看，没有，还有一段路呢。”

“既然你没跟他去过那儿，你怎么知道还有一段路呢?”法官严肃起来。

乙这才知道自己说漏了嘴，不得不承认诈骗之罪。

法官在制服诈骗犯的过程中，并不是直接追问乙是不是欠甲的黄金，也不问乙是否知道甲所说的那棵树，而是让甲去找树叶，接着又去审理别的案件，把乙放在一边，正当乙聚精会神观看审案进入高潮心理武装完全解除时，用看来轻描淡写的一问，便使乙在没有思想准备的情况下说出了真话，顺利地达到了将诈骗犯制服的目的。

在很多的论辩场合都是这样，一本正经地进行争辩难以奏效，而冷不防地突然一问，却可以取得令人满意的论辩效果。

223 暗黑陷阱

黑暗中触摸古钟破案

说到古代断案高手，我们最熟悉的就是包青天包拯，他断案如神，为无数百姓洗刷了冤屈。其实，在宋朝还有一位断案有名的官员，名叫陈襄。陈襄是福建侯官人，北宋著名的理学家，仁宗、神宗时期的名臣。据《宋史·陈襄传》载：陈襄高中进士后，被派遣到浦城县（今福建南平市）担任代理县令，也是在这一时期，他判决不少难案疑案，赢得百姓交口称赞。

一次，县里的一个富人遭受蟊贼盗窃，喊着冤情找到陈襄。在富人的举证下，几个有盗窃偷窃嫌疑的人被扭送到公堂，但是这些人都相互推脱，谁都不认罪。陈襄无凭无据，一时间也拿不定主意。不过最终，聪明的他想到了一个妙计。陈襄沉思后，说道：

"某寺中有一口古钟，十分灵验，能辨是非，断冤情。既然你们都说自己不是小偷，那就我们就去找那口大钟，让它来判断。偷了东西的人摸钟就会发出响声，其余的人摸应该不响。"

陈襄就派遣吏卒先带着疑似小偷的人前去寺庙。自己带领同僚到钟所在的位置祭祀祷告，并用布幔把钟遮蔽起来。

陈襄让几个嫌犯挨个进去，他们摸完后却没有任何动静。在众人议论时，只见捕快在挨个检查这些人的手，四个嫌犯中，有三个人的手变黑了，只有一个人是干净的。

这个人立刻被抓了起来，一审问，他就是那个偷东西的贼。

原来，陈襄事先让捕快在钟上涂满了墨汁。没有偷盗的人，问心无愧，自然敢摸；真正的盗贼，看着大钟被重重幕布围着，自然会动心思浑水摸鱼，不直接将手放在古钟上；当所有人都摸完古钟后，哪个人的手掌没有沾到墨水，那么这个人便是真正的盗贼了。

像这样，布置暗黑环境，利用不法分子作贼心虚、企图蒙混过关的心理，不去触摸某物品，来达到辨明是非的目的，我们称之为暗黑陷阱术。

使用此术必须注意：对方没有相关知识储备；另外，应根据具体情况变换操作方式。

第三节　运筹帷幄

军队要打胜仗，就要求将帅有雄才大略，运筹帷幄之中，决胜千里之外。辩手要在舌战中夺取桂冠，同样也需要智慧谋略。

224 战机把握

上帝今晚将把月亮收回天国

俗话说，“机不可失，时不再来”。一个论辩家要论辩取胜，就必须善于把握住一瞬即逝的最佳置辩时机，选择最佳地点、最佳时间、最佳气氛，一鼓作气，发起猛攻，取得最佳的论辩效果。战机把握术就是捕捉最有利的置辩时机的方法。

当年哥伦布航海中的一次经历能给我们有益的启示。

哥伦布在第四次也是最后一次探险活动中，1504 年 2 月，他们一行驻留在其占领地——牙买加。一时因船只缺少，返航无望，只好继续被围困在那儿，粮尽药缺，饥寒交迫。原先靠当地印第安人朝贡来维持生计，然而由于哥伦布手下的叛乱使哥伦布的威信大降，印第安人也不像以前那样惧怕这位被奉为神魔的不可抗御的哥伦布了。定期的朝贡中断了，哥伦布陷于内忧外患之中。他苦苦地寻找在印第安人心中重建自己往日神威的方法。方法终于找到了。熟悉天文的哥伦布推算出 1504 年 2 月 19 日晚将会出现月全食，他意识到这可是降服这些天文知识缺乏而且又盲目崇拜神灵的印第安人的绝好时机。

这天晚上，哥伦布召集当地所有的印第安人在空旷的海滩等待，他本人高高地站在船尾塔楼上，表情肃穆地以先知的名义向印第安人预言：

“你们听着，你们必须尊奉上帝，如果你们不继续供给我们白人吃用的东西，你们将面临灭顶之灾。上帝为了惩罚你们对我们白人的不恭，今晚将把月亮收回天国。如果你们仍不思悔改，更大的灾难将降临到你们这些被魔鬼迷了心窍的印第安人的头上！”

此时，月亮仍旧悬在天空，于是印第安人对哥伦布的恫吓全没当回事儿。可很快，月食开始了，随着月亮被一块一块地吞蚀，天空、大海越来越黑暗阴森。印第安人陷入恐惧的深渊，恳求上帝的宽恕。哥伦布见大功告成，便欣然应允，装模作样地向天空祷告一番，随着月全食的结束，自然，天空又是一轮朗月高悬。牙买加的印第安人不得不又恢复了对哥伦布的“朝贡”。

哥伦布论辩取胜的妙处就在于，找到了一个足以给印第安人以巨大威慑力量的月全食的最佳置辩时机。

战机是出现在一定时间、空间内的有利于己而不利于敌的趋势、空隙，是战胜论敌、转变局势的关键。战机的时效性是很强的。在论辩过程中，如果我方处于优势地位，就必须抓紧时机，趁论敌未加防范之际，迅速集中论证力量，给论敌以突然袭击，达到将其制服的目的，这就是先发制人。相反，当遇到敌强我弱、敌优我劣的论战形势时，如果仓促应战，就难以取胜。这时不妨静观其事态变化，避其锐气，细心寻找对方的破绽，自己充分酝酿辩词，乘机积蓄力量，然后选准时机，一举战而胜之，这就是后发制人。

225 出奇制胜

"你的家族到人猿为止"

出奇制胜术，就是要冲破习以为常的认识范围，打破因循守旧的思维习惯，给论敌以意想不到的突然袭击，取得论辩胜利的方法。

出奇制胜术的"奇"一方面表现在出击的时机把握上，在论敌意料不到的时候施以突然袭击，使得对方晕头转向，不辨东西南北，以取得最佳的论辩效果。有则题为《三毛叫妈》的辩才小故事说道：

阔太太为了寻开心，要三毛对她养着的哈巴狗喊爸，并说喊一声，给一块大洋，喊十声，就给十块大洋。三毛明知这是对他人格的污辱，但他略加思索后，就躬下身去，一边抚摸着狗毛，一边接连叫了十声"爸"。这可把那个妖里妖气的阔太太乐坏了，她那寻开心的心理得到满足后，真的赏了十块大洋给三毛。正当她笑得陶然大醉之际，三毛当着一群赶来看热闹的人，故意提高嗓门，拉长声音向阔太太喊道："谢谢你的大洋了——妈——！"

围着看热闹的人无不称赞三毛的机智和辩才。

三毛选准对方正在得意忘形、陶然大醉这一时机，突然出击，对方猝不及防，陷入窘境。

出奇制胜术还表现在论辩手法上要“奇”，即采取对方意料之外的论辩手法，给对手以措手不及的打击。比如，有一次，有个银行家揶揄地问大仲马说：“听说你有四分之一的黑人血统，是吗？”

“我想是这样。”大仲马说。

“那令尊呢？”

“一半黑人血统。”

“令祖呢？”

“全黑。”

“请问，令尊祖呢？”

“人猿。”大仲马一本正经，淡淡地说。

“阁下可是开玩笑？这怎么可能？”

“真的，是人猿，”大仲马怡然地说，“我的家族从人猿开始，而你的家族到人猿为止。”

这个银行家根本没有预料到，他嘲笑大仲马的黑人血统，而自己却反而会被对方讥讽为“人猿”。

出奇制胜术更表现在论辩的结果上要“奇”，产生令对方意料之外的论辩结局。

在开往日内瓦的快车上，列车员正在检票。一位先生手忙脚乱地寻找自己的车票，他翻遍所有的衣兜，终于找到了。他自言自语地说：“感谢上帝，总算找到了。”

“找不到也不要紧，”旁边一位绅士说，“我去过日内瓦 20 次都没买票。”

他的话正被站在一旁的列车员听到了，于是火车到达日内瓦车站后，这位绅士被带到了车站办公室受到了严厉的审问。

“你说过，你曾20次无票乘车来到日内瓦。”

“是的，我说过。”

“你知道，这是违法的。”

“不，我不这么认为。”

“那么，你如何向法官解释无票乘车是正当的呢？”

“很简单，我是开汽车来的！”

这结局自然出乎列车员预料之外。

226　以实制虚

世界中心在哪里？

当论敌运用一些虚幻的、无法验证的论题企图难倒我们时，我们不妨反其道而行之，以一些具体的、实在的论题来回敬对方。因对方无法验证其真假，我们自然就可以有效地应付对方的挑战，取得论辩的主动权。这就是以实制虚术。请看这样一则外国民间故事：

从前，有个国王召来修道院长，说：“听说你是个聪明人，很有学问，那么我问你，天地之间有多长的距离？限你三个礼拜内作出回答！”

修道院长回到家，挖空心思地想啊，想啊，可怎么也想不出答案来。一个磨石工知道这件事后，答应替他去见国王。磨石工打扮成院长模样，来到皇宫。国王开门见山地问：“天地之间相距多远？不要含糊，要回答精确！”

磨石工回答说:“天地相距 129 372 千米 6 米 5 分米 4 厘米 3 毫米。”

“精确得实在惊人,你是怎么算出来的? 数字确实可靠吗?”

“请陛下去量一量,发现有半点差错,我甘愿受罚——砍我的脑袋!”磨石工自信地回答说。

国王很赞赏他的回答。

国王要对方说出在当时无法探测的天地之间的距离来为难对方,磨石工随便报了个精确的、实在的数字,由于国王无法验证其虚假,这样便有效地迎接了国王的挑战。

以实制虚术的特点在于,论敌的论点是虚的、无法验证的;我们用来回答的论点也是无法验证的但却是“实”的,这种“实”可以表现为大,也可表现为小,可以表现为远,也可表现为近,总之应根据具体的场合选用对方无法验证的“实”来回答。又如:

有个国王自以为聪明,最喜欢出难题来难倒人。有一回他找来 12 000 个学者,问他们世界的中心在哪儿,结果谁也答不出。国王得意极了,马上出告示征求能回答这个难题的人,而且宣布,答对的有赏,答错的要受罚。人们看了告示,都摇摇头走开了,只有阿凡提看了告示,牵着他的毛驴进宫见了国王。国王问道:“怎么,你知道世界的中心在哪儿?”

“我知道,”阿凡提回答说,“世界的中心就在我驴子左前蹄踩的地方。”

“胡说,我不信!”

“你不信,请你自己把整个世界量一量吧,错了就罚我好了。”

“这……这……”国王想了半天,一句话也说不出来。

在当时国王是不可能测量出大地的中心的,阿凡提随便指了个眼前的地方，国王无法证明其虚假，也就只能是哑口无言了。

我们必须注意的是，以实制虚术只能用来制服无理取闹者，制服无故刁难人者，而不能以此去代替严谨的科学研究，因为科学研究是不可能随便说个什么数据就大功告成的。

227 以虚制虚

“那你把‘没有什么’拿去吧！”

概念是反映事物本质属性的一种思维形式。如果某个概念所反映的对象在客观世界中并不存在，这种概念就叫虚概念。

有个富翁临死时，他在遗嘱中顺便加了这么几句：

“那两头失踪了的公牛可以这么处置：如果找到了，就归我儿子彼得；如果找不到，它们就归我的管家。”

将两头找不回来的公牛给管家，“给管家的公牛”这一概念的外延实际上为零，不过是个虚概念。**在论辩过程中，当论敌故意运用虚概念来发难时，我们不妨如法炮制，用虚概念来回敬对方，这就是以虚制虚术**。比如：

有两个喜欢“抬杠”的人碰到一起。

甲问：“你家新盖的那四间房子花了多少钱？”

“花了一厘钱。”乙说，“如果你想买，拿一厘钱我就卖给你，不过我只能收你一厘钱，多了我可不要。”

“是吗？”甲笑了笑，“那么我给你一分钱，请你给我找九厘好了，买东西给钱理所当然，可不给人找钱却是违法的，请找钱吧！”

谁都知道，人民币没有一厘票面的钱，“票面为一厘的钱”的外延为零，是个虚概念，乙本想要对方拿一厘的钱使对方陷入为难，但是，甲却反过来要对方找九厘钱，以虚制虚，反而变为主动。

本术中所说的“虚”是指客观世界中不存在的相应事物对象的虚概念，它的产生纯粹是人们的凭空虚构，要将论敌制服，我们就应该根据具体情况的不同，临时虚构出相应的“虚”来与之对抗。比如：

有两个人争吵着来到法官这里，原告指着被告说：

“他背着很重的东西，东西从肩上掉下来了，他请求我帮他扶上去，我问他给多少工钱，他说：‘没有什么。’我同意了，马上帮他把东西扶到他肩上。现在我要他付给我‘没有什么’！”

法官想了想，说：“你告他有道理，你过来，帮我把这本书拿起来！”

原告走过来帮法官拿起书，法官突然问道：“书下面有什么？”

“没有什么。”原告说。

“那你把‘没有什么’拿去吧！”法官一本正经地说。

本来，帮人家扶一下东西不过是举手之劳的事，并没有必要向人家要工钱，可这个人却无理取闹，硬要人家付“没有什么”。“没有什么”就是没有什么，不过是个虚概念，他企图以此难倒别人，而聪明的法官为了满足他就让他拿去了“没有什么”，不容对方再行狡辩。

228 知己知彼

京剧的传统是什么?

《孙子兵法》中说,知己知彼,百战不殆,论辩同样也是如此。**要想取得论辩胜利,就必须了解自己各方面的情况,还必须全面了解对方,这就是知己知彼术**。

知己知彼,首先就要知己。要对自己各方面的情况有正确而全面的了解。如果对自己的情况也不了解,论辩起来就难免会是盲人骑瞎马,到头来只能以失败而告终。比如:

在全国十城市青少年演讲邀请赛的一场论辩演讲中,有则辩题是:"在中央电视台举办的古今戏曲大汇唱里,不少传统戏曲唱段配了电子音乐,如京剧《苏三起解》。对此你有何褒贬?"其中有这样一段论辩:

乙方:"你刚才一再强调丢掉了传统的东西,但对丢掉的传统的具体内容,仍然没有回答。"

甲方:"传统京剧艺术加进电子音乐之后,我看不出京剧的传统味道。至于京剧的传统到底是什么,我也不知道,京剧改革,究竟该怎样改,我也答不出来。因为我从未考虑过这个问题。至于京剧艺术的传统是什么,以及怎样改革的问题,我想,由你们来回答,可能解释得很圆满。"

乙方:"既然你已经承认了不知道什么是京剧的传统,以及加入电子音乐后究竟失去了哪些,我们就没有办法与你辩论下去了。你回答不出，我们也就不勉强你回答了。”

接着乙队就京剧艺术传统的写意性、固定表演程式及固定唱腔等三个特点，说明电子音乐的广泛表现力完全补充了京剧伴奏三大件阳刚有余、阴柔不足的欠缺。加入电子音乐后，没有破坏传统，反而使京剧艺术更加符合现代的欣赏习惯和心理需求。

甲方在赛前未能充分认识自己，在这一回合中便暴露了自己的实力空虚、软弱无力，结果造成了论辩的失利。

那么，“知己”的内容有哪些？

(1)自己对辩题是否充分把握、了解。(2)对辩题有关的材料是否熟悉。(3)自己的论据是否充分可靠。如果论据虚假则往往会给对方提供反驳的突破口。(4)论证是否正确，由论据能否推出辩题。(5)注意寻找对方可能存在的薄弱环节，作为我们进攻的突破口。(6)准备一些棘手的问题，在关键的时候提出来，这是攻敌要害的绝招。(7)准备采用一些方法和技巧，比如正面进攻还是侧面出击，直攻论敌还是诱敌深入，等等。

论辩除了要知己，还要知彼。知彼要注意哪些呢？

首先必须了解对方的观点，寻找对方观点的谬误之处，瞄准我们攻击的靶子。了解对方的论据，如果论据有虚假之处，这正是我们攻击的目标。了解对方的论证方法，由其论证方法能否得出对方的观点。另外，还要了解对方的性格气质、心理状态、知识素养等。只有这样，才能做到有的放矢，根据不同的对手采取不同的应对方法。

聪明的对手，思路敏捷，论辩时要注意发挥自己能言善辩的能力；迟钝的对手，理解与反应较差，要注意进行详尽的解释；知识高深的对手，要注意我们论辩语言逻辑严密、无懈可击；文化低浅的对手，要注意通俗易懂；夸夸其谈的对手，要防止他们转移论题；刚愎自用的对手，可用激将法对付；愤怒的对手，要尽他发挥，不能火上浇油；惧怕自己的对手，我们要平易近人，有君子风度；对瞧不起自己的对手，必须先给他一个下马威。一个论辩家如果能做到不但知己而且知彼，这样论辩时就能成竹在胸、方寸不乱。

229　广闻博见

头脑空空没有竞争力

一个论辩家要能在论辩中汪洋恣肆、纵横驰骋，不仅需要掌握娴熟的论辩技巧，更重要的是要有雄厚的知识积累，这就是广闻博见术。一个论辩家只有广闻博见，才能在论辩中说古论今，旁征博引，妙语如珠，左右逢源。

请看10岁的孔融与李膺之间的一次论辩。

东汉时，10岁的孔融随父亲到了洛阳。当时李膺任司隶校尉，是个很有名气的人物。凡是来找他的，必须是有才气、有名望的人或他的亲戚，守门人才通报。孔融来到门前，对守门人说："我是你们李家的亲戚。"

通报后，孔融进门坐下，李膺问道："你和我是什么亲戚？"

"从前我的祖先孔子和你的祖先李伯阳有师徒之亲，因此我和你是世交。"

李膺一听很高兴，问道："你想吃点什么吗？"

"想吃点。"

李膺："我教你做客的礼节，只可推让，不必谢主人。"

孔融："我教你做主人的礼节：只须准备吃的东西，不必问客人。"

李膺叹道："可惜我快要死了，不能亲眼看到你的富贵了！"

孔融："你离死还远着呢！"

"为什么？"

"'人之将死，其言也善。'你刚才的话很不友善。"

可以设想，如果孔融不懂得孔子曾求学于老子的典故，就不可能和李膺沾亲带故，就不能进入李膺府中，也就不可能有这样一场精彩的论辩；如果他不懂"人之将死，其言也善"的成语，也就不可能把这位颇有名气的李膺如此奚落一番。正因为孔融聪明好学、广闻博见，年仅 10 岁就很有才华，说起话来滴水不漏，将李膺驳得哑口无言。

一个人广博的知识从哪里来？除了向有关专家求教之外，其中一个重要的来源便是读书，博览群书。请看首届国际华语大专辩论会关于"温饱是谈道德的必要条件"那场辩论的一个片段：

剑桥大学队二辩："……对方刚才说了英国民众在二次大战中发扬道德精神，但是要知道，英国当时所处的社会在资本主义国家中所处的经济地位是世界上领先的，而且据最近的资料表明，二战中英国人民的温饱程度是有史以来没有过的，营养价值在当时食物平均分配制度下是最好的。因此你不能通过这个问题来否认它是在温饱程度上讲道德的。"

复旦大学队三辩："《丘吉尔传》告诉我们，那时好多穷人是怎么去填饱自己肚子的呢？是去排队买鸟食，还买不到啊！"

剑桥大学队来自英国，材料确凿，很有攻击力量；而复旦大学队博览群书，有着雄厚的知识积累，信手拈来英国二战时期最有发言权的人的见证作为论据，反驳得坚强有力，博得了全场热烈的掌声。

论辩是一种高密度的知识竞赛，一个人如果头脑空空，在论辩中则不可能有竞争力。

230　以小见大

一屋不扫，何以扫天下

古人说，一叶落而知天下秋，窥一斑而知全豹。这就说明，**我们认识客观事物，进行论辩时，可以选取最典型、最有代表性的某个点、某个方面，由此及彼，由表及里，触类旁通，进而认识到事物整体，达到揭示事物本质，取得论辩胜利的目的，这就是以小见大术**。

据《后汉书·陈蕃传》载：东汉时有个人叫陈蕃，有一天，他父亲的好友薛勤来访，见他独居一室，室内杂乱，龌龊不堪，当时薛勤就问：

“你这小孩，怎么不打扫干净房间，迎接客人呢？”

陈蕃答道：“大丈夫活在世上，要干的是轰轰烈烈的事业，扫除天下之不平，哪里会去扫除一室之污秽呢？”

薛勤当即反问一句：“你一间屋子的污秽都不扫除，哪里还能去扫除天下之不平呢？”

薛勤从陈蕃懒于扫地这件小事，以小见大，得出他不能干大事的结论，切中要害。

一个论辩家不仅要能由点进而认识到面，而且还要能高瞻远瞩，由此时此地的眼前结果，进而预见事物未来的发展趋势。比如，春秋时期，管仲辅佐齐桓公完成霸业。管仲病危时，齐桓公前往看望。齐桓公说："你的病看来已经很严重了，你有什么话要吩咐我吗？"

管仲说："我希望你能疏远易牙、竖刁、公子开方、堂巫四人，他们将来对您、对国家都很不利。"

桓公说："易牙是我的厨师，有一次我信口说，什么山珍海味你都做给我尝过了，就是还没有尝过蒸婴儿的味道，结果易牙就把他刚出生不久的第一个儿子蒸给我吃了。他对我这么好，我怎么还要疏远他呢？"管仲反驳说：

"从人的感情来说，没有哪个人不爱自己的亲生骨肉的，而易牙连自己的亲生骨肉都不爱，蒸给别人吃，他对你能有什么用呢？"

桓公又说："竖刁身为贵族，知道我喜爱宫中生活，他就自己阉割自己来侍奉我。他如此爱我，我怎么还要疏远他呢？"

管仲反驳道："人没有哪个不爱惜自己身体的，他竟然自己毁坏自己的身体，他对自己的身体都不爱，怎能真的对你好呢？"

桓公又说："公子开方是卫国人。卫国并不远，可他侍奉我 15 年没有回去看望他的父母双亲，他还不好吗？"

管仲又反驳说："公子开方连他自己的父母都不爱，怎能真正对你好呢？他们都是包藏着不可告人的狼子野心啊！"

桓公终于有所悔悟，答曰："善！"

管仲以其忠臣贤相的敏锐洞察力，通过对易牙、竖刁、公子开方等人的几个生活片段的精辟分析，剥开了他们的伪装，识破了他们的韬晦之计，预测了事物的发展趋势，作出了一番精彩的论辩。历史的发展也完全证实了管仲论断的正确性。管仲死后，由于齐桓公没有听信管仲的话，这四人果然作乱，将齐桓公囚于一室之中，不给饮食，齐桓公乃以白布裹首而绝。

使用以小见大术必须注意，其中的“小”必须有代表性，必须与“大”有必然联系，注意不要犯以偏概全、轻率概括的错误。

231 刚柔相济

恩威并用解除州城之围

作为一个论辩家，在论辩中，有时要刚，刚气激越，热血沸腾；有时也要柔，柔情如水，和颜悦色。但是在更多的场合是要柔中有刚，刚中有柔，这就是刚柔相济术。使用刚柔相济术，往往能取得更佳的论辩效果。比如：

明孝宗时，孔镛被任命为田州知府。到任才三天，州内的军队全部被调到他处，而峒族人突然进犯州城。众人提议关起城门守城，孔镛说：“这是个孤立的城池，内部又空虚，守城能支持几天呢？只有因势利导，用朝廷的恩威去晓谕他们，或许他们会解围而去。”于是孔镛独自一人，来到峒族人居住的地方。

孔镛坐在屋子中央，峒族首领问孔镛是谁，孔镛说：“我是孔太守。”孔镛又对大家说：

“我本知你们是良民，但由于饥寒所迫，才聚集在这里苟且求个免于一死。前任官员不体谅你们，动不动就用军队来镇压，想把你们剿尽杀绝。我现在奉朝廷的命令来做你们的父母官，我把你们看成是晚辈，怎么忍心杀害你们呢？你们如果真能听从我的话，我将宽恕你们的罪过。你们可以送我回州府，我把粮食、布匹发给你们，你们以后就不要再出来抢掠了。而如果不听从我的话，你们可以杀掉我，但是接着就会有官兵向你们兴师问罪，一切后果就由你们承担了。”

在场的峒族人都被孔太守的胆量惊呆了，说：“要是真的像你说的那样体恤我们，在您任太守期间，我们绝不会再骚扰进犯州城。”

孔镛说：“我一言已定，你们何必多疑？”

众人再次拜谢。孔镛住了一晚，第二天孔镛回到州城，送给峒族人许多粮食布匹，峒族人道谢而归。后来峒族人就不再做扰民的事了。

孔镛和峒族人交涉，他的语言中有柔，表现了父母官对百姓的关怀；又有刚，表达了若与州府对抗，官兵兴师问罪可能导致的不堪设想的后果。正是这样柔中有刚，刚柔相济，消除了对方的对抗情绪，缓和了当时的尖锐矛盾，使得大家后来能和睦相处，安居乐业，这充分显示了孔太守论辩语言的强大威力。

使用刚柔相济术时，必须注意不要走入两个极端，既不要过分温和，使对方觉得你软弱可欺；又不要咄咄逼人，使对方觉得你是在乘势要挟。

232 智勇兼备

奋扬有勇有智虎口脱险

论坛即战场，参与论辩的双方，宛如两军对垒；论辩形势，如风云变幻。**当我们面对强劲论敌时，必须具有临危不惧、敢于压倒一切论敌的浩然正气，同时又必须具有敏捷的思维能力、健全的心理调节能力和灵巧的应变能力，只有这样，才能在论战中立于不败之地，这就是智勇兼备术**。

战国时期，楚平王的太子建，聘下秦哀公之长妹孟嬴为妻。楚平王听说孟嬴乃绝代佳人，遂生染指之意，将孟嬴纳入自己宫中。从孟嬴的随嫁媵女中选一美女扮成孟嬴，送东宫以配太子建。事情虽然做得机密，但总担心一旦败露，不堪收拾，于是便将太子建派出京城，镇守城父，命奋扬保太子，并在临行时嘱奋扬："事太子如事寡人。"

平王得到孟嬴后，第二年生有一子，便欲立其为太子以接王位，但因太子建在，岂可随便废除？于是日夜思谋对策，便以太子建"兴兵谋反"为罪名，欲将太子建置于死地，密令奋扬"杀太子受上赏，纵太子当死"。可是奋扬一得密令后便告知太子，并要太子速逃。太子逃后，奋扬自缚，来见平王，奏曰："太子逃矣，臣来请罪！"平王听后大怒："话出我口，入于尔耳，谁告建知？"奋扬并不回避，直奏曰："臣实告之。"一句话把平王气得暴跳如雷，恨不得立即挥刀杀死奋扬，厉声喝道："尔既自纵太子，又敢来见寡人，不畏罪乎？"奋扬所处险境，如虎口之兔，决无生还之望，但奋扬毕竟是一代辩才，有勇有谋有舌，岂肯引颈就戮？于是自辩道：

"臣去城父时，大王命'事太子如事寡人'！是臣奉先前之命，救太子如救大王，无罪何怕？如大王责备不遵后来之命，罪我而杀我，我为救太子而挨杀，死而光荣，光荣之死，又有何怕？何况太子没有反状，我没有屈杀无罪之人，即使我被无罪杀死，死不愧心，又何怕？太子无罪逃生，胜我之生，我死甘心，又何怕？"

一席话终于使平王感动,“奋扬虽违命,然则忠言可嘉”,遂舍之不杀,仍为城父司马。

奋扬有勇,他敢于违抗王命,这是贪生怕死者做不到的;他放跑太子之后又敢去面奏平王,这更是胆小鬼所不能想象的。但仅有此还不行,他有智,面对暴跳如雷的平王,自己身处绝境,却面不改色,据理申辩,紧承平王问话“不畏罪乎”,连珠炮般说出四个不怕来,这与他非凡的思维能力、心理调节能力与应变能力是分不开的。由于他的雄辩,最终获得了平王的宽恕,使平王恢复了良知,认识到自己禽兽作为的卑鄙,从愧悔之中认识到奋扬的忠言可嘉而赦之不杀。

一个论辩家只有具备大智大勇,才能临危不惊,镇定自若,慷慨陈词,置之死地而后生。

233 请君入瓮

就将你放在虎口!

“请君入瓮”是一条众所周知的成语,用在论辩中,就是指以其人之道还治其人之身的方法,用对手的观点制服对手,用论敌的方法去击败论敌。

从前,有个叫子车的人死后,其妻和管家商定,要用活人给他陪葬。子车的弟弟子亢得知此事,便规劝道:“活人陪葬,不合礼义,还是不这样吧!”他嫂子和家臣不同意,说:“你哥死了,在阴间没人服侍,所以才用活人陪葬。”听了这话,子亢说:

“嫂子和管家虑事周到,用心良苦,既然要这样做,那也好!不过，与其让别人去陪哥哥，倒不如叫嫂嫂和管家作陪葬的好，因为你们服侍他总比别人更加尽心尽职！”

既然死人要活人陪葬服侍，那么请嫂嫂和管家陪葬比别人还更好。其嫂和管家一听，无言以对，只好作罢。子亢劝嫂嫂不要用活人为子车陪葬使用的就是请君入瓮术。

请君入瓮术是一种制服论敌的有效方法，关键在于善于抓住论敌的致命点，然后不失时机以此去反击论敌，便可立即置论敌于死地。

又如，明代著名戏曲家汤显祖曾任浙江遂昌县令。境内有个村子紧傍高山，山高林密，常有老虎伤人，当地百姓纷纷请求县令灭除虎害。汤显祖当即派人上街，鸣锣招募乡勇进山灭虎，可没有一个人应募。一打听，原来遂昌县有个“皮神仙”，胡说什么虎伤人是天上神虎下凡收人，大家都怕打虎受到天神处罚。正说话间，只见皮神仙眯着一双鼠眼来到汤县令跟前，问道：

“听说老爷要聚众灭虎，可是真的吗？”

“老虎伤人害畜，不能不除！”汤显祖答。

皮神仙说：“天上神虎下凡，惩罚恶人，千万不能乱杀。死在虎口的都是天命注定，不是前世留下冤孽，就是今生做了坏事，行善积德的人，放在虎口老虎也会避开，不敢伤他！”

这时，只听汤显祖厉声喝道：“那就将你皮神仙放在虎口试试，看到底是善人还是恶棍！”

皮神仙一听，可吓坏了，连忙大声呼叫：“使不得，使不得，我还要多活几年哪！”边说边挤到人堆里悄悄溜掉了。

“哈哈！什么皮神仙，不过是个骗子！”人群里响起一片讥笑声。

轰走皮神仙，人们争着报名应募，成立了一支四十多人的打虎队，不到一个月虎患就平了，从此老百姓过上了平安日子。

汤显祖紧紧抓住皮神仙的"积德行善之人，放在虎口，老虎也不敢伤他"的话，以其人之道，还治其人之身，不失时机地发起攻击，要将皮神仙放在虎口，这便彻底地揭穿了他的鬼把戏。

234 反守为攻

杨子荣智斗栾平

反守为攻术，是指当我方遭到对方的攻击时，制服论敌的最好办法是反过来指责对方，这样被控告者反过来指责控告者，而被控告者由原来的被动地位变为主动地位，控告反而由原来的主动地位变为被动地位。这样便可争取论战的制高点，一举置论敌于死地。

请看《林海雪原》中杨子荣与栾平在威虎厅中的一场论战。

杨子荣以匪徒胡彪的身份给座山雕献上《先遣图》，获得众匪徒的信任，正筹备在座山雕六十大寿的百鸡宴上，里应外合，一举消灭众匪。谁料就在这时，曾被解放军抓获审讯过的匪徒栾平逃脱后，来到了威虎山上。突然，栾平像条疯狗一样，手指杨子荣，吼道："他……他……他不是胡彪，他是共军！"

"啊！"座山雕和七个金刚一齐惊愕地瞅着杨子荣，眼光是那样凶狠，威虎厅里的空气紧张得就像要爆炸一样。

这时杨子荣扑哧一笑，从容地吐了一口痰，把嘴一抹说："只有疯狗才咬自家人，我知道你的无价宝《先遣图》被我拿来，你一定恨我，所以就诬我是共军，真够狠毒的。你说我是共军，我就是共军吧！可你怎么知道我是共军呢？嗯？你说说我这个共军的来历吧！”说着又拿出小烟袋，抽起烟来。

“他……他……”栾平吞吞吐吐地说，“他捉……捉过我！”

“哟！”杨子荣表现出特别惊奇的神情，“那么说，你被共军捕过了，你此番究竟从哪里来？共军怎么把你放了？或者共军又怎么把你派来的？现在遍山大雪，你的脚印已留给了共军，好小子，你把共军引来，我岂能容你！”

杨子荣说着，布置了守山任务。栾平吓得跪在地上，声声向座山雕哀告：“三爷，他不是胡彪，他是共军！”

杨子荣于是把袖子一甩，手枪一摘，严肃地对座山雕说：“三爷，我胡彪向来不受小人气，我也是为了把《先遣图》献给您而得罪了这条疯狗，今天有他无我，有我无他，三爷要是容他，我现在就下山！”说着一甩袖子就要走。

这时急着要吃百鸡宴的群匪一看杨子荣要走，乱吵吵地喊道：“九爷不能走……”座山雕一看这个情景，伸手拉住杨子荣：“老九，你怎么耍开了小孩子气，三爷不会亏你。”座山雕又戏耍地问栾平：“你来投我，拿的什么作进见礼？”

“今日一无所有，来日下山拿来《先遣图》，这张图在我老婆的地窖里。”

杨子荣轻蔑地笑了：“活见鬼，又来花言巧语骗人，骗到三爷头上了。”

座山雕顺手从座下小铁匣里掏出几张纸：“哼，它早来了，你这空头人情还是孝敬你姑奶奶去吧！”

栾平一见，惊得目瞪口呆，满脸冒虚汗，面对杨子荣细致无隙的论辩，再也无能为力，在匪徒们的呼喊怪叫声中，像条死狗一样被拖出威虎厅……

面对风云变幻，杨子荣面不改色，沉着应对，不是忙于防守，而是以惊人的勇敢和智慧，奋起进攻，凭着自己在匪徒中取得的信任和栾平被捕、来山上留下足迹等弱点，一举便将栾平置于死地，取得了这场舌战的辉煌胜利。杨子荣使用的就是反守为攻术。

使用反守为攻术必须善于抓住论敌的矛盾，捕捉对方的弱点，这样攻得才有力度。另外，还必须注意要站在正确的立场上使用此术，如果明明知道是自己错了，为了一己私利，反而嫁祸于人，这就是倒打一耙式诡辩。

235 智用激将

想不到大王畏惧一个弱女子！

智用激将术，就是指故意通过语言或行动挫伤对方的自尊心，引起对方的愤怒、怨恨，进而诱导其按我们的意愿或既定的企图行事，取得论辩胜利的方法。

当年，陈圆圆在生死关头，巧用激将，结果救了自己的命，就是一个典型的实例。

吴三桂的爱妾陈圆圆被捕。闯王李自成目光一扫陈圆圆的芳容，心头不由一跳：果然是天生尤物，难怪吴三桂要为她拼命，刘宗敏也被她迷住了，这种祸水决不能留！李自成对卫兵一示意说：“拉出去，勒死！”

陈圆圆不待卫士动手，自己站了起来，面对李自成微微冷笑一声，转身欲走。

李自成大喝一声：“回来！你冷笑什么？”

陈圆圆复又跪下，说：“小女子早闻大王威名，以为是位纵横天下、叱咤风云的大英雄，想不到……”

“想不到什么？”

“想不到大王却畏惧一个弱女子！”

“孤怎么会畏惧你？”

“大王，小女子也出自良家，堕入烟花，饱尝风尘之苦，实属身不由己。初被皇亲田畹霸占，后被吴总兵夺去，大王手下刘将爷又围府将小女子抢来，皆非小女子本意。请问大王，小女子自身又有何罪过？大王仗剑起义，不是要解民于倒悬，救天下之无辜吗？小女子乃无辜之人，大王却要赐死，不是畏惧小女子又作何解释？”

李自成被陈圆圆的这一席话问住了，许久不能回答。他抬抬手：“你且起来说话。”

陈圆圆接着又陈述了杀她与不杀她之间的利害得失：杀她，大王毫无益处，却必定会激起吴三桂更大的复仇心，日夜兼程，追袭不休；不杀她，她感念不杀之德，则可以保证让吴三桂滞留京师，不再追袭。最后，李自成被陈圆圆说服了。

陈圆圆面临死亡，没有向李自成叩头求饶，而是利用李自成的高傲心理，先以冷笑激之，继以“畏惧一个弱女子”激之，在取得说话的机会后，便设身处地，晓以利弊，动以情信，最后使得掌握自己生杀大权的李自成收回成命，自己得以脱险。

智用激将术取胜的关键是利用和调动人们潜藏在心灵深处的自尊自爱等感情因素。因此，我们使用激将术就必须看对象，它适合那些本来自尊心和进取心都较强而只不过是暂时受到压抑的人，而对于那些谙于世故、自暴自弃、破罐破摔的人，激将术是无济于事的。另外，使用激将术要注意掌握好分寸，不能过急，亦不能过缓。过急，欲速则不达，反而激怒对方，其效果适得其反；过缓，对方没能意识到，就无法激起对方的自尊心。

236 一荣俱荣

"君王仁义，下臣耿直"

在论辩中，从正面反驳论敌一时难以奏效，我们可以抓住事物之间的连带关系，提出一个关联性的命题，把双方牵连在一起，造成一种一荣俱荣的态势，进而达到预期的论辩目的，这就是一荣俱荣术。

据《吕氏春秋·不苟论·自知》载，战国时期，魏国吞并了中山国，魏文侯把占领的土地分封给自己的儿子。一天，他问手下的大臣："我是怎样的君王？"群臣回答："是位仁君。"唯有任座不以为然，他说："分封土地给儿子而不给弟弟，算什么仁君！"魏文侯听了，十分不满，任座亦拂袖而去。魏文侯又问翟璜，翟璜答道："我认为您是位仁君。"魏文侯又问："你为什么这样认为呢？"翟璜说：

"我听人说：'君王仁义，下臣耿直。'刚才任座说话那么直率，就足见您是一位仁君！"

魏文侯听了，羞喜交加，赶紧派翟璜去把任座请了回来。

任座冒犯了君主的尊严，当时的处境是非常危险的。在这关键时刻，翟璜借用"君王仁义，下臣耿直"这个关联性命题，把魏文侯的仁义与任座的直谏连在一起，君王仁义使得下臣直谏，下臣直谏是因为君王仁义，造成了一种一荣俱荣的态势，魏文侯要得到“仁君”的称誉，就得承认任座的直谏无罪，于是魏文侯便又把任座请了回来。

同样，长孙皇后劝谏唐太宗也是如此。《贞观政要》中记载：

贞观六年(632)三月的一天，唐太宗与著名的谏臣魏征为政事在朝廷上发生争执。退朝后，太宗余怒未消，大骂道：

“应该杀了这个乡巴佬。”

长孙皇后了解情况后，心想：太宗话里暗含杀机，也许由此酿成一场灾祸。于是长孙皇后对太宗说：“小女子听说君主贤明，臣子就刚直，现在魏征很刚直，是因为您很贤明的缘故啊。我应当向您祝贺呢！”

长孙皇后的论辩很巧妙，她使用的也是一荣俱荣术。她将魏征的刚直与太宗的贤明联在一起，一荣俱荣，太宗听后由怒转喜。此后，太宗对长孙皇后更加倚重，对魏征也更加信任了。

237　一辱俱辱

“盗贼害怕嗅觉灵敏的猎犬”

在论辩中，我们也可以抓住事物之间的连带关系，提出一个关联性的命题，把双方牵连在一起，造成一种一辱俱辱的态势，进而达到预期的论辩目的，这就是一辱俱辱术。

晏子一向以雄辩的口才、敏捷的思维而闻名。有一次，齐王派晏子出使楚国。楚王听说晏子身材矮小，便想趁机侮辱齐国，就在大门旁边另外开了一个小门，让晏子从小门进来。晏子到城门口时，对侍卫说：

“请你禀报楚王，只有到狗国的人，才从狗洞进去。我今天要从狗洞进去，我是到狗国访问吗？”

晏子将“从小门进入”与“楚国是狗国”联系起来，如果从狗洞进去，那么楚国是狗国，晏子的论辩就使用的就是一辱俱辱术。楚王一听，只好让晏子从大门进城。

再请看赫胥黎与教会头目的一次辩论。

达尔文提出生物进化论后，赫胥黎竭力支持和宣传进化论，与教会势力进行了激烈的论战。教会诅咒他为“达尔文的斗犬”。在伦敦的一次辩论会上，教会头目看到赫胥黎走入会场，便骂道：

“当心，这条狗又来了！”

赫胥黎轻蔑地答道：

“是啊，盗贼最害怕嗅觉灵敏的猎犬。”

当对方咒骂赫胥黎是狗，进行人身攻击时，赫胥黎运用“盗贼怕猎犬”这一人所共知的命题，将自己与对方联系起来，暗示彼此的现实关系，给了对方以有力的鞭笞！

238 指桑骂槐

“看你以后还敢不敢乱说！”

一般来说，在论辩过程中，论题应该明确，不能含糊其辞，但是

在某些特殊的场合下,我们不能直接表达我们的意见、观点,只能采取指东说西的办法,这就是指桑骂槐术。我们表面是在骂“桑”,而实质是在骂“槐”,这样反而能比直来直去取得更好的论辩效果。

汤姆嘴尖舌毒,常常以愚弄他人来取乐。

一天早晨,汤姆站在门口,啃着面包,这时,年过60的杰克逊大爷骑着毛驴从他面前经过。汤姆灵机一动,朝他喊道:“喂!吃块面包吧!”

大爷出于礼貌,从驴背上跳下来说:“谢谢您的好意。我已经吃过早饭了。”

“我没问你呀,我问的是毛驴。”汤姆一本正经地说,说完,很得意地一笑。

杰克逊猛然地转过身,“啪,啪”照准毛驴脸上就是两巴掌,骂道:

“出门时我就问你城里有没有朋友,你斩钉截铁地说没有,没有朋友为什么人家会请你吃面包呢?”

然后“叭,叭”,对准驴屁股又是两鞭,说:“看你以后还敢不敢乱说!”骂完,翻身上驴,扬长而去。

汤姆使用指桑骂槐术对杰克逊老汉进行羞辱,他明明是跟老汉说话,可又说成是在跟毛驴说话,以此羞辱老汉是毛驴。这时,老汉如果直来直去地和对方争论起来,则正好中了对方的计。于是,老汉也采用指桑骂槐术,表面是在骂毛驴,实质是骂对方,这样反而使得对方有口难辩。

指桑骂槐术是通过骂其他的事物而达到骂论敌的目的,因而如何选择一个能与论敌有一定联系的事物加以谴责是使用此术的关键所在。

有个人在朋友家做客，天天喝酒，住很长时间了还无启程之意，主人实在感到讨厌，但又不好当面驱逐。一次两人面对面坐着喝酒，主人讲了这样一个故事：

"在偏僻的路上，常有老虎出来伤人。有个商人贩卖瓷器，忽然遇见一只猛虎，张着血盆大口，扑了过来。说时迟，那时快，商人慌忙拿起一个瓷瓶投了过去，老虎不离开，又拿一瓶投了过去。老虎依然不动。一担瓷瓶快投完了，只留下一只，于是他手指老虎高声骂道：

'畜生畜生！你走也只有这一瓶，你不走也只有这一瓶！'"

这个主人通过虚构与对方有着"不走"这一相似性的"虎"为谴责对象，表面是在骂虎，实质上是痛斥对方的厚颜无耻，表达得痛快淋漓，入木三分。

我们要特别注意，指桑骂槐术不是一种常用的方法，只是在某些特殊的、偶然的场合，比如为了对付强敌才可加以使用。如果滥用此术去攻击同志和朋友，这只能导致众叛亲离的恶劣后果。

239 以谬制谬

"请把你的胸腔寄来吧！"

面对论敌的谬论，我们有时可以用确凿的事实、严密的论证去反驳，但以谬制谬术却是用跟论敌同样荒谬的言论进行反击，以谬制谬，这同样也可达到制服论敌的目的，这就是以谬制谬术。

传说古代印度有位国王生病了，卡布尔是医生仇人，医生便对国王说，只要让知识渊博的学者卡布尔弄来公牛奶，国王喝下公牛奶，病就会好。国王听信了医生的话。卡布尔接到国王的命令，回家后苦思冥想，无计可施。他女儿听到此事，却胸有成竹地说："爸爸，您别急，我来帮助您！"

第二天半夜时分，卡布尔的女儿带了些旧衣服，来到宫殿附近的河边，在靠近国王卧室的窗下洗起衣服来，并且弄出很大的声响。夜深人静，这洗衣声吵得国王心烦意乱，无法安眠。国王大怒，派卫兵把那女孩押到面前，怒气冲冲地责问："你知罪吗？三更半夜在这儿洗衣服，吵得我觉也睡不好！"

女孩装作十分害怕地说："民女知罪，请陛下饶恕。我是不得已才在夜里洗衣服的，今天下午，我爸爸突然生了个小孩，我一直在忙这件事。家里连件孩子穿的干净衣服都没有，我只能现在出来洗衣服。"

"什么？你这不是在愚弄我吗？谁听说过男人生小孩？"国王大声喝道。

"唷，如果陛下可以下令叫人去弄公牛的奶，那为什么男人不能生小孩呢？"那女孩子不慌不忙地说道。

国王叫卡布尔去弄公牛奶显然是荒谬的，于是卡布尔的女儿便以她爸爸生了小孩来回答；皇帝认为男人不可能生小孩，自然也就得收回他叫卡布尔去弄公牛奶的命令。这个小女孩使用的就是以谬制谬术。

国王听到这话后，便笑了笑转而说道：

"你一定是卡布尔的女儿，回去告诉你父亲，他可以把他弄来的公牛奶留给他生出的小孩吃。"

就这样，卡布尔的女儿帮助父亲避免了一场灾祸。

使用以谬制谬术取胜的诀窍就在于，论敌的话是荒谬的，正因为其荒谬性，因而对于他人同样荒谬的话也就失去了指责的力量。又如：

伦琴射线的发明者收到一封信，信中说：

“我胸中残留着一颗子弹，须用射线治疗。请你寄一些伦琴射线和一份怎样使用伦琴射线的说明书给我。”

伦琴射线是无法邮寄的，这不仅是无知，而且带有戏谑成分，求人帮忙，却不庄重，居然开玩笑。按照常规，伦琴应该狠狠教训他一下，阐述一下道理，但伦琴不是这样处理，而是回信道：

“请把你的胸腔寄来吧！”

伦琴射线无法邮寄，同样一个活人的胸腔也无法分离开来单独邮寄，伦琴以谬制谬，所取得的效果显然比怒斥一通好得多。

240 兑现斥谬

马上砍掉占星家的脑袋

所谓兑现斥谬，就是针对论敌的荒谬论点，当场拿出铁的事实，使其论点的荒谬性暴露无遗。

从前，有一个骗子自称占星家，说他能根据天上的星辰推算人的命运。一次，国王召见占星家，问他自己能活多久。

占星家想了想说：“您还能活一年。”

国王一听瘫倒在地，卧床不起。聪明的宰相决心戳穿占星家的骗人把戏，于是问他：“你还能活多久？”

占星家假装推算了一阵说："二十年。"

宰相下令："马上砍掉占星家的脑袋。"

占星家一死，国王的病马上好了。

占星家的"国王还能活一年"的结论显然是荒谬的，但由于一时无从考证，它容易迷惑人。当占星家推出另一个论点"自己能活二十年"时，宰相当即把骗子推出去斩了，使他一年也活不成，骗子伎俩不攻自破，这就是兑现斥谬。兑现斥谬以不容置疑的客观事实为武器，所以有很强的逻辑力量。

241　逆水推舟

陛下杀他，他好流芳百世

有的人因思想情绪的对立，偏要和我们唱反调，你要向东，他偏要向西。对这种人，不妨反过来说话，这样歪打正着，使自己如愿以偿，达到论辩取胜的目的，这就是逆水推舟术。

北齐文宣帝时期，开府参军裴谒之曾上书极谏，得罪了文宣帝，文宣帝盛怒之下，要杀掉裴谒之，并要株连九族。文宣帝对杨愔说："这人是个蠢东西，他竟敢如此冒犯我！"杨愔是文宣帝身边的大臣，能言善辩，有智有谋。他熟知文宣帝的性格，在这种情形下，无论是赞成或反对文宣帝的想法，裴谒之都必死无疑。于是他采用了逆水行舟的方式，说道：

"裴谒之这个人，就是想让陛下杀掉他，好流芳百世，在后世成名。"

文宣帝听罢，非常愤怒，心想，他要我杀他，我偏不杀他，他要成名，我就偏不要他成名，便说：

“裴谒之小人一个。我暂且不杀他，看他怎么成名。”

本来，裴谒之并不是想要文宣帝杀他，也不是想要在后世成名，可杨愔却故意从反面说，惹得文宣帝来唱对台戏，结果歪打正着，裴谒之得以脱险。杨愔的方法，出奇制胜，妙不可言。

使用逆水推舟术一定要注意使用的场合，要摸准对方的心思，只有存在明显的情绪对立的场合才可使用。比如：

明朝时，四川有个叫杨升庵的人中了状元。杨升庵博学多才，为人耿介，执法无情，刚直不阿，得罪过不少人。后来他因屡次上书直谏，也得罪了皇帝。皇上震怒，准备对杨升庵治罪，把他发配边关。杨升庵知道皇帝要治自己的罪，便求见皇帝说：

“臣之罪，罪该万死，皇帝要我充军，这是对微臣的宽恕，不过请皇上答应我一个小要求。”

“你有什么要求?”皇上问。

“任去关外三千里，不去云南碧鸡关(今昆明市，离杨升庵的家乡很近)。皇上有所不知，碧鸡关呀，蚊子有四两重，跳蚤有半斤，切莫把我充军到碧鸡关。”

皇帝不再说话。心想：哼！你不想去碧鸡关，我就偏要叫你去碧鸡关，让你尝尝四两大的蚊子和半斤重的跳蚤咬人的滋味。

杨升庵一出关，皇帝就传令下去，把他发配到云南充军。杨升庵想回到离家乡较近的云南去，可是他又知道皇帝和奸臣们对他怀有仇恨，这种心理会使他们和自己对着干，而自己又无法与之抗争，于是就说出了与自己意愿相反的话，结果让皇帝把自己发配到云南，遂了自己的心愿。

使用逆水推舟术时，如果摸不透对方的个性心理，就往往会弄巧成拙。

242 借题发挥

借助眼前所见所闻发挥开来

在论辩中，一个论辩家必须善于抓住一切机会，或接过别人的话头，或借助论辩环境中的各种场景事物，或根据新出现的情况等，加以联想，找到它们与自己所要阐述的话题之间的相关性、相似性，乘势发挥开来，借以达到征服对方、论辩取胜的目的，这就是借题发挥术。请看发生在某国的这样一件事：

大选结束后，新当选的首相发表施政演说。但是由于年龄较大，身体偶然不适，在演说中，他觉得腹中疼痛难忍，竟满头大汗，说不下去了。于是医生立即前来抢救。演说被迫中止了，国人的心不禁被一层阴影所笼罩。

没过多久，这位首相又精神抖擞地返回了讲台，听众们悬着的心总算放下来了，耐心地等待着他的下文。他扫视一眼台下，镇定自若地说：

“我们的国家就像我的身体一样，刚刚经历了一场深刻的危机，但是，现在好了，危机已经过去，希望就在前头！”

话刚一停，全场响起热烈的掌声。

这位首相深知由于他身体的突然情况，已经在听众中留下了一层阴影，但他不愧是一位老练的政治家，借着他身体好转的话题对国家的前途作了个即兴发挥，由此及彼，以身体比喻国家，恰到好处，完全扫除了原有的不利影响。他这里使用的就是借题发挥术。由于他巧借话题，把整个演讲推向了高潮，获得了意想不到的效果。

使用借题发挥术，要求头脑机敏，善于联想，善于借助眼前所见所闻的事物，加以发挥，进而达到论证自己观点的目的。下面我们再来看看《孔子家语》所载的一则孔子的答辩。

有一天，孔子伫立岸边，目送浩荡江水，滚滚东流，久久不愿离去。这时子贡不禁问道："先生，为什么每当发大水，您总是喜欢前往观看呢？"孔子答辩道：

"你看，那水滋润万物，万物得以生长，可它却丝毫不是为了自己，这多像德；它总是循着一定的河道，流往低处，甘居下位，这多像义；它浩浩荡荡，永无止境，这多像道；即使前面是万丈深渊，它也奔腾向前，义无反顾，这多像勇；它在盆中，总是一平如镜，这多像法；即使是细小的孔隙它也可以渗入，这多像察；江水浩荡东流，永不止息，奔向东海，这多像志；万物出入水中，就变得洁净，这多像教化。水有如此崇高的品德，怎能使我不前往观看呢？"

孔子借助眼前所见流水，借题发挥，巧于联想，见别人所未见，想他人所未想，表现了他对崇高理想的执着追求。

243 对付中伤

"您不回顾，怎见鬼脸？"

利用谣言挑拨离间、嫁祸于人，是搞阴谋诡计的人常用的手法，如果没有精神准备和防范措施的话，就有可能被暗箭射中，受害不浅。**一个论辩家要在论辩中立于不败之地，就需要认真掌握对付论敌恶意中伤的各种方法，这就是对付中伤术**。

那么，在恶意中伤面前我们应该怎么办？

首先，对于中伤必须具备一定的承受力，沉着应付。如果盲目冲动，则正好中了造谣者的圈套。比如，汉朝初期的直不疑晋升后，有人嫉恨他，便在背后造谣中伤说：

"直不疑是伪君子，他和他嫂子私通。"

这句谣言不久就传到直不疑的耳朵里，对此，直不疑一笑了之，不作任何解释。因为他知道，这种谣言是不攻自破的：他是长子，何来嫂子？对于谣言越是争辩反而传播得越快，直不疑对中伤根本不予理睬，反而很快制止了中伤。

特别是如果我们能抓住谣言本身的矛盾给予揭露，这更能给中伤者以沉重的打击。某寺院甲乙两僧素有嫌隙，甲僧心胸狭窄，总想伺机攻击乙僧，又苦于找不到借口，甲僧于是从乙僧的小徒儿身上打主意，采取卑鄙手段，向方丈诬告：

"今天在大雄宝殿念经礼拜的时候，乙僧的小徒儿跪在最后一排做鬼脸，亵渎佛祖！"

方丈大怒，准备第二天早晨做佛事时当众惩处。这消息给小徒儿知道了，小徒儿哭哭啼啼去向乙僧求救。乙僧低声对小徒儿说了八个字，小徒儿破涕为笑。翌日方丈在佛事完毕后，叫出小徒儿，责问此事。

小徒儿："我在后排做鬼脸何人所见？"

甲僧抢前一步，横眉怒对："我亲眼所见，你还想抵赖？"

小徒儿："请问师伯当时站在哪里？"

甲僧："大家知道，我站立前排。"

小徒儿于是亮出师父教他的八字法宝："您不回顾，怎见鬼脸？"

甲僧顿时满脸羞愧，无地自容。因为在念经礼拜时，东张西望就是亵渎佛祖。甲僧如果不承认自己东张西望，就得承认自己的诬陷。由于乙僧针对造谣者本身的矛盾进行反驳，直使得对方哑口无言，败下阵来。

244 跳出圈外

重找有利突破口，重摆战场

在论辩中，当我方与论敌在不利于我方的辩题中纠缠，我们势必遭致失败，这时就必须主动地突破原来的辩题的局限，重新寻找有利的突破口，重摆战场，这样便能反败为胜，起死回生，这就是跳出圈外术。

《西厢记》中谈到，崔相国的夫人带着女儿崔莺莺赴京，途中歇于普救寺内，被盗匪围困。老夫人许下诺言：谁解得普救寺之围，就把女儿崔莺莺嫁给他。张生也同样被围困在普救寺之内，他写信给白马将军，将军带兵解了普救寺之围。老夫人因嫌张生门第低微，不肯兑现诺言。张生与崔莺莺通过红娘传递情书，两情日笃，以至月夜幽会。老夫人终于察觉了，于是发生了拷红之事。事实上，崔莺莺与张生的幽会，是红娘促成的，追究责任，当在红娘，但红娘并不就传递情书一事展开辩论，而是跳出圈外，就老夫人失信一事发起攻势。红娘说：

“事情跟张生、小姐、红娘不相干，是老夫人的过错。”

夫人：“你这贱人反倒把我拉进去，怎么是我的过错？”

红娘：“守信用，是做人的根本。一个人不守信用，是最不允许的，当时匪兵围住普救寺，夫人您许下诺言：能够退贼兵的，就把女儿嫁给他，张生要不是倾慕小姐的美貌，凭什么无缘无故地出谋献策？夫人在贼兵退却之后，身安无事，却悔掉以前的许诺，难道不算失信吗？既然不答应人家的婚事，也应当酬以重金，叫他离开这儿远走高飞，却不应该留张生在书院，近在咫尺，使怨女旷夫互相眉来眼去，因此生出这件事来。夫人您如果不遮盖这件事，一来辱没了相国家的名声，二来使张生施恩反受侮辱，三来告到官府，夫人首先要有个治家不严的罪名。依红娘的拙见，不如宽恕他们，成全他们的终身大事，实在是长远的妥当的办法。”

红娘如果仅仅局限于红娘传递情书这件事与老夫人辩论，纵有百口千口也只能处于被动地位，牵线的罪责也在所难逃，但红娘身处被动之境而沉着应对，跳出圈外，在“守信用”这一点上重摆战场，这样红娘反而由被动变为主动，由被告变为控告者，把老夫人驳得哑口无言。

245 金蝉脱壳

“这是你提的第二个问题了”

金蝉脱壳，原意是指蝉在蜕变时，身体会脱皮壳而去，只留下一个空空的壳挂在枝头。在论战中，**金蝉脱壳术是指发现自己处境不**

利时,不能恋战,不妨虚晃一枪,转移对方的注意力,假以迷惑论敌,得以隐蔽地转移或撤退的方法。

可以取得金蝉脱壳效果的方法很多,有时可以紧紧抓住对方提供的条件,达到摆脱困境的目的。比如,林肯在学校读书时,有一次考试,老师问他:

“林肯,这里有一道难题和两道容易的题目,由你任选其一。”

“我就考一道难题吧。”林肯答道。

“好吧,那么你回答,鸡蛋是怎么来的?”

“鸡生的呗。”

“鸡又是哪里来的呢?”老师又问。

鸡蛋是鸡生的,鸡又是鸡蛋孵化的……林肯知道这个问题的答案是循环往复、没有穷尽的。如果继续辩论下去,自己将会处于被动的地位,林肯认识到了这一点,于是赶紧借助对方要求回答一个问题的条件,声明道:

“老师,这是你提的第二个问题了。”

林肯紧紧抓住对方提供的条件,巧妙地摆脱了困境。

我们有时也可以采用踢皮球的方法,把难题踢回给对方,自己乘机脱身。

1972 年 5 月,美苏举行关于限制侵略武器的几个协定刚刚签署,21 日凌晨 1 点,美国国家安全事务特别助理基辛格在莫斯科的一家旅馆里,向随行的美国记者团介绍情况。当他说到“苏联生产导弹的速度每年大约 250 枚”时,一位记者问:

“我们的情况呢?我们有多少潜艇导弹在配置分导式多弹头?有多少‘民兵’导弹在配置分导式多弹头?”

基辛格耸耸肩:“我不确切知道正在配置分导式多弹头的民兵

导弹有多少。至于潜艇,我的苦处是,数目我是知道的,但我不知道是不是保密的。"

记者说:"不是保密的。"

基辛格反问道:"不是保密的吗?那你说是多少呢?"

基辛格诱使对方说出"不是保密的",既然不是保密的,对方就知道数目了。这样巧妙地把问题踢回给了对方,自己得以顺利脱身。

金蝉脱壳术是一种摆脱论敌,转移或撤退的分身之术。这里的"脱"不是惊慌失措、消极逃跑,而是存其形、去其实,走而示之不走,稳住敌人,脱离险境。

参考文献

[1] 王政挺.中外奇辩艺术拾贝[M].北京:东方出版社,1991.

[2] 赵传栋.雄辩绝招 101[M].福州:福建科学技术出版社,1993.

[3] [英]阿拉斯泰尔·博尼特.学会辩论:让你的观点站得住脚[M].魏学明译.北京:中国人民大学出版社,2018.

[4] [美]罗莎莉·马吉欧.说话的艺术[M].正林,王权译.长沙:湖南文艺出版社,2020.

[5] 张晓芒.逻辑思维与诡辩[M].北京:台海出版社,2019.

[6] 王沪宁,俞吾金.狮城舌战[M].上海:复旦大学出版社,1993.

[7] 李春良,丁洪章.舌卷京城[M].北京:华龄出版社,1994.

[8] 赵传栋.诡辩伎俩曝光[M].南昌:江西教育出版社,1994.

[9] 张德明.世纪之辩:首届中国名校大学生辩论邀请赛纪实[M].上海:复旦大学出版社,1996.

[10] 赵传栋.论辩胜术[M].上海:复旦大学出版社,1996.

[11] 张德明.英才雄风:第二届中国名校大学生辩论邀请赛纪实[M].上海:复旦大学出版社,1997.

[12] 赵传栋.论辩原理[M].上海:复旦大学出版社,1997.

[13] 张德明.智慧之光:第三届中国名校大学生辩论邀请赛纪实[M].上海:复

旦大学出版社,1998.
[14] 赵传栋.论辩史话[M].上海:复旦大学出版社,1999.
[15] 刘琳.逻辑表达力[M].苏州:古吴轩出版社,2019.
[16] 滕龙江.辩论技法与辩论口才[M].昆明:云南人民出版社,2020.
[17] 王安白.辩论学[M].北京:法律出版社,2021.
[18] 鲁迅,林语堂,梁实秋.辩论的思考与逻辑[M].北京:中国致公出版社,2021.
[19] 赵翕,邓霞,刘会明.辩论技巧教程(融媒体出版物)[M].武汉:华中科技大学出版社,2022.
[20] 金岳霖.形式逻辑[M].北京:人民出版社,1979.
[21] 胡世华,陆钟万.数理逻辑基础(上、下册)[M].北京:科学出版社,1981,1982.
[22] 王雨田.现代逻辑科学导引(上、下册)[M].北京:中国人民大学出版社,1987,1988.
[23] 司马迁等.二十五史[M].上海:上海古籍出版社,上海书店,1986.
[24] 清·崇文书局辑.百子全书[M].长沙:岳麓书社,1993.
[25] 司马光.资治通鉴[M].长沙:岳麓书社,1990.
[26] 毕沅.续资治通鉴[M].长沙:岳麓书社,1992.